AF750203

L'ŒUF ET LA POULE

DU MÊME AUTEUR

Ordre et dynamique du vivant, Le Seuil, 1978.

ANTOINE DANCHIN

L'ŒUF ET LA POULE

Histoires du code génétique

Fayard

Le Temps des Sciences
Collection dirigée par Odile Jacob

Déjà parus :

André Lwoff, *Jeux et combats.*
François Jacob, *Le jeu des possibles.*
Philippe Meyer, *L'homme et le sel.*
Jacques Ruffié, *Traité du vivant.*
Jean-Pierre Changeux, *L'homme neuronal.*
André Leroi-Gourhan, *Mécanique vivante.*
André Leroi-Gourhan, *Le fil du temps.*
Claude Allègre, *L'écume de la Terre.*
Claude Olievenstein, *Destin du toxicomane.*
Marc Jeannerod, *Le cerveau-machine.*
Daniel Widlöcher, *Les logiques de la dépression.*
Emile Hénocq, *Un mal étrange : l'allergie.*

© Librairie Arthème Fayard, 1983,
pour l'édition française.

Sans même chercher à remonter aux sources préhistoriques de nos cultures, il apparaît à l'évidence que les manifestations vivantes de la matière ont préoccupé l'homme depuis fort longtemps. Et longtemps il n'y a pas eu de séparation formelle entre la matière vivante et la matière inorganique. C'est que la pensée dualiste, typique de notre culture cartésienne, n'est apparue qu'assez récemment. Les philosophies présocratiques, très préoccupées de l'explication unitaire du monde, n'étaient le plus souvent pas dualistes, et, pour elles, l'existence de la vie relevait d'une cosmologie universelle. Anaxagore, Platon et Aristote ont, par un raisonnement souvent repris depuis, dans lequel la *forme* joue un rôle essentiel, proposé une séparation du monde en deux *types* [1] permettant de séparer objet et sujet, corps et âme.

Ce dualisme, transmis depuis Platon et Aristote, au travers de pensées religieuses chrétiennes (Jean Philoponos) ou islamiques (Avicenne puis Averroes [1]), restait souvent teinté de la cohérence homogène du monisme présocratique et c'est peut-être à Descartes que l'on doit la mise en place presque formelle du dualisme qui imprègne notre façon actuelle de percevoir la vie.

Les conséquences de cet état de fait sont immenses. Il est d'usage, en effet, de considérer le vivant comme à part du reste de la matière, ce qui revient implicitement à

1. Par opposition à deux *états* d'une unique matière. [*Les appels de notes entre crochets renvoient à la bibliographie.*]

postuler qu'il répond à des lois *différentes* des lois habituelles de la physique et de la chimie. Et il a fallu un effort considérable, dont l'effet n'a pas encore accédé dans nos cultures au statut de lieu commun, pour ne considérer le vivant que comme un *état* spécial d'organisation de la matière, et non comme un type à part. L'approche dualiste n'a pas eu qu'une influence négative sur la production de notre savoir, elle a en fait permis à l'étude du vivant de se constituer comme une science distincte, la *biologie,* selon le terme introduit au début du XIXe siècle par le dernier survivant de la pensée présocratique, J. B. de Lamarck.

Quelle est en effet la question ? Sans même avoir à s'interroger sur une hypothétique raison d'être de l'homme ou de notre univers, il est légitime — ou plutôt c'est là une particularité de notre cerveau et de son insatiable curiosité — de chercher à rendre compte, dans un langage compréhensible, de phénomènes dont, de près ou de loin, nous participons. Rendre compte, donc, au moyen du langage — particularité spécialement humaine — du vivant qui produit le langage : voilà la question qui fonde la biologie. Et par sa nature même de question autoréférente — un élément d'un système matériel s'interroge sur ce même système —, il s'agit d'une question scientifique dont les fondements sont, de façon plus visible sans doute que pour toute autre science, métaphysiques. C'est certainement ce qui explique la formidable charge émotive qui affecte le discours scientifique, en principe froid, de la biologie. L'anathème, la terreur sacrée ou le pouvoir inquisiteur se sont déplacés de la cosmologie, où les pensées religieuses ont longtemps tenté de garder le pouvoir d'un discours universel, vers cette science qui, en tant que science expérimentale, n'a sans doute pas plus de deux siècles.

Il ne s'agit de rien de moins, en effet, que de tenter de répondre aux interrogations qui ne manquent pas d'apparaître lorsqu'on regarde le monde minéral et le monde vivant. Le sentiment immédiat est qu'il existe une différence fondamentale, évidente, entre un corps inorganique et un être vivant (on peut déjà remarquer ici l'introduction subreptice d'un élément particulier qui constituerait une particularité de la vie : l'être). Curieusement, pourtant, on se rend vite compte qu'il est difficile de *définir* la vie. Chacune de ses propriétés — mouvement, reproduction ou même morphogénèse — existe dans le monde inorganique. Et c'est d'ailleurs là la source d'une erreur commune, commise par certaines hypothèses outrageusement réductrices et qui font d'une analogie superficielle entre des formes minérales et des formes vivantes une explication universelle du vivant, réduit à un comportement particulier du monde inerte. Stéphane Leduc, au début du siècle, a ainsi voulu identifier le principe de l'osmose à l'unique principe explicatif du vivant. Plus récemment, d'autres chercheurs, reprenant une analogie similaire dans laquelle des phénomènes de diffusion jouent un rôle de premier plan, ont voulu identifier les principes générateurs des formes vivantes à un éloignement hypothétique de l'équilibre thermodynamique. Ces généralisations primaires porteraient à sourire si leur pouvoir de fascination, par le placage systématique d'images simplistes sur le réel, ne leur donnait un pouvoir idéologique considérable. On retrouve en effet ces généralisations à l'œuvre non seulement lorsqu'il s'agit de rendre compte des phénomènes biologiques proprement dits, mais encore lorsqu'il s'agit d'interpréter leurs dérivés, psychologiques, culturels ou même, au moyen de « collages » que ne renieraient pas certains romanciers contemporains, économiques !

Par ce biais, un certain « biologisme »[2], positivisme envahissant, tend à expliquer en peu de mots, et souvent sous couvert d'un appareil mathématique (en apparence)

2. Les métaphores biologiques sont répandues, avec le même esprit « totalisant », aussi bien en Europe de l'Est qu'en Occident [2].

complexe (jouant ainsi avec art de l'argument autoritaire de l'incompréhensible), les plus profonds phénomènes associés à la vie. Et cela implique malheureusement le risque de placages politiques les plus pervers (quel n'est pas le danger de la raison d'Etat au nom de la Science !) contre lesquels quelques exemples historiques devraient toutefois nous mettre en garde...

Il est pourtant possible d'imaginer comment la vie est un prolongement du monde inorganique, et cela, sans invoquer d'objets ou de principes de nature différente de ceux qui constituent le monde inanimé ; ni recourir pour autant à des principes réducteurs universels, mais en montrant comment la construction progressive des formes complexes, caractérisées par des propriétés bien définies et très variées, peut permettre à la fois la reproduction à l'identique et l'évolution. Et c'est là précisément l'objet de la biologie.

Jusqu'au début du XIXe siècle, le système explicatif du monde a reposé sur une combinatoire atomique ou continue entre les quatre éléments, feu, air, eau, terre, et la vie est restée expliquée par les proportions relatives de ces éléments dans la combinaison subtile qui permettait le mouvement, la reproduction et, enfin, la pensée. Les propriétés particulières de l'élément feu, doué à lui seul de pouvoir animant, suffisaient à satisfaire les besoins explicatifs et laissaient à la vie le mystère de la flamme. Les bouleversements apportés par l'atomisme moderne, où la matière inorganique est apparue comme le résultat d'une combinatoire simple d'éléments physiquement — sinon chimiquement — voisins, ont conduit à reconsidérer les questions posées par l'existence des systèmes vivants en s'interrogeant sur la nature de l'apparente solution de continuité entre l'inorganique et l'organique. L'étude de l'inorganique a d'abord montré que le sens de la *forme*, si souvent mis en avant depuis Aristote, restait primordial dans la description non seulement des molécules, mais aussi des atomes : une combinatoire d'éléments simples, protons, neutrons et électrons, pouvait donner lieu à des atomes voisins aussi différents que le chlore ou le potassium, qui pouvaient eux-mêmes se combiner en un sel qualitativement bien différent, lui aussi, des éléments parentaux. Aussi, pourquoi ne pas rechercher dans l'organique si des règles combinatoires ne permettraient pas, elles aussi, de décrire les manifestations de la vie ? Et c'est précisément dans le domaine de l'étude du vivant que l'on est parvenu le mieux à décrire les propriétés des *formes* correspondantes, mais aussi leur *genèse,* car, curieusement, la description fine (en termes de protons, de neutrons et d'électrons) de molécules même élémentaires, est encore loin d'être parfaite.

Or deux analogies, très ancrées dans notre univers linguistique, sont venues donner un sens particulier à la genèse des formes vivantes : un *programme* génétique — dont on connaît assez bien la chimie — permet le déroulement temporel d'un ensemble de règles de réécriture qui, au moyen d'un *code génétique,* transforme les instructions du programme en exécutions appropriées. On est loin, bien sûr, de tout connaître du programme ou même du code, on ne connaît pas non plus le détail de la genèse morphologique de toutes ses exécutions, mais on a compris beaucoup des contraintes qui président à sa mise en forme. En particulier, on sait souvent relier la combinatoire de maillons chimiques élémentaires à la forme finale qui produira une action efficace et structurante sur le milieu.

L'objet du présent texte est de montrer l'évolution historique récente des postulats et des consensus successifs qui ont forgé l'image de programme et celle de code. Cette étude est inséparable de celle d'une autre histoire : celle de la chimie qui a conduit à la vie elle-même. Une série de scénarios sont proposés pour rendre compte des origines, car, bien sûr, je ne veux pas être complice de l'escroquerie amusante qui consiste à refuser le problème de l'origine en invoquant — par exemple, comme l'a fait

Francis Crick dans un ouvrage récent[3] — [3] une origine extraterrestre à la vie d'ici. Déplacer le lieu de l'origine n'en déplace pas pour autant la question ! Et il s'agit toujours, à moins d'invoquer une irréfutable origine divine (et encore, dans un contexte antiscientifique, ce que refuseraient bien des religions), d'un problème de passage de l'inorganique au vivant. Bien sûr encore, les hypothèses proposées sont sujettes à discussion et faites pour être réfutées, elles servent seulement à montrer comment il est possible au moins de *concevoir*, sans paradoxes inutiles, l'origine et le développement du vivant. Le concept central sera l'usage de toutes sortes de codages, chimiques au départ, puis, fondés sur des formes, de plus en plus abstraits.

Il est impossible d'éviter totalement certains aspects techniques à ce déroulement d'une histoire conceptuelle et d'une histoire matérielle. Les aspects techniques servent de repères et de justification à des affirmations qui, autrement, pourraient paraître gratuites ou... autoritaires. Un exemple parmi d'autres : il est courant de faire remarquer l'existence d'une dissymétrie fondamentale des êtres vivants[4], et encore plus courant de s'en étonner ; ainsi les acides aminés des protéines ont tous la symétrie gauche[5] (lévogyre, L) et les appels aux mystères des origines, à la main divine ou à la panspermie interplanétaire ne font que déplacer le problème : il faut qu'en un lieu de l'univers — et pourquoi pas sur Terre — cette dissymétrie soit apparue. Je vais essayer de montrer comment il est possible, à partir d'une situation *symétrique*, de comprendre la manière dont a pu apparaître la dissymétrie. Le résultat est contingent : *a priori*, la nature

3. F. H. C. Crick, *La Vie vient d'ailleurs*, Hachette littérature, 1982 [3].

4. Courant aujourd'hui, mais on le doit principalement à Pasteur.

5. Gauche ou droite est une indication arbitraire qui précise, par convention, l'architecture par rapport à celle de la même molécule vue dans un miroir.

des acides aminés sur la Terre aurait pu s'orienter à droite aussi bien qu'à gauche, mais le commencement en un lieu quelconque d'une structure dissymétrique entraînait nécessairement que la même dissymétrie se répandît partout. C'est qu'en fait, l'état symétrique (autant d'acides aminés L que d'acides aminés D) est un état qui n'est stable qu'à condition que les acides aminés restent des molécules *individualisées* ; toute polymérisation, (mise à la chaîne d'acides aminés individuels), parce qu'elle privilégie le rôle de la forme (on le verra), va tendre à briser la symétrie. Dès qu'il y aura polymérisation, l'équilibre va tendre vers l'hétérogène, en l'occurrence une seule classe d'acides aminés. La résistance psychologique envers ce résultat vient de ce qu'on a coutume, bien souvent, sans doute à la suite des travaux de Boltzmann à la fin du siècle dernier, de considérer que l'homogène est plus « désordonné » que l'hétérogène, et donc plus stable. Or cela revient à considérer que la symétrie est plus stable que la dissymétrie : un autre exemple que celui des acides aminés (et qui sera développé plus loin) montre qu'il n'en est rien. En cosmologie, un gaz de particules, réparti de façon homogène, est profondément *instable*. La moindre perturbation, provoquant une infime augmentation de concentration locale des particules, va entraîner, par l'attraction gravitationnelle, une accentuation brutale de la différence de densité jusqu'à produire, à l'équilibre, un système profondément hétérogène (instabilité de Jeans).

Il s'agissait là d'une simple mise en garde avant d'entrer dans une série de scénarios dont beaucoup pourront susciter des résistances : il est nécessaire, pour tenter d'imaginer les origines, d'être aussi ouvert que possible à des visions différentes des lieux communs. Alors on verra apparaître avec fascination que des lois simples et des phénomènes bien connus peuvent suffire à répondre aux questions les plus profondes sur l'existence, le développement et la stabilité du vivant.

REMERCIEMENTS

J'ai écrit un texte en vue d'un ouvrage collectif à paraître aux Editions Einaudi sous le titre *Controverses Scientifiques* sur le Code Génétique. L'intérêt amical qu'y a pris Odile Jacob m'a convaincu d'en réaliser, pour le public français, grâce à sa coopération, une synthèse nouvelle et adaptée. Ce livre procède de son initiative et a bénéficié de ses conseils.

Il me faut remercier par ailleurs Piotr Slonimski dont la richesse de la pensée, la largeur d'esprit et l'immense culture ont certainement contribué, au travers du travail que nous avons fait ensemble (et que nous poursuivons), à l'originalité de certaines des idées présentées ici.

Il y aurait encore beaucoup à dire, et je suis trop conscient de l'imperfection de ce livre pour oser insister sur la dette individuelle que je dois à mes collègues et amis qui ont, de près ou de loin, influencé ma pensée.

Je me dois de rappeler enfin que je n'aurais jamais pu parvenir au terme de ce texte si je n'avais eu l'expérience d'un précédent livre (*Ordre et Dynamique du Vivant,* paru au Seuil en 1978) et l'habitude fréquente de la critique amicale de collègues journalistes pour l'écriture de textes destinés à un large public.

A. D.

I

DE LA POULE À L'ŒUF

1. A l'origine d'un code

Le stade du développement des espèces où est apparue la première symbolisation — utilisation d'un objet aux lieu et place d'un autre pour lui faire subir une histoire fictive qui pourra servir de *modèle* du réel — n'est pas bien délimité. Il est clairement présent chez les singes anthropomorphes, et chez l'homme, le symbolique acquiert une dimension universelle [4] sous la forme du langage parlé ou écrit. Parmi les nombreux aspects qu'on peut retenir de la langue, il en est un qui apparaît clairement dans l'écriture : on peut faire correspondre à l'ensemble des phonèmes un ensemble de traces écrites, sous la forme d'une règle de substitution qui permet la transposition de la langue parlée en langue écrite, et inversement. Cette règle de correspondance est un *code* formalisé. Toute famille organisée de symboles peut jouer le rôle de code en permettant de transposer une structure en une autre structure.

Parallèlement au code linguistique, nous vivons en permanence les règles de codes qui définissent nos comportements animaux et culturels, liés à notre condition d'*Homo sapiens*.

Un code établit donc une homologie, un certain isomorphisme entre deux structures. Cela implique une assez forte restriction sur les formes possibles des codes. En effet, l'établissement de l'isomorphisme suppose l'existence d'objets qui puissent reconnaître *à la fois* un élément de la structure de départ et un élément de la structure d'arrivée. Vu ainsi, un code est une famille de *signes*. On sait que ce concept véhicule un nombre important de connotations, et Roland Barthes écrivait : « Ce terme de *signe*, présent dans des vocabulaires très différents (de la théologie à la médecine) et dont l'histoire est très riche (de l'Evangile à la cybernétique), ce terme est par là même très ambigu (...). *Signe* s'insère en effet, au gré des auteurs, dans une série de termes affinitaires et dissemblables : *signal, indice, icône, symbole, allégorie* sont les principaux niveaux du *signe*. Posons d'abord l'élément commun à tous ces termes : ils renvoient tous nécessairement à une *relation* entre deux *relations* (...). Pour désigner la relation signifiante, Saussure a tout de suite éliminé *symbole* (parce que le terme comportait une idée de motivation) au profit de *signe,* défini comme l'union d'un signifiant et d'un signifié (à la façon du recto et du verso d'une feuille de papier), ou encore d'une image acoustique et d'un concept [5]. »

Nous sommes plongés dans un univers codé. Il est donc sans doute naturel que la réflexion sur le vivant ait été amenée à produire des modèles de l'hérédité où un code se trouve occuper la place centrale. L'hérédité est le phénomène qui permet à des systèmes matériels vivants de produire d'autres systèmes qui leur ressemblent presque parfaitement. Cette brève définition suffit à faire apparaître aussitôt *deux* ordres de codage : quelle règle de correspondance permet d'associer une hypothétique « substance » de l'hérédité à son expression sous forme d'un individu vivant, et quelle règle de correspondance permet d'associer, à une « substance » de l'hérédité, une *autre* « substance » de l'hérédité qui implique une réplication à l'identique ? Il ne va absolument pas de soi que ces deux codages, s'ils existent, soient en relation directe, et, on le verra, en un certain sens ils ne le sont pas. L'un des codes génétiques — celui qu'on verra être l'acide désoxyribonucléique — est *autoreproducteur* (il est recopié à l'identique). L'autre (qui est plus généralement connu comme *le* code génétique) est *autoréférentiel :* il spécifie lui-même les objets qui le constituent et forme donc une « boucle » réflexive. Ainsi, deux niveaux distincts, qui peuvent être confondus dans le même support matériel, sont à mettre en évidence : ce support peut être soit *substrat* (objet manipulé par d'autres objets) soit *matrice* (objet manipulant, en les spécifiant, d'autres objets).

Un code peut être, comme le code civil ou le code de la route, un ensemble de règles plus ou moins mal articulées entre elles. Au niveau du vivant tout entier, il existe une certaine latitude permettant de produire des descriptions de ce type, qui ont essentiellement un caractère *ad hoc*. Elles reposent surtout sur des analogies globales entre des formes : une forme engendre une forme analogue. Dans la semence ou le cerveau de l'homme, on va rechercher l'homoncule : c'est la base d'une hypothèse que l'on appelle souvent *préformiste*. Pourtant, le problème du codage de cette reproduction suppose l'existence, bien mise en évidence par Aristote (qui reprenait en cela bien des arguments des atomistes), de la *réalisation* de *potentialités*. A l'opposé de ce qu'affirmaient ses prédécesseurs, à savoir que la semence provient de toutes les parties du corps et peut ainsi, par simple croissance, redonner des individus bien formés, Aristote affirme au contraire que la semence *va vers* les différents endroits du corps, mais conserve un reste [1] qui pourra être utilisé pour la reproduction au cours des générations comme « sur la palette du peintre reste toujours un peu de la couleur qui a servi à faire le tableau ». Mais si, pour Aristote, le code de la

1. L'idée du *reste* qui assure la permanence d'une structure, d'un système matériel ou social, est récurrente dans les philosophies d'Asie Mineure.

reproduction ne va pas au-delà de cette imprécision, on trouve pourtant chez ses prédécesseurs un plus grand désir de représentation du phénomène de l'embryogenèse. Anaximandre, par exemple, pensait que la transformation de l'eau dans le ventre de la mère amenait d'abord la formation d'un embryon en forme de poisson avant de donner naissance à un être humain bien constitué.

Le rôle prédominant de la forme va continuer à s'imposer aux médecins de l'Antiquité jusqu'à l'avènement de la pensée arabe qui introduit, sans doute de façon originale, l'*expérimentation* en chimie et en médecine. Après Avicenne, qui fait revivre la médecine de Galien et de l'école hippocratique, Averroès impose une vue renouvelée de la dualité potentialité/réalisation d'Aristote. Il montre que rien dans la nature n'est potentiel et que chaque phénomène doit avoir quelque réalité matérielle, quelque support, fût-il caché, déguisé ou immature, comme l'animal adulte est présent dans l'embryon. L'image aristotélicienne, qui voulait que la potentialité de la statue se trouvât dans le nombre qui la compose, est rejetée par Averroès. Tout au plus serait-elle acceptable si l'on pouvait déjà deviner dans le nombre le contour de la statue, *révélée*, selon le terme de Jacques Monod, par le sculpteur.

Averroès fut condamné pour ces opinions qui n'ont eu un regain de succès que très récemment, au fur et à mesure que se précisait l'image des transformations, des métamorphoses — si bien visibles chez les insectes — qui président à l'élaboration du vivant au travers des *règles de réécriture* qui définiront le *code génétique*. La question qui reste ouverte — et se précise peu à peu à l'encontre du préformisme — est celle de l'*épigenèse* qui permet, à l'œuf, par une suite de transformations créatrices au cours de la croissance, de devenir un adulte bien différencié.

Un aspect complémentaire de l'opposition préformisme/épigenèse se trouve dans un postulat essentiel à la création du savoir sur les êtres vivants. Dans son ouvrage publié en 1651, *Exercitationes de generatione animalium*, William Harvey résume l'unité, l'invariance des transformations du vivant en postulant une origine unique, dans un œuf, de tous les êtres vivants. Ainsi apparaît pour la première fois l'idée d'une *universalité* des règles qui président à la vie, universalité qu'on va retrouver au cœur même de l'expression du patrimoine héréditaire.

Le développement apporté par René Descartes tend, quant à lui, à mettre en évidence l'importance du *physico-chimique* dans le vivant. En effet, l'image mécaniste que Descartes donne de la vie — même s'il y ajoute l'influence d'immatériels esprits animaux — introduit le déterminisme et le principe de causalité dans l'organisation de la vie et de ses manifestations. Dans son modèle, Descartes rejette la théorie atomique et décrit le monde en termes d'une matière douée d'extension, de divisibilité et de mobilité, et, par ailleurs, il rejette le finalisme *a priori* pour ne conserver que l'enchaînement mécanique du principe de causalité. Dépouillé de son âme surajoutée, l'homme deviendra vite l'*Homme Machine* de Julien Offroy de la Mettrie. Et l'image mécaniste, macroscopique du vivant en est encore imprégnée aujourd'hui.

L'épigenèse supposait une suite de transformations d'un thème initial ; le Hollandais Swammerdam y oppose une conception qui va, sous divers aspects, dominer la biologie. Sa théorie est que c'est la croissance de parties préexistantes qui va permettre le développement individuel. Et c'est cette théorie qui, sous le nom de préformation, va supplanter la théorie épigénétique de Harvey. Certains de ses aspects seront tournés en ridicule — Buffon sera un démonstrateur isolé de cette opposition à la préformation —, mais cette théorie marque sans conteste un progrès important de la pensée biologique. Elle permet en effet de concevoir que l'ontogenèse — le développement d'un individu depuis sa conception — obéit à des lois. Et, tout en réfutant la vieille idée de la génération spontanée, elle établit que les descendants ressemblent à leurs parents, en un mot qu'il existe un code de la transmission de l'hérédité. Et ce sera beaucoup plus tard, dans un tout autre contexte, que la théorie épigénétique pourra trouver un regain d'intérêt en incorporant une part importante de la théorie préformiste.

On a mentionné Buffon comme un adversaire du préformisme, malgré le consensus pour le modèle opposé qui dominait à son époque. Le raisonnement de Buffon est simple : si un homoncule se trouve dans le germe de l'homme, il est au moins un milliard de fois plus petit, et si un homoncule se trouve dans ce germe, il est à nouveau un milliard de fois plus petit, et ainsi de suite. En quelques générations de germes, on se trouve en face de nombres astronomiques incompatibles même avec les dimensions de l'Univers alors connu. La préformation est donc impossible. Et Buffon conclut en développant une théorie du vivant fondée sur le pouvoir de reproduction. Pour cela il suppose, un peu à la manière de l'hypothèse des monades de Leibniz, que les êtres vivants sont formés de particules indépendantes qui ont la faculté de croître de façon collective dès qu'elles se trouvent « détachées ». De même qu'il faut peut-être un million de minuscules cubes de sel pour former un grain de sel marin, de même faudrait-il des milliers de particules semblables au tout pour former un bourgeon contenant un arbre ou un polype. Ce qui disparaît par conséquent est la préformation du *tout*[2]. Mais il reste une préformation, celle des particules indépendantes qui, par leur croissance et leurs combinaisons, vont permettre de retrouver l'individu.

On ne peut qu'être frappé par cette vision quasi prophétique, extrêmement voisine de celle du « cristal apériodique » de Schrödinger qui préfigurera l'ADN. Buffon va d'ailleurs beaucoup plus avant : il lui faut

2. On trouvera des compléments très développés à ce bref résumé dans *La Logique du vivant* de F. Jacob, 1970, Gallimard [6].

tenter d'expliquer les règles qui permettent la combinatoire qui engendre l'individu. Les animaux assimilent la nourriture et ce qui reste de cette assimilation se rassemble dans les organes génitaux, et c'est la combinaison de spermatozoïdes et d'animalcules présents dans les ovaires qui produit l'embryon. Chaque partie de ces semences contient un « moule intérieur » qui fixe les règles qui vont présider à l'assimilation des particules organiques qui peuplent le monde et à la croissance et la reproduction.

Cette façon particulière de résoudre le problème de la genèse d'un être différencié à partir d'un œuf unique répond au mode de raisonnement qui avait conduit à la théorie atomique. La dualité permanence/changement, illustrée par le monde immuable de Parménide et le flux continu d'Héraclite, s'était en effet résolue en une *combinatoire* aux possibilités infinies d'un nombre infini de minuscules mondes parménidiens [7]. En ce sens, Buffon redécouvrait Leucippe et Démocrite, et par le même raisonnement, montrait que préformation et épigenèse ne sont pas, en un sens, incompatibles, pour peu que l'on prenne pour chacune les bons niveaux de référence.

Sous le nom de « programme génétique », le « moule intérieur » de Buffon fera sa réapparition à l'avènement de la Biologie Moléculaire. Mais il reste encore bien des controverses et de nouveaux concepts à créer avant que l'on n'arrive à la situation d'aujourd'hui, et d'abord par un certain perfectionnement de la théorie préformiste dû à l'inventeur de la parthénogenèse, le Suisse Charles Bonnet. Celui-ci avait en effet étudié pendant des années la reproduction des pucerons et découvert que la descendance de nombreuses femelles au cours de l'été s'effectuait sans qu'il y ait eu d'accouplement. C'est à ce phénomène original qu'il avait donné le nom de parthénogenèse. Comme Buffon et La Mettrie, Bonnet pense que l'univers est rempli de particules douées de vie. Mais il pense que ces particules sont des germes contenant d'autres germes emboîtés comme des poupées russes et se développant par scissiparité, à l'image de la parthénogenèse des pucerons. Cette vision préfigure bien sûr la découverte par Pasteur du rôle des microbes un siècle plus tard. Par ailleurs, Bonnet émet une théorie de l'évolution des germes qui préfigure le transformisme de Lamarck et relie l'ontogenèse — le développement individuel — à la phylogenèse — le développement des espèces.

Pendant plus d'un siècle, préformation et épigenèse vont continuer à s'affronter, mais c'est la *systématique*, développée par Linné, et les réflexions sur la paléontologie et l'embryologie qui vont dominer la fin du XVIIIᵉ siècle et la première moitié du XIXᵉ siècle [3], alors que la chimie naît sous sa forme moderne et fait apparaître la première théorie atomique contemporaine, tout en faisant disparaître la solution de continuité qui, jusqu'alors, séparait le minéral du vivant. Par ailleurs, la théorie cellulaire bien formulée, après Schleiden et Schwann, par Virchow, et le refus de la génération spontanée concrétisé par Pasteur, définissent une nouvelle unité du vivant, la *cellule*. Hérédité, mais aussi morphogenèse et phylogenèse ne pourront plus se concevoir sans référence à cet atome du vivant qu'est la cellule. Ainsi apparaît peu à peu la définition d'un niveau de réduction pertinent pour rendre compte du phénomène vivant. La cellule est définie par une frontière, une membrane, qui sépare un intérieur et un extérieur. Elle se reproduit et se différencie en prenant en compte des contraintes qui semblent héréditaires, ainsi que bon nombre de caractéristiques de son environnement. S'il existe un « moule intérieur », il se trouve certainement dans la cellule et c'est lorsque les biologistes l'auront compris que la biologie pourra enfin accéder au domaine des modèles explicatifs du vivant, du moins si l'on requiert d'un modèle qu'il soit prédictif.

Ce sont les expériences de Mendel et leur redécouverte

3. Le lecteur qui voudrait aller plus au fond pourra tirer le plus grand profit de la thèse remarquable due à Henri Daudin [8].

par De Vries, Correns et Tschermak qui marquent l'avance décisive dans le domaine de la compréhension de la nature du « moule intérieur ». Ces expériences d'horticulture permettent pour la première fois de délimiter certaines contraintes liées à l'hérédité. Et, curieusement, malgré leur clarté[4], ces expériences sont restées non seulement inconnues pendant plusieurs dizaines d'années, mais ont encore paru *contradictoires* et intenables aux partisans de la toute nouvelle théorie de l'évolution des espèces de Darwin et Wallace. Alors qu'aujourd'hui, le couple mutation/sélection domine les modèles de l'hérédité dits *néodarwinistes,* qui reposent de façon fondamentale à la fois sur les règles mendéliennes de la ségrégation des caractères héréditaires et sur la contrainte stabilisatrice de la sélection, les partisans de Mendel et de Darwin ont perçu les théories correspondantes comme incompatibles.

L'histoire de cette opposition est tellement oubliée aujourd'hui qu'il me paraît nécessaire d'en indiquer ici quelques aspects.

Après avoir rencontré un succès considérable grâce à l'idée, chère aux romantiques, d'évolution spontanée vers le progrès, la théorie de l'origine des espèces de Darwin se vit très violemment combattue, à la fin du XIXe siècle, par ceux qui, comme l'Ecossais Carlyle (avec son culte de l'héroïsme et du génie) ou l'Autrichien Nietzsche (avec son culte du surhomme), niaient l'idée de progrès (au moins pour la masse des individus). Au même moment, la théorie mendélienne de la transmission des caractères héréditaires, longtemps restée obscure, était redécouverte.

Or il était possible de comparer les approches de Darwin et de Mendel à propos d'un même sujet : le

4. Les résultats de Mendel sont très précis, trop précis même, et il est probable qu'ils ont été « arrangés » pour permettre de donner un modèle en apparence sans failles [cf. 9].

croisement des espèces végétales, et cette comparaison donnait clairement un poids beaucoup plus convaincant à Mendel.

Afin de mettre en évidence la nécessité évolutive de la perpétuation des espèces, Darwin s'attaque à un argument très ancien utilisé en faveur de la fixité des espèces, à savoir la stérilité des hybrides. Pour cela, il reprend les expériences du botaniste Koelreuter (qui est aussi à la base des expériences de Mendel), distingue entre l'infertilité du croisement entre espèces et l'infertilité des hybrides et conclut, après avoir montré que cette infertilité est très variable suivant les organismes, qu'il s'agit d'un phénomène accidentel dû à des circonstances inconnues, peut-être analogues à celles que l'on constate chez les animaux en captivité, incapables de se reproduire. Au contraire, il fait remarquer que le croisement entre « variétés » d'une même espèce est fertile et qu'il existe ainsi une gradation observable (*via* la fertilité) entre espèces et variétés, ce qui prouve que les espèces peuvent évoluer.

A la même époque, Mendel prépare des expériences de croisement qu'il mène de façon à en quantifier le résultat. Mais au lieu de partir de l'idée de variété et d'espèce, il part de l'idée de caractère observable (couleur, forme, poids, etc.) dont il étudie le devenir de génération en génération. Et Mendel constate l'*immuabilité* des caractères (qui peuvent cependant être masqués pendant un certain nombre de générations), alors que Darwin, lui, cherche à en mettre en évidence la *variabilité*.

Il ne fait aucun doute que les expériences et les conclusions de Mendel sont beaucoup plus démonstratives et solides que celles de Darwin, et c'est ce qu'observeront leurs contemporains au moment de la redécouverte des lois de Mendel. Il faudra attendre Weismann d'abord, puis Morgan, pour que les deux approches soient comprises comme complémentaires. On aura alors perçu que l'échelle de temps à considérer dans les deux cas n'est pas la même. Pour Mendel, c'est celle de la génération. Pour Darwin, il faut considérer des centaines ou des milliers de générations.

Tout cela explique la confusion qui a longtemps régné autour du nom de Darwin. En effet, certains auteurs comme l'embryologiste et histologiste suisse Kölliker interprètent Darwin pour lui faire dire que la nature est douée d'un pouvoir systématique de *création,* alors que Huxley, l'un des défenseurs les plus fervents du darwinisme le plus proche du darwinisme actuel, reprend les mêmes arguments pour montrer que Darwin dénie toute possibilité créatrice à la nature ! Et cette opposition culmine à la fin du siècle dans la séparation entre deux interprétations que l'on pourrait qualifier de « néolamarckisme » et de « néodarwinisme ».

Darwin a fondé sa théorie de l'évolution des espèces sur l'hypothèse d'une variabilité individuelle associée à la sélection naturelle due à la lutte pour l'existence entre variants. Mais il supposait aussi l'existence d'une influence directe de l'environnement sur l'individu, et l'héritage acquis de cette influence. Seule la première hypothèse, celle de la *sélection,* est retenue aujourd'hui comme associée au nom de Darwin (mais on va voir comment l'agronome soviétique Lyssenko l'oubliait), alors que la seconde, celle d'une *instruction* par l'environnement, reste associée au nom de Lamarck. Il est donc certain qu'il vaudrait mieux parler de théories instructives par opposition aux théories sélectives, plutôt que d'invoquer les noms de Darwin, de Lamarck ou de leurs successeurs.

Les débats qui entourent aujourd'hui la raison d'être du code génétique sont fortement influencés par l'opposition entre des théories instructives — c'est-à-dire finalistes et mécanistes — et des théories sélectives — c'est-à-dire postulant la préexistence d'une frange de variabilité suivie d'un tri [10]. Ces dernières sont dites le plus souvent néodarwinistes, mais il faut bien souligner à nouveau qu'il s'agit là d'un glissement très considérable du sens initial de la théorie de Darwin. En effet, le débat qui a dominé la deuxième moitié du XIXe siècle est une *opposition* entre l'hypothèse darwiniste de la *sélection des individus* et l'hypothèse mendélienne de la *transmission des gènes*. C'est d'ailleurs l'une des raisons pour lesquelles Lyssenko se dit darwiniste, et opposé aux « mendélistes-morganistes ». La génétique d'aujourd'hui a réuni, à la suite de l'hypothèse des mutations faite par De Vries, l'ensemble des concepts mendéliens et l'hypothèse sélective. Le débat s'est alors décentré en invoquant d'une part la possibilité d'une héritabilité de caractères acquis par une instruction de l'environnement, ce qui est à la fois un retour à Lamarck (théorie instructive et caractères acquis) et un retour au Darwin de l'origine (héritabilité acquise *via* une influence du corps tout entier) ou, d'autre part, la sélection, parmi un ensemble d'individus variés, de ceux qui peuvent survivre.

Plus précisément, l'hypothèse originale de Darwin contient deux aspects distincts : un aspect sélectif, déjà invoqué puis repris par H. Spencer sous le terme de « sélection du plus apte »[5], et un aspect holiste[6] dans les précisions données sur les mécanismes sous-jacents à la transmission des caractères. La théorie darwiniste est, en ce dernier aspect, extrêmement archaïque et procède du préformisme le plus naïf. Afin de découvrir une explication universelle de l'hérédité et de ses variations, Darwin propose l'hypothèse d'une « pangénèse ». Il réinterprète la théorie cellulaire alors récemment inventée en propo-

5. Ce qui ajoute une connotation instructive qui vicie l'aspect de tri « passif » des théories sélectives, en supposant un finalisme de l'adaptation et une relation d'ordre entre les aptitudes. Cela ajoute évidemment à la confusion du débat entre darwinistes, néodarwinistes, anti-darwinistes, non-darwinistes, etc., car les termes de Spencer sont en eux-mêmes contradictoires.

6. C'est-à-dire ne tenant compte, comme caractère pertinent, que de la *totalité* de l'organisme.

sant que chaque cellule, chaque tissu, chaque organe synthétise de minuscules « atomes » qu'il nomme « gemmules » et que ceux-ci, rassemblés par le courant sanguin, se regroupent et se multiplient afin de recréer les « unités » dont elles sont le produit. Ainsi les sécrétions sexuelles contiennent des « gemmules » provenant du corps tout entier, elles se combinent dans l'embryon, et c'est ce qui explique que les différentes parties de celui-ci ressemblent à celles du père ou de la mère, en fonction des gemmules qui proviennent de l'un ou l'autre parent. Les gemmules non utilisées peuvent être transmises aux générations suivantes et faire ainsi réapparaître des traits « ataviques ». De façon générale, la forme des organes permet aux gemmules de prendre leur place — les malformations congénitales correspondent à des erreurs de cette répartition — et, par exemple, le bourgeon de la plante ou la patte régénérée de la salamandre proviennent de contraintes morphogénétiques qui assurent aux gemmules leur place correcte.

Il n'est sans doute pas inutile ici, au moment de mettre en avant l'intérêt des théories *sélectives* issues du darwinisme, de rappeler que Darwin, et surtout ceux qui, les premiers, adoptèrent et réaffirmèrent ses vues (Spencer en Angleterre, ou Haeckel en Allemagne, par exemple), étaient des esprits libéraux, de « gauche » dirions-nous aujourd'hui, soumis régulièrement aux violentes critiques des tenants des institutions en place et des esprits les plus conservateurs : deux courants en dérivent aujourd'hui, un courant de « droite » où l'on insiste sur l'aspect *instructif* de la sélection « du plus apte », et un courant de « gauche » qui a repris les idées de la variabilité au sein des populations comme cheval de bataille. Dans les deux cas, il s'agit en fait de courants qui raisonnent de façon erronée en identifiant le génotype — l'ensemble des contraintes qui assurent l'hérédité des caractères — et le phénotype — la manifestation individuelle de ces contraintes —, ou qui imaginent qu'il existe une *relation d'ordre* entre les gènes, qu'ils soient « avantageux », « désavantageux » ou « neutres ».

De plus, ces deux courants postulent qu'il existe une relation d'équivalence entre un gène et son expression, ce qui revient à présupposer l'existence d'un code, d'une relation de substitution biunivoque entre un gène et son expression : gène↔expression. Les innéistes privilégient le sens gène→expression pour mettre l'accent sur les contraintes héréditaires ; les instructivistes privilégient le sens gène←expression pour affirmer un rôle actif et dirigé de l'environnement sur le patrimoine génétique. Nous essaierons de montrer qu'il existe un courant bien plus adéquat au réel, mais malheureusement bien souvent moins connu et moins compris, pour lequel le code génétique met en jeu non pas seulement une ou plusieurs règles de substitution, mais une *intrication* des règles qui rend irréversible la relation gène→expression, et, par là, rend aussi impossible la quantification du rôle d'un gène à partir de la mesure de son expression. C'est ce que nous allons voir précisément.

2. Soma et Germen

C'est sans doute à August Weismann que l'on doit la formulation la plus claire de l'importance des hypothèses sélectives dans la transmission de l'hérédité, et surtout celle des concepts qui sont à la base du code génétique. Dans la mesure où ses idées ont été et sont encore combattues, essentiellement parce qu'elles permettent de concevoir la vie comme un système matériel évoluant sous l'influence de contraintes *contingentes*, il est bon de montrer comment elles sont présentées par l'un de ses adversaires posthumes les plus fameux, le Soviétique T. Lyssenko :

> « Apparus à la limite de deux siècles — le précédent et le nôtre —, le weismanisme, et à sa suite le mendélisme-

morganisme, ont dirigé leur pointe contre les fondements matérialistes de la théorie darwinienne de l'évolution.

« Weismann a donné à sa conception le nom de néo-darwinisme, mais en fait, elle rejetait purement et simplement les côtés matérialistes du darwinisme et introduisait en fraude l'idéalisme et la métaphysique dans la biologie.

« La théorie matérialiste du développement de la nature vivante est inconcevable si on n'admet pas comme nécessaire l'hérédité des particularités individuelles acquises par un organisme dans les conditions définies de son existence ; elle est inconcevable si on n'admet pas l'hérédité de propriétés acquises. Weismann entreprend de réfuter cette thèse matérialiste. Dans son ouvrage fondamental, *Conférences sur la théorie de l'évolution,* il déclare que " ce fut là une déclaration de guerre au principe de Lamarck, à l'action modificatrice directe de l'usage ou du non-usage. Et en effet, c'est par là que débuta la lutte qui se prolonge encore de nos jours, la lutte entre néo-lamarckistes et néo-darwiniens, comme furent dénommés les partis adverses ".

« Comme on le voit, Weismann parle de la guerre qu'il a déclarée au principe de Lamarck, mais on comprend sans peine qu'il a déclaré la guerre à ce sans quoi il n'y a pas de théorie matérialiste de l'évolution ; qu'il a déclaré la guerre aux bases matérialistes du darwinisme sous le couvert du " néo-darwinisme ".

« Niant l'hérédité des qualités acquises, Weismann imagine une substance héréditaire spéciale (le *germen*) et déclare qu'il convient de " chercher la substance héréditaire dans le noyau ", et que " *le porteur d'hérédité qu'on cherche se trouve dans la matière des chromosomes* " qui renferment des germes dont chacun " détermine une partie déterminée de l'organisme dans son apparition et dans sa forme définitive ".

« Weismann soutient qu' " il y a deux grandes catégories de matière vivante : *la substance héréditaire* ou idioplasme et la *substance nourricière* ou trophoplasme ". Il déclare ensuite que les porteurs de la substance héréditaire, " *les chromosomes, se présentent comme un monde à part* ", autonome par rapport au corps et aux conditions d'existence de l'organisme.

« Ayant converti le corps vivant en un simple milieu nourricier de la substance héréditaire, Weismann proclame ensuite que celle-ci est immortelle et qu'elle n'est plus jamais réengendrée.

« " De cette façon ", affirme Weismann, " le plasma germinal de l'espèce n'est jamais plus réengendré, mais ne fait que croître et se multiplier ; il se perpétue d'une génération à l'autre [...]. A ne considérer la chose que du point de vue de la multiplication, il apparaît que les cellules germinales sont dans l'individu un élément d'une importance primordiale, car elles sont les seules à conserver l'espèce, tandis que le corps descend presque au niveau de simple milieu nourricier des cellules germinales, milieu où elles se forment, se nourrissent, se multiplient et arrivent à maturation si les conditions s'y prêtent. " D'après Weismann, le corps vivant et ses cellules ne sont que le *réceptacle et le milieu nourricier* de la matière héréditaire et ne peuvent jamais engendrer cette dernière, " ne peuvent jamais donner naissance à des cellules germinales ".

« Ainsi, une substance héréditaire mythique se voit attribuer par Weismann la propriété d'une existence ininterrompue qui ne connaît pas d'évolution et, en même temps, préside au développement du corps périssable.

« " [...] La substance héréditaire de la cellule germinale, — écrit plus loin Weismann, — *avant* la division réductionnelle[7] contient en puissance tous les germes du corps. " Et, bien que Weismann déclare qu' " il n'y a pas dans le plasma germinal de déterminant pour un *nez busqué,* comme il n'y a pas de déterminant pour l'aile du papillon avec toutes ses parties et particules ", il précise pourtant ici sa pensée en soulignant que toutefois, le plasma germinal " ... contient un certain nombre de déterminants qui conditionnent successivement, à tous les stades de son développement, tout le groupe de cellules conduisant à former le nez, de façon qu'au bout du

7. La méiose, étape spéciale de la division des cellules germinales qui conduisent aux cellules de la reproduction, les gamètes.

compte on a un nez busqué, tout comme l'aile du papillon avec ses nervures, ses cellules, ses nerfs, ses trachées, ses cellules glandulaires, la forme de ses écailles, les accumulations de pigment, se formera par l'action continue de nombreux déterminants sur le processus de multiplication des cellules" .

« Ainsi donc, d'après Weismann, la substance héréditaire ne connaît pas de néo-formation ; la substance héréditaire *ne* se développe *pas* pendant que l'individu se développe, *ne* peut subir *aucune* modification corrélative.

« *Une substance héréditaire immortelle, indépendante des particularités qualitatives du développement du corps vivant, gouvernant le corps périssable, mais ne pouvant croître de lui,* telle est la conception franchement idéaliste, mystique dans son essence, que Weismann présente sous le couvert du " néo-darwinisme "[8]. »

Dans le feu de sa critique, Lyssenko résume parfaitement l'essence de la théorie explicative que Weismann propose pour rendre compte de l'hérédité : il distingue le *germen*, contenant ce qu'aujourd'hui on nomme le programme génétique, et le *soma* qui en est l'*expression*. Cette théorie sera complétée par la redécouverte des lois de Mendel par Hugo De Vries. Celui-ci ajoute l'hypothèse de mutations perturbant la reproduction conforme du matériel héréditaire en créant de nouveaux *allèles* des *gènes*, qu'allaient si bien mettre en évidence l'école de T. H. Morgan aux Etats-Unis. On distingue enfin, à la suite de Wilhelm Ludwig Johannsen, le *génotype*, qui correspond à l'inaltérable matière du germen de Weismann, du phénomène-type ou *phénotype*, qui est l'apparence, exprimée dans un individu, de son génotype.

C'est au moyen d'expériences d'insémination artificielle de plantes que Mendel parvint à formuler ses lois de l'hérédité. En croisant des pois à fleurs rouges avec des pois à fleurs blanches, il obtint, à la première génération, des pois à fleurs rouges. En croisant alors ces dernières

8. T. Lyssenko, *Agrobiologie*, 1953, Editions de Moscou [11].

plantes, il obtint, à la seconde génération par conséquent, des pois à fleurs rouges et, à nouveau, des pois à fleurs blanches. Mais la proportion des fleurs rouges était trois fois plus grande que celle des fleurs blanches. Du fait de la réapparition de la couleur blanche après une génération, Mendel conclut qu'un « caractère » est une entité « atomique » stable qui se transmet de génération en génération. En regardant ce qu'il advenait de plusieurs caractères différents (la couleur des fleurs, la forme des graines, etc.), Mendel tira la loi de *ségrégation des caractères* qui indique que chaque caractère se comporte comme s'il était une entité intrinsèque, indépendante des autres. D'autre part, tout se passe comme si les caractères ne pouvaient se mélanger, ce qui consacre, au niveau des cellules germinales, la *loi de pureté des gamètes.*

Mais un caractère peut se présenter sous plusieurs *états* différents (plusieurs couleurs pour une fleur, par exemple) : lorsque l'on aura identifié caractère et *gène*, on appellera *allèle* chacun de ces caractères. Il importe de comprendre par conséquent qu'un même gène peut avoir plusieurs allèles différents, et pas simplement l'allèle « normal » (appelé encore allèle « sauvage ») et l'allèle défectif. Cela exclut, en particulier, que l'on puisse établir une relation d'ordre entre les allèles, entre un allèle « meilleur » et un allèle « inférieur ». Tout au plus, dans certains cas, peut-on établir une carence : mais une fleur blanche — qui suppose l'absence d'un gène de pigmentation — est-elle inférieure à une fleur rouge ?

Hors les cellules germinales qui ne possèdent qu'un seul type de chaque gène, les cellules somatiques (celles du corps) des individus sexués possèdent chaque type de gène en *deux* exemplaires. Si ce sont deux allèles identiques d'un même gène, on dit que l'individu est *homozygote* pour ce gène ; si ce sont deux allèles différents, l'individu est *hétérozygote*. On voit que cette combinatoire peut conduire à une très grande variabilité chez les individus s'il existe plusieurs allèles d'un même gène, car il existe alors toute une kyrielle d'homozygotes et d'hétérozygotes. Et si cela est vrai pour un seul gène, on comprend combien la variabilité génétique des individus, composés de milliers de gènes, peut être immense !

Il apparaît dès lors clairement que c'est à une combinatoire complexe d'unités génétiques, de gènes, que peut correspondre un individu.

L'objet de la génétique va être par conséquent de délimiter les règles qui gouvernent cette correspondance. L'une des premières règles a été mise en évidence dans des expériences probablement quelque peu « arrangées » pour les besoins de la cause[9] par Gregor Mendel et correspond à l'observation de la *dominance* ou de la *récessivité* d'un caractère.

Il s'agit du phénomène suivant :

Le code qui permet l'expression d'un gène doit mettre en évidence, au moins dans certains cas, une relation d'ordre dans l'activité des différentes variantes de ce gène (allèles). Il faut se replacer dans le contexte du milieu du XIXe siècle pour comprendre toute l'ingéniosité de l'hypothèse de Mendel : le fait que les fleurs des hybrides de la première génération obtenues en croisant des plantes à fleurs rouges et des plantes à fleurs blanches soient toutes rouges, apparaît d'autant plus mystérieux que si l'on croise entre elles ces plantes hybrides, dans un quart des cas environ, des fleurs blanches réapparaissent. Mendel appelle *récessif* le caractère blanc et *dominant* le caractère rouge. De l'absence de couleurs intermédiaires et du fait de la réapparition des caractères dominants et récessifs à la deuxième génération, Mendel conclut que dans les cellules sexuelles ou gamètes, il *n'y a pas fusion* des

9. Voir *supra* [9] et [12]. La *présentation* des résultats expérimentaux est fondamentale pour leur communication. Cela suppose toujours une simplification qui permet de les mettre en relation avec un modèle communicable. La limite entre la fraude caractérisée et le choix opportun des résultats est très floue... [13].

caractères. Plus précisément, dans l'hybride, les caractères rouge et blanc coexistent à l'état de potentialités qui s'expriment en fonction l'un de l'autre ainsi que de la présence d'autres caractères. Ainsi Mendel postule, par un raisonnement formel appuyé sur une longue observation, l'existence d'un *support matériel* de l'hérédité.

Il montre, avec bien d'autres caractères, que la loi de ségrégation des caractères est universelle, et il continue ses expériences sur les abeilles. De celles-là il ne reste rien, car, déçu du manque d'intérêt de ses contemporains pour les résultats de ses travaux, il négligea de les publier. Durant sa vie, d'ailleurs, ils furent peu connus et le botaniste suisse Nägeli, qui avait émis l'idée que les cellules étaient composées de micelles (sortes d'agrégats plus ou moins cristallins de molécules organiques), refusa d'adhérer aux résultats théoriques et expérimentaux de Mendel, car il les pensait incompatibles avec sa théorie plus quantitative (agrégation ↔ désagrégation au contact de l'eau) que qualitative de l'hérédité. La raison principale de l'absence d'adhésion aux thèses de Mendel vient certainement de ce que celui-ci excluait toute *variabilité* pour les caractères héréditaires, alors que ses contemporains centraient toutes leurs réflexions sur la variabilité. C'est aussi, on l'a vu, la raison centrale pour laquelle les disciples et émules de Darwin commencèrent par juger incompatibles la théorie de l'évolution selon Darwin et les résultats de la génétique mendélienne. Là se trouvait aussi l'objection principale de T. Lyssenko, curieusement marquée par une vision figée du matérialisme. L'hypothèse des mutations proposée par De Vries permit de concilier les deux courants : les gènes sont en principe invariables, mais au cours de leur reproduction, il apparaît une certaine fréquence de gènes altérés. C'est cette faille dans l'absolument parfaite reproduction conforme qui fait disparaître le caractère magique, « mystique », des gènes tels que Lyssenko les percevait.

Les travaux de T. H. Morgan sur la drosophile ont

confirmé et étendu ceux de Mendel, De Vries et Weismann. De plus ils ont établi le caractère d'*enchaînement linéaire* des gènes : on peut faire la carte génétique des chromosomes, et sur ceux-ci on peut trouver des gènes alignés à la suite les uns des autres. Mieux, on peut *aligner* des mutations au sein d'un même gène. Cela implique l'idée qu'un génotype puisse se lire comme un texte écrit, mot après mot, ligne après ligne, ou plutôt comme une partition musicale où la lecture de différentes portées les enchevêtre. Cette analogie linguistique, qui va peu à peu se dégager, est fondamentale pour comprendre aujourd'hui les réflexions qui entourent le code génétique.

Au centre de l'opposition entre tenants initiaux de Darwin et ceux de Mendel, aujourd'hui réconciliés, subsiste une ambiguïté fondamentale de la notion d'hérédité, particulièrement visible chez les êtres pluricellulaires, et que Weismann a tenté de résoudre par sa distinction entre le *soma* et le *germen*. Un individu différencié, en effet, se compose de cellules différentes qui, toutes, semblent donner naissance — quand elles se multiplient — à des cellules du même type ; or la transmission du patrimoine génétique d'un individu à sa descendance lui donne la possibilité de léguer, ensemble, toutes les potentialités qui permettent de donner naissance à chaque type cellulaire. En un sens, il semble exister une hérédité génétique et une hérédité somatique. On verra plus loin comment les concepts de la biologie moléculaire permettent de résoudre cette ambivalence du concept d'hérédité, mais il faut souligner ici qu'elle est à la base d'une incompréhension continue de la part d'un grand nombre de penseurs, philosophes surtout, mais aussi biologistes, psychologues ou mathématiciens, qui voient dans l'existence de l'hérédité somatique une sorte de négation de l'hérédité génétique, tendant à montrer la prégnance d'un code morphogénétique universel dont les éléments seraient à trouver dans la structure de l'environnement.

3. Un gène — une protéine

Les hypothèses de Mendel, redécouvertes par De Vries et ses contemporains, se traduisaient par le postulat de l'existence d'entités atomiques, les gènes, plus ou moins indépendants les uns des autres. T. H. Morgan, en étudiant la mouche drosophile, put relier concrètement l'existence de ces entités formelles à des éléments *visibles* du noyau cellulaire, les chromosomes, et rendre ainsi valides les hypothèses faites par beaucoup de ses prédécesseurs sur le rôle du noyau et des filaments chromosomiques dans la transmission des caractères héréditaires. Mais il restait un problème essentiel, loin d'être complètement résolu aujourd'hui : comment relier ces structures filamentaires à l'expression génétique ?

Les « caractères » de Mendel ou de Morgan sont des traits particuliers bien visibles chez un individu donné, et sujets à des variations héréditairement stables d'un individu à l'autre : couleur de la peau, des yeux, des cheveux, forme de la graine, répartition de la pilosité, etc. Comment peut-il y avoir un rapport entre tel gène sur un chromosome et tel caractère ? Pour le comprendre, il est nécessaire de connaître la nature des intermédiaires qui, dans la cellule, *traduisent* les contraintes héréditairement transmises en même temps que se reproduit la structure chromosomique. C'est la mise en place du concept de *macromolécule* qui va permettre de donner les premiers éléments d'une réponse.

En se référant à la théorie atomique, il est possible de concevoir des molécules géantes formées de plusieurs milliers, voire de dizaines ou centaines de milliers d'atomes. Pourtant, il y a un demi-siècle, la chimie avait séparé l'organique de l'inorganique non pas par référence à la combinaison des atomes entre eux, mais par une séparation entre les molécules constitutives du vivant, ou élaborées par le vivant, et la matière minérale. Cela correspondait, grossièrement à une séparation entre *cristalloïdes,* édifices atomiques aisément cristallisables, et *colloïdes,* plus spécifiques du vivant, malléables et ayant tendance à constituer des pâtes, des colles ou des gels plutôt qu'à cristalliser. On considérait alors les colloïdes comme des collections plus ou moins disparates et inorganisées de molécules au sens classique, en *micelles* responsables des caractères colloïdaux de leur solution. Il existait alors tout un courant cherchant à donner un rôle organisateur au hasard de ces associations, en faisant appel à de mystérieuses propriétés *osmotiques* des solutions colloïdales. Ce courant n'est pas sans rappeler le courant actuel qui prétend avoir découvert de nouvelles lois présidant à la naissance du vivant grâce à des processus dissipatifs intrinsèquement irréversibles.

> « Les notions d'osmose et de colloïde sont " scientifiques ", cela va de soi. Mais il leur est parfois arrivé d'être utilisées de façon quelque peu fantastique. Pour qu'elle fournisse l'explication de la vie, il faut évidemment que l'osmose soit douée d'une puissance extraordinaire, presque " magique " (...). Thomas Graham, qui a formulé vers le milieu du XIXe siècle la distinction entre cristalloïdes (dialysés rapidement) et colloïdes (dialysés lentement), s'est ainsi exprimé : " Les colloïdes fluides peuvent toujours subir une sorte de coagulation; et il suffit souvent de très faibles influences pour qu'ils passent du premier état au second (...). En fait, l'état colloïdal est un état dynamique de la matière; l'état cristalloïde, lui, est l'état statique. Le colloïde possède l'ÉNERGIE. On peut le regarder comme la source première probable de la force qui se manifeste dans les phénomènes vitaux ". [14] »

Ainsi Pierre Thuillier nous rappelle-t-il la contribution de Stéphane Leduc, qui fut professeur de médecine à Nantes et comblé d'honneurs, et qui justifiait ses réflexions fantaisistes, explicatives de la vie, en disant :

« l'acte élémentaire de la vie, c'est la diffusion et l'osmose » — et Thuillier poursuit :

> « Les idées osmotiques de Stéphane Leduc ne sont plus prises au sérieux ; mais sa *philosophie biologique*, malgré les apparences, n'est sans doute pas morte. Il est très tentant, par exemple, de rattacher Prigogine, le récent prix Nobel de chimie, à la même tradition. C'est-à-dire à une tradition qui privilégie le rôle des processus dynamiques : la vie est d'abord mouvement, changement, déploiement d'énergie. D'autres préfèrent évoquer un ordre stable, un arrangement de particules immuables. La " Thermodynamique de la Vie ", au contraire, voit le système vivant essentiellement comme un *système ouvert* où, " grâce aux échanges d'énergie avec le monde extérieur ", se créent et se maintiennent des " *structures dissipatives* ". Fi des équilibres stables ; l'ordre se constitue à travers un jeu de forces qui s'affrontent »
>
> « Il est un nom très significatif auquel se réfèrent aussi bien Stéphane Leduc que Prigogine : celui de Bénard, qui présenta en 1901 une thèse sur " les tourbillons cellulaires dans une nappe liquide ". Il y expliquait que la chaleur peut former par convection, dans une masse fluide, des structures nettes et régulières (des " cellules "). On reconnaît là le schéma central que Prigogine a développé et enrichi. Bénard lui-même avait d'ailleurs pensé que la biologie en tirerait profit. Ne serait-ce pas un moyen de " ramener les phénomènes si complexes de la vie aux lois générales de la nature inorganique " ? » [14]

On trouve ainsi tout un fonds culturel, ancré dans de très anciennes traditions, qui tend à réduire le vivant à quelques principes élémentaires riches de connotations socio-politiques (ordre, fluctuations, hiérarchies, et plus récemment information).

Cette analyse de Pierre Thuillier (1981), malgré sa clarté et sa simplicité, ne correspond aucunement à un consensus qui s'est principalement répandu auprès de penseurs de formation littéraire, fascinés par le côté apparemment concret de certains mots issus du vocabulaire scientifique. Or les problèmes de vocabulaire sont essentiels lorsqu'ils servent à définir objets et concepts, car ils véhiculent un grand nombre de sous-entendus parfois très éloignés du contexte apparent auquel ils correspondent. Par exemple, au-delà de son aspect formel, l'hérédité doit correspondre à des lois ou à des objets concrets, et il n'est pas indifférent de les nommer de telle ou telle manière.

La vie est essentiellement un phénomène instable — ou plus exactement — temporairement — stable — et c'est ce caractère spécifique qui conduit d'une part à la dynamique, et d'autre part à la diversité (due au caractère intrinsèquement exploratoire de l'instable). Sous une autre forme, ces traits particuliers ont été associés sous les vocables de « nécessité » et de « hasard ». Ces deux termes très anciens, et une citation apocryphe de Jacques Monod, ont relancé une discussion millénaire qui se poursuit activement aujourd'hui. Or, aux temps présocratiques, et même au temps d'Aristote, le hasard n'existait pas, il n'exprimait que le non-nécessaire, le contingent, ou le sans cause première ni finalité apparente. Et il ne pouvait en être autrement chez les créateurs de la science, car le hasard en soi, arbitraire, imprévisible par principe, et intrinsèquement indéterministe, ne permettait aucune autre loi que celle du placage arbitraire des lois extérieures, et eût alors été le véhicule d'idéologies plus ou moins clairement affirmées.

C'est précisément ce qui s'est produit depuis la fin du XIXe siècle. La vie doit pouvoir être décrite à partir d'un niveau minimum, et la description atomique paraît s'y prêter. C'est donc à partir de lois définissant une combinatoire d'atomes que l'on va tenter d'approcher le phénomène vivant. Et le piège réductionniste est alors tentant, qui tend à vouloir tout expliquer au moyen de lois universelles. On trouvera donc un grand nombre d'auteurs pour chercher à prédire par le seul raisonnement l'existence d'un code génétique et un seul, ou pour trouver un principe organisateur universel dans le hasard lui-même, ou dans l'existence d'un principe d'irréversibilité.

Cette attitude réductrice, qui fait fi de la riche diversité des êtres vivants, s'associe souvent à une attitude en apparence opposée où l'on ne prétend rendre compte que de la totalité d'un organisme sans avoir à en comprendre les éléments. On cherche pour cela un petit nombre de principes organisateurs qui sont censés expliquer l'ensemble du vivant. Et comme ces principes font appel à quelques idées simples, la diffusion des modèles correspondants se fait avec facilité. Ce n'est qu'en face de la réalité que se manifeste l'échec de leur pouvoir d'explication : quand il faut comprendre la croissance d'une plante, la diversité de l'adaptation des microorganismes à leur environnement, le développement d'une maladie, l'apparition ou la disparition d'une espèce, voire même l'origine de la vie, l'invocation du hasard ou de l'irréversible n'apporte rien et ne peut que prêter à sourire !

On peut alors remarquer que ces tentatives d'universalisme ignorent l'extraordinaire et merveilleuse diversité du vivant et privilégient en fait le domaine du savoir scientifique où l'idéologie a le plus de prise. Il n'y a pas loin des grands principes biologiques ou physiques aux grands principes politiques ou religieux. Et en développant plusieurs exemples de l'introduction subreptice de thèmes cachés dans le discours sur le phénomène vivant, Pierre Thuillier conclut ainsi :

> « A propos des origines de la vie, Prigogine cite en particulier les travaux de Katchalsky (synthèse abiotique des polypeptides) et d'Eigen (évolution de populations de molécules et formation spontanée d'un " code génétique "). De même que Leduc opposait le cristal et le colloïde, Prigogine et Glansdorff soulignent expressément que le cristal est un " modèle " biologique qui fait contraste avec celui des " structures dissipatives ". Le point de vue de la biologie moléculaire est " statique ",

celui de la thermodynamique est “ historique ”. Ludwig von Bertalanffy, de son côté, plaide pour une “ conception dynamique de l'organisme ” et renonce au *cristal* en faveur des systèmes ouverts, lieux d'un *flux perpétuel* [14]. »

Un concept issu de la chimie des années 1930, le concept de macromolécule, s'oppose par la précision de sa définition et les contraintes physico-chimiques qui lui correspondent à cette vision floue et sujette à toutes les invasions idéologiques, et permet de définir un niveau pertinent minimum à partir duquel on puisse tenter de reconstituer les propriétés du vivant. Le problème essentiel va donc être, dans un premier temps, de trouver la ou les règles de correspondance qui associent un gène à une macromolécule.

Mais que sont ces molécules géantes ? L'analyse chimique conduit à en distinguer quatre classes : lipides, carbo-hydrates, protéines et acides nucléiques [10]. Ce sont les deux dernières, constituées l'une d'acides aminés et l'autre de nucléotides, qui sont les plus importantes. Mais peu après la mise en place du concept de macromolécule en 1926 par Staudinger, cela n'était pas encore évident, et beaucoup de chercheurs se consacraient à l'étude de la cellulose, par exemple, qui est un carbo-hydrate majeur du règne végétal. Longtemps encore, et presque jusqu'à la Deuxième Guerre mondiale, les biochimistes se séparèrent en clans plus ou moins rivaux pariant sur l'intérêt à venir de telle ou telle classe... Mais il devint rapidement très clair qu'une classe majeure était certainement celle des protéines qui contenaient des *enzymes* douées de

10. On verra plus loin la nature chimique de ces molécules. Il suffit, à ce stade de l'exposé, de retenir que les macromolécules biochimiques sont constituées d'enchaînements de maillons élémentaires aux propriétés physico-chimiques voisines : les protéines sont des chaînes d'acides aminés, les acides nucléiques (la matière des gènes) des chaînes de nucléotides, et les carbo-hydrates complexes des chaînes, souvent ramifiées, de sucres élémentaires.

propriétés catalytiques extrêmement spécifiques et efficaces.

L'étude de l'interconversion — le métabolisme — des petites molécules, par exemple, montre qu'à chaque étape d'un chaînon métabolique correspond une ou plusieurs enzymes qui spécifient rigoureusement la réaction chimique correspondante. Mais les études sur le métabolisme ne peuvent prendre tout leur intérêt que dans la mesure où elles sont reliées aux mécanismes de la transmission héréditaire des règles qui les spécifient. Les premières études dans ce domaine furent réalisées par Boris Ephrussi sur la mouche drosophile.

A partir de la mise au point de milieux permettant la culture des tissus de divers stades du développement de la drosophile et d'autres organismes (encore utilisés de nos jours), Ephrussi acquit la conviction que le développement des spécificités cellulaires au cours du développement individuel repose avant tout sur l'action de facteurs intrinsèques et donc, très probablement, de gènes (chromosomiques).

> « C'est ainsi, écrit-il, que j'ai été amené à entreprendre l'étude du mécanisme d'action d'un facteur léthal de la souris (brachyurie), étude qui a montré que le facteur léthal en question ne s'exprime pas dans toutes les cellules de l'embryon léthal, car certains tissus de celui-ci, prélevés avant sa mort et cultivés *in vitro*, sont capables d'une différenciation normale qu'ils ne subissent jamais *in situ*. C'est ce travail qui m'a orienté vers l'étude du mécanisme de l'action des gènes qui, à cette époque, ne faisait l'objet que de spéculations et pour l'étude duquel la drosophile m'a paru être le seul matériel convenable... »

Ephrussi alla donc passer quelque temps (1934, 1936) au laboratoire de T. H. Morgan, sous la direction de Sturtevant, l'un des pionniers de l'embryogenèse de la drosophile et l'inventeur des premiers mutants de la couleur des yeux de cette mouche.

« C'est alors qu'il (lui) est apparu que les gènes dont les manifestations ne sont pas autonomes [...] devraient offrir une prise pour accéder aux phénomènes antérieurs à la différenciation des caractères (au sens de Mendel) sous leur forme définitive et, éventuellement, avec un peu de chance, pour les décrire en termes biochimiques. » [15].

De retour à Paris où il fut suivi par G. W. Beadle (1935), il mit au point une technique de transplantation des disques imaginaux [11] de la drosophile. Cela lui permit de faire des expériences de complémentation [12] à partir de différents mutants de la couleur des yeux transplantés dans d'autres mutants, et les conduisit à suggérer l'existence de deux substances diffusibles spécifiques intervenant dans la formation du pigment normal de l'œil :

$$\text{précurseur} \xrightarrow{1} \text{substance } V^{+} \xrightarrow{2} \text{substance } C_{n}^{+} \rightarrow \text{pigment,}$$

où les conversions 1 et 2 requièrent chacune l'existence d'un gène particulier.

Ces expériences établissaient clairement qu'il existe une correspondance univoque entre un gène et une réaction chimique. Beadle et Tatum, entre 1940 et 1945, décidèrent d'aborder plus directement la question de cette correspondance — le premier code d'expression de l'hérédité — en cherchant à obtenir volontairement des mutations qui conduisent à l'inaptitude à synthétiser une molécule donnée. Pour cela, ils utilisèrent un champignon microscopique, *Neurospora*, dont la génétique était déjà passablement développée et, surtout, qu'on savait faire croître sur un milieu synthétique bien défini, donc aisément complété par des adjonctions de tel ou tel produit. Par ailleurs, *Neurospora* effectue la synthèse des acides aminés, des vitamines et des nucléotides et il est

11. Les ébauches, chez l'embryon, des ailes, pattes, etc...

12. La complémentation est le processus qui permet, en associant deux types cellulaires défectifs en des points différents (comme l'aveugle et le paralytique...) de restaurer une fonction.

donc facile de rechercher après mutagenèse (Beadle et Tatum utilisèrent surtout les rayons X et les ultraviolets) des mutants dépendant pour leur croissance de tel ou tel métabolite (auxotrophes). Beadle et Tatum établirent alors clairement la règle de correspondance un gène-une protéine [13].

Plus exactement, le lien un gène-une enzyme établit le contact entre deux disciplines indépendantes jusqu'alors, la génétique et la biochimie. La génétique permit d'établir le caractère unitaire des gènes et de démontrer leur organisation *linéaire* — comme des perles sur un collier — le long des chromosomes. La biochimie identifia le caractère chimique invariable des enzymes et c'est la correspondance entre l'aspect linéaire des gènes et la nature stable — sauf après mutation — des enzymes qu'il convenait d'établir. A nouveau, comme bien souvent en science, et exactement comme ce fut le cas pour les découvertes de Mendel, il est possible de trouver, 35 ans avant les travaux d'Ephrussi, une découverte qui aurait pu être à l'origine de la génétique moléculaire et qui, faite bien avant son heure, tomba rapidement dans l'oubli. Dans la toute nouvelle revue médicale *Lancet*, A. Garrod établit, *en 1902*, la correspondance entre un défaut génétique récessif et une maladie humaine caractérisée par l'excrétion d'une urine très foncée (l'alkaptonurie). Il en conclut qu'au moins dans certains cas, un gène peut

13. On est en droit de s'étonner ici que le nom de Boris Ephrussi soit si peu connu alors qu'il a été l'initiateur non seulement des idées qui ont permis ainsi d'associer la génétique à la biologie moléculaire, mais encore de très nombreuses techniques à l'origine des concepts de cette discipline. On doit cependant rappeler qu'Ephrussi privilégiait explicitement les raisonnements de la génétique, plus aisément réfutables — et donc plus constructifs — que ceux qui sont issus de la biochimie, plus aisément rendus irréfutables. Et cela, alors que la discipline reine était la biochimie, surtout en Allemagne et dans les pays anglo-saxons. Cela explique sans doute qu'il soit resté dans une relative obscurité.

contrôler une fonction biochimique élémentaire (ici la métabolisation de la molécule responsable de l'alkaptonurie), et il suggéra (avec raison) que l'albinisme pourrait être un autre exemple du même phénomène [16].

La nature protéique des enzymes était bien établie en 1940, quoique l'invariabilité de leur composition en acides aminés fût encore sujette à de nombreuses discussions. La nature des gènes était cependant tout-à-fait hypothétique et il était donc fondamental d'en comprendre la nature chimique, pour pouvoir établir la correspondance un gène-une protéine. En particulier, deux hypothèses majeures s'affrontaient : le contrôle des gènes sur la synthèse des protéines était-il *sélectif* — autrement dit permettait-il de révéler, par un déclenchement de synthèses chimiques appropriées, l'existence de molécules préexistantes — ou au contraire était-il *instructif* — autrement dit apportait-il les règles de formation *ab initio* de la protéine ?

On a vu que l'opposition sélectif/instructif est fondamentale en biologie, et le plus souvent, le finalisme implicite des théories instructives font qu'elles priment sur les théories sélectives. Ce fut d'ailleurs le cas — et ce fut donc une chance — dans le domaine qui nous intéresse ici [14]. Et l'on peut considérer que c'est le

14. Je tiens souhaite remarquer ici que, bien que je tienne un discours résolument en faveur des théories *sélectives,* à cause de leur caractère moins facilement irréfutable, par un ajustement approprié, que les théories instructives, je ne méconnais aucunement le rôle essentiel de la pensée instructive; en particulier, je pense que, bien souvent, de mauvaises raisons (ici le finalisme) peuvent conduire à des théories adéquates; ce fut le cas pour Pasteur et la génération spontanée, ce fut le cas pour Pauling, tenant imperturbable du finalisme instructif. Mais il existe une raison valable pour comprendre la nature instructive des gènes : la synthèse d'une protéine demande une grande quantité d'*énergie* et l'instruction a lieu à ce prix. Plus précisément, il convient de n'envisager l'appel à un modèle instructif que lorsqu'on sait que le phénomène étudié est consommateur d'énergie; lorsque ce n'est pas le cas — modèle de l'allostérie, par

chimiste L. Pauling qui, en 1949, apporta la première démonstration de la nature instructive des gènes. Pauling s'était intéressé depuis longtemps à l'hémoglobine, responsable du transport de l'oxygène dans le sang, et tout naturellement il en étudia des types pathologiques. L'anémie falciforme, ou drépanocytose, est une maladie conférée par un gène récessif *s*, léthale lorsqu'elle est à l'état homozygote[15]. Simultanément, Neel d'une part [18], et Pauling et son groupe d'autre part [19], montrèrent, le premier que le caractère *s* est une mutation unique et se transmet de façon mendélienne, et le second que les propriétés physico-chimiques (ici, la mobilité en électrophorèse) de l'hémoglobine mutée sont différentes de celles de l'hémoglobine normale. Et comme le groupe chimique appelé hème, responsable de la liaison de l'oxygène, est identique dans les deux types d'hémoglobine, Pauling en conclut :

> « Neel a récemment rendu compte d'une recherche qui indique que le gène responsable des caractéristiques de l'anémie falciforme se retrouve à l'état hétérozygote chez les individus présentant des globules rouges en " faucille " et à l'état homozygote chez ceux atteints d'anémie (carence en globules rouges) falciforme (...). En fait, (...) nous pouvons identifier le gène responsable de ce processus de transformation des globules rouges avec l'une des paires d'allèles capables, à la suite de quelque réaction, d'introduire dans la molécule d'hémoglobine [la protéine du globule rouge qui lui donne sa couleur et sert au

---

exemple [10], l'appel à un modèle instructif introduit nécessairement des paramètres *ad hoc* qui, d'une part, le rendent irréfutable, et, d'autre part, introduit des présupposés idéologiques implicites servant à véhiculer tout autre chose que le contenu visible du modèle [17].

15. Les individus hétérozygotes, c'est-à-dire possédant un gène normal et un exemplaire du gène muté, ont un phénotype presque normal (on observe des globules rouges, en forme de faucille) mariés entre eux, ils donnent naissance à un nombre important (1/4, selon les lois de Mendel) d'enfants homozygotes qui ne sont pas viables.

> transport de l'oxygène] la modification qui permet de distinguer l'hémoglobine de l'anémie falciforme d'avec la protéine normale (...). Cette recherche met par conséquent en évidence un cas bien établi de changement produit dans une protéine à la suite d'un changement allélique produit dans un seul gène impliqué dans sa synthèse. »

Ce n'est que près de dix ans plus tard que la nature exacte du changement fut connue, à un moment où il paraissait définitivement établi que la structure des protéines est rigidement fixée par les gènes. Mais il apparaissait déjà clair que les gènes ne font pas seulement que contrôler la synthèse, ou révéler l'existence des protéines, mais qu'ils en *déterminent* la séquence.

Il restait donc deux inconnues essentielles au moment où éclatait la Deuxième Guerre mondiale : quelle est la nature *chimique* des gènes, et quelles sont les règles qui déterminent la structure chimique des protéines ? De nombreux auteurs participèrent à la résolution du deuxième point et montrèrent que les protéines, même lorsqu'elles paraissent dépourvues de caractéristiques physiques indiquant une organisation spatiale (autre que la mise bout à bout des acides aminés) clairement définie, sont des enchaînements linéaires, orientés, de liaisons peptidiques représentées par : $-\underset{\underset{\displaystyle O}{\|}}{C}-\overset{\overset{\displaystyle H}{|}}{N}-$. On savait plus ou moins clairement qu'il en était ainsi depuis les travaux de Fisher au début du siècle, de même qu'on avait identifié la plupart des 20 acides aminés qui les composent — l'un d'entre eux, la thréonine, ne fut toutefois caractérisée qu'en 1938 —, mais c'est à Pauling d'abord qu'on doit d'avoir reconnu l'existence dans les protéines de structures spatiales organisées de façon régulière (structures dites *secondaires*) : hélice α et feuillet

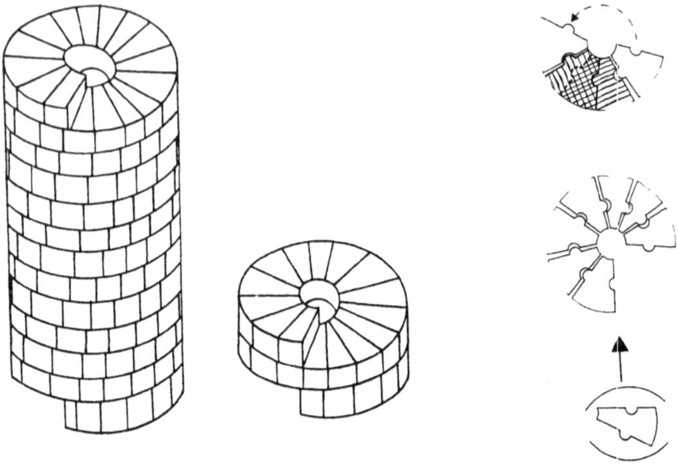

La séquence primaire d'une protéine ne dit rien sur sa forme dans l'espace. En général les acides aminés liés par des liaisons peptidiques s'arrangent en premier lieu sous la forme d'une structure en hélice, structure qui se retrouve de façon ubiquiste dans les formes associées à la vie.

L'hélice, contrairement à ce que sa complication apparente pourrait faire croire, est une forme primitive. Ce schéma illustre comment la simple autoassociation de (macro)molécules identiques tend nécessairement à constituer une hélice. Les sous-unités s'associent les unes aux autres et cela tend à former un cercle, mais il est tout à fait improbable qu'a priori ce cercle puisse se refermer exactement sur lui-même : deux sous-unités vont donc se recouvrir et une hélice plus ou moins longue va se constituer. On peut remarquer que la mise en place de deux hélices coaxiales, constituées de sous-unités différentes et ayant des pas différents, forme un vernier extrêmement fin : c'est ainsi que peut être définie, de façon très rigoureuse, la longueur d'une structure complexe comme celle d'un virus. On voit ici comment un phénomène morphogénétique macroscopique peut être entièrement fixé au niveau microscopique.

Galilée avait déjà remarqué que l'hélice est une forme primordiale. Dans le Dialogue des Grands Systèmes Sagredo discute les formes primordiales proposées par Aristote et avant de donner ses propres objections remarque : « je ne me soucie même pas d'avancer l'objection subtile de l'hélice autour du cylindre, laquelle étant partout semblable à elle-même, pourrait, me semble-t-il, être mise au nombre des lignes simples ».

plissé β (on connaît aujourd'hui d'autres types de telles structures), et surtout à F. Sanger et à son groupe d'avoir montré à partir de 1950 que les protéines sont faites d'enchaînements rigoureux, spécifiques pour chaque type considéré, d'acides aminés ordonnés du sens amino-terminal vers le sens carboxyl-terminal et une *séquence primaire* linéairement organisée, même si la structure spatiale de la protéine semble fort éloignée d'un enchaînement linéaire (voir p. 84).

Bien que certaines protéines aient été obtenues sous la forme de *cristaux* à la maille bien définie depuis le début du siècle (hémoglobine par Reichert et Brown en 1909, uréase, protéine pourvue d'une activité catalytique par Sumner en 1926) et que cela indique très probablement leur grande homogénéité chimique[16], il fallut attendre la construction du concept de macromolécule par H. Staudinger en 1927, et son assimilation, pour que l'on comprenne pleinement la signification de l'enchaînement linéaire des acides aminés[17]. C'est d'ailleurs la difficulté de l'assimilation collective de ce concept qui rendit si tardive la découverte de la nature chimique des gènes.

On savait en effet que les chromosomes contiennent le support chimique de l'hérédité et la génétique avait établi l'enchaînement linéaire des gènes. Dès 1867, F. Miescher avait isolé par des techniques déjà très élaborées une substance qu'il avait appelée *nucléine*, à partir du noyau

16. Du moins jusqu'à un certain point. Des cristaux d'ARN de transfert, molécules qu'on considérera plus loin, peuvent être constitués à partir d'un ensemble d'espèces chimiques apparentées mais cependant très différentes.

17. Notons qu'une difficulté intrinsèque apparaît lorsque l'on considère l'architecture des protéines *dans l'espace*. En effet, bien que les acides aminés soient enchaînés à la suite les uns des autres, la chaîne formée se replie sur elle-même en une organisation complexe où le fil des acides aminés (le « squelette polypeptidique »), n'apparaît plus clairement. Cette architecture reçoit souvent des noms imagés : « pelote » ou « globule », par exemple.

des cellules de pus, et avait indiqué qu'elle pourrait avoir quelque rapport avec l'hérédité. Il fallut longtemps pour en établir les motifs principaux : des molécules assez complexes (nucléotides), formées d'un sucre, le désoxyribose, d'un groupement phosphate et de quatre types de bases appelées adénine (A), thymine (T), guanine (G) et cytosine (C).

L'analyse chimique conduisit à évaluer grossièrement la composition de la nucléine comme composée de quantités égales des quatre nucléotides et Levene, pour cette raison, proposa en 1931 l'idée que les acides nucléiques ne sont que des assemblages répétitifs d'un motif formé de « tétranucléotides » (les quatre motifs de base A, T, G, C). Cette hypothèse eut malheureusement un très grand succès et prévint certainement bien des découvertes. En effet, considérer la nucléine — encore appelée acide désoxyribonucléique (ADN) — comme une simple structure répétitive, excluait *a priori* qu'elle puisse donner une quelconque « information » sur l'hérédité et l'écartait donc comme matière possible du patrimoine génétique.

Schrödinger avait suggéré que le matériel héréditaire, le chromosome, était un cristal apériodique. Mais cette idée de cristal apériodique contient en fait plusieurs notions : la nature cristalline, d'une part, et l'apériodicité, de l'autre. Pour certains, c'était la nature cristalline qui paraissait être caractéristique du matériel héréditaire ; pour d'autres, c'était l'apériodicité. Pour les généticiens (qui s'intéressent à l' « information » plus qu'à la structure), c'était l'apériodicité qui était à prendre en considération. En effet, si le matériel héréditaire a une nature apériodique, cela implique qu'il contient une certaine « information ». Une structure périodique, au contraire, n'autorise le stockage que d'une très petite quantité d'information, dans la limite des sous-unités constituant la structure *n* fois répétée.

Au cours des années qui ont précédé la Deuxième

Guerre mondiale, la nature physique du gène avait été plusieurs fois évoquée et un certain nombre de modèles très intéressants avaient été proposés. P. Slonimski rappelle aujourd'hui qu'en particulier, dans un livre édité en France en 1938 ou 39, le biologiste russe Koltzov imaginait que le gène avait une structure apériodique, ou encore une structure codante. Autrement dit, le gène avait une structure dans laquelle des modifications ponctuelles des atomes pouvaient être responsables des différentes variétés d'un même gène (les allèles). C'était une intuition géniale, puisqu'on sait maintenant qu'il en est bien ainsi. Mais, d'un côté, Koltzov s'était trompé puisqu'il imaginait que le gène était une protéine, et non pas un acide nucléique, comme on le sait aujourd'hui. Pour Koltzov, c'étaient donc les acides aminés (et non pas les nucléotides) qui étaient à la base de l'apériodicité codant l'information dans le gène. Koltzov s'était trompé sur ce point parce qu'il était admis à l'époque, à cause du modèle de Levene, que la nature chimique des gènes ne pouvait être que protéinique.

C'est une suite d'expériences biochimiques qui eurent raison — tardivement — de cette hypothèse erronée et permirent de montrer que l'acide désoxyribonucléique est le support chimique des gènes. On attribue généralement à T. O. Avery cette découverte (1944) [20], mais la littérature anglo-saxonne tend souvent à la minimiser en la faisant passer pour peu connue et considérée comme peu probante par ces biologistes.

L'expérience d'Avery repose sur la découverte du phénomène de *transformation*, près de 20 ans plus tôt. Des pneumocoques incapables de faire la synthèse des polysaccharides de leur capsule et pour cette raison non pathogènes, peuvent être « transformés » de façon héréditairement stable en pneumocoques ayant retrouvé cette capacité si on les fait croître en présence d'extraits de pneumocoques sauvages tués par la chaleur. Avery s'attacha à purifier le principe transformant et montra qu'il s'agissait d'acide désoxyribonucléique. Cette conclusion fut fortement critiquée, aux Etats-Unis en particulier, mais fut au contraire considérée avec un grand intérêt en France et plusieurs auteurs effectuèrent des expériences essentielles tendant à relier la quantité d'ADN à la transmission de l'hérédité. Ainsi, au cours d'une réunion organisée par le Centre national de la Recherche scientifique (France) en 1949 [21] et à laquelle participaient M. Delbrück, B. Ephrussi, A. Lwoff, J. Monod entre autres, sur les unités douées de continuité génétique, d'ADN figurait en bonne place comme vecteur potentiel de l'hérédité et Boivin, Vendrely et Tulasne écrivaient :

> « Il est bien acquis à l'heure actuelle que dans les cellules des êtres supérieurs, animaux et végétaux, co-existent toujours les deux acides nucléiques : l'acide désoxyribonucléique, qui se confine dans le noyau, et l'acide ribonucléique qui se rencontre surtout dans le cytoplasme. Les études que nous venons de poursuivre montrent qu'il en va exactement de même chez les bactéries les plus diverses. Cette constatation nous paraît avoir son importance. En effet, bien que la spécificité des acides désoxyribonucléiques n'ait été constatée, jusqu'à maintenant, que chez les seules bactéries, l'universelle existence, chez tous les êtres, d'un noyau désoxyribonucléique conduit à admettre — jusqu'à preuve formelle du contraire — que la spécificité en question représente un phénomène général, jouant partout quelque rôle capital dans la biochimie de l'hérédité.
>
> (...) Depuis les travaux de Griffith, de Dawson et Sia, d'Alloway, on sait comment il est possible de transformer un type de pneumocoque en un autre type, en amenant en contact, *in vivo* et *in vitro,* la forme R *vivante* du type à transformer avec la forme S, *tuée par la chaleur,* du type à obtenir, ou avec un extrait bactérien approprié préparé à partir de ce dernier type. Il était réservé à Avery et ses collaborateurs de découvrir, en 1944, la nature du principe actif en cause et de montrer qu'il s'agit de l'Ac

DRN[18] de la bactérie qui compose son type : Ac. DRN, considéré sous son état natif de haute polymérisation (...).

Dès 1945, et indépendamment des travailleurs américains (dont nous nous plaisons à reconnaître ici la priorité), nous sommes arrivés à des conclusions du même ordre dans le domaine des colibacilles (...).

Cela conduit à une conséquence vraiment révolutionnaire sur le plan purement biochimique. Par analogie avec ce que l'on connaît des protéines, on est amené à envisager la possibilité d'une structure susceptible de différencier entre eux ces divers Ac. DRN : structure " primaire " (constitution intime et mode de groupement des nucléotides, et éventuellement intercalation de quelques éléments étrangers dans la chaîne polynucléotidique), ou structure " secondaire " (état de plissement ou de pelotonnement de cette chaîne polynucléotidique). L'inactivation des Ac.DRN qui s'installe dès qu'on amorce leur dépolymérisation enzymatique, parle en faveur de l'entrée en jeu d'une structure secondaire. On sait, au surplus, comment dans le domaine des protéines, et avec Pauling, on a de plus en plus tendance à expliquer l'infinie variété des globulines anticorps qui peuvent apparaître chez une même espèce animale par des modifications de structure secondaire subies par la chaîne polypeptidique de la globuline normale de cette espèce. Quelque chose de comparable pourrait jouer en matière d'Ac.DRN. Les études aux rayons X des Ac.DRN (inaugurées récemment par Astbury et Bell) et les études des mêmes corps au microscope électronique (inaugurées encore plus récemment par Scott) seront certainement reprises et elles ne pourront manquer de conduire à des résultats d'un grand intérêt. »

Ainsi, en y ajoutant les données obtenues par E. Chargaff, qui avait montré que la composition chimique des ADN est très variable et que le contenu de l'ADN en adénine est égal au contenu en thymine, de même que le contenu en guanine est égal au contenu en cytosine, le

18. Acide désoxyribonucléique (ADN).

contexte était prêt pour la proposition, faite par Watson et Crick en 1953, de la structure en double hélice de l'ADN. L'extraction douce du matériel génétique présent dans les cellules avait permis de le caractériser comme de longues fibres d'une macromolécule contenant une chaîne de sucres (désoxyribose), des phosphates (qui lui donnent son caractère *acide*) et les quatre bases azotées A, T, G, C. Il était possible d'étirer ces fils et de les placer dans un faisceau de rayons X pour en étudier la diffraction. R. Franklin et M. Wilkins obtinrent dès 1951 des diagrammes de diffraction montrant une grande régularité dans l'organisation architecturale des motifs des fibres d'ADN. Une première constatation essentielle était de comprendre que cette régularité venait de ce que les fibres ont la structure hélicoïdale d'une vis sans fin. Mais c'est lorsque Watson et Crick purent associer à cette idée la règle de Chargaff A = T ; G = C, que la structure apparut : une ou plusieurs hélices coaxiales doivent se combiner de telle manière que le squelette de la chaîne désoxyribose-phosphate se trouve tourné vers l'extérieur, et les bases vers l'intérieur. Les quatre bases, adénine, thymine, guanine et cytosine, peuvent être considérées comme des « plateaux » que l'on peut aisément empiler. Elles forment deux classes : adénine et guanine, des purines, et thymine et cytosine, des pyrimidines. Les deux purines ont pratiquement les mêmes dimensions microscopiques, de même que les deux pyrimidines. Il était alors possible d'imaginer un empilement des bases deux à deux : adénine + thymine sur guanine + cytosine, et l'association des deux hélices. Mais alors, si la suite des bases le long d'un brin d'ADN est connue, la suite des bases sur l'*autre brin* est entièrement déterminée. Cette structure permettait de comprendre la duplication des gènes et donnait un premier code génétique, le code de l'auto-reproduction, selon la règle de substitution appelée aujourd'hui appariement Watson-Crick dA → dT dG → dC dT → dA dC → dG. Mais rien ne permettait de comprendre alors la règle qui permet d'associer une protéine — c'est-à-dire une suite linéaire ordonnée d'acides aminés — à un gène — c'est-à-dire une suite linéaire ordonnée de désoxyribonucléotides. Comme on va le voir, il fallut moins de 10 ans pour que cela soit compris, au moins dans ses grandes lignes.

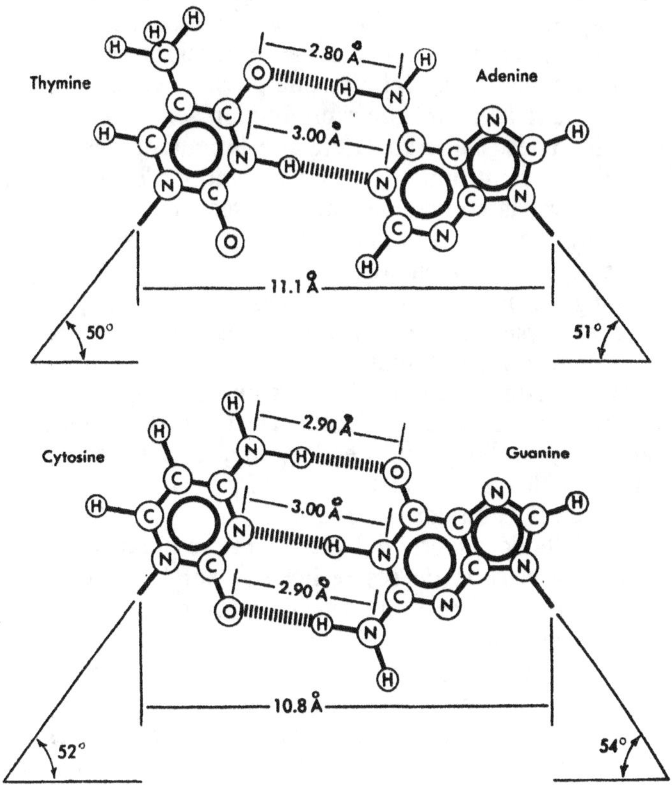

4. Le messager et le contrôle de l'expression génétique

Les travaux de Morgan sur la drosophile et de Beadle sur *Neurospora* ont, par leur succès, convaincu que le choix de *l'objet expérimental* est d'une très grande importance dans l'élaboration et les progrès de la recherche biologique. Deux conditions majeures sont à réunir : il faut des êtres vivants capables de se développer dans des conditions aussi bien définies que possible et, de plus, il convient que leur cycle de reproduction soit le plus court possible. Il est clair, en effet, que la lenteur des cycles biologiques vient limiter un grand nombre d'expériences. Par ailleurs, la conviction que le niveau moléculaire est sans doute le niveau le mieux adéquat pour comprendre et formaliser les phénomènes liés à la vie, suppose que l'on puisse étudier les macromolécules essentielles par des moyens physico-chimiques appropriés, et qu'on puisse par conséquent en obtenir des quantités importantes. On comprend donc que le choix d'organismes appropriés ait été déterminant dans la découverte du code génétique, mais que, si l'on n'y prend garde, il vienne biaiser fortement les interprétations générales que l'on peut donner de l'expression génétique.

Depuis la découverte du rôle des micro-organismes par Pasteur, à la suite de ses recherches sur les causes des maladies de la bière et du vin, de nombreux chercheurs avaient mis en évidence une pléiade d'êtres vivants microscopiques. On savait aussi en faire la culture dans des milieux souvent entièrement synthétiques — ce qui permet de contrôler les caractéristiques essentielles de leur interaction avec le milieu environnant —, mais les mécanismes de leur hérédité, et plus particulièrement leur remarquable capacité d'adaptation à des très grandes variations de leur environnement, laissaient croire qu'ils étaient soumis à des règles de reproduction tout à fait distinctes de celles des autres êtres vivants. D'ailleurs, l'étude morphologique des bactéries, les plus petits de ces micro-organismes, montrait qu'elles ne possèdent pas de noyau (ce sont des procaryotes) au contraire du cas habituel des cellules animales ou végétales (eucaryotes). En outre, l'isolement de *variants* à partir d'un type original sur divers milieux de culture conduisait souvent à l'obtention de lignées héréditairement stables pour le caractère apparemment nouveau que l'on avait sélectionné, ce qui pouvait faire croire à la possibilité de produire aisément chez les bactéries « l'hérédité des caractères acquis », si souvent invoquée pour expliquer l'évolution des espèces, alors que cette vieille idée, imaginée par Lamarck, semblait ne pas avoir de base solide chez les autres êtres vivants.

Ainsi, un hôte du côlon humain, le colibacille *Escherichia coli* (appelé alors *mutabile* en raison de son extrême versatilité), sujet de nombreuses études depuis le début des années 1930, semblait posséder une aptitude remarquable à la production de mutants différents du type original. Le choix d'une telle bactérie comme modèle des systèmes vivants reposait donc sur l'analyse de ses caractères héréditaires. Il fallait rechercher si *toutes* les cellules issues d'un même ascendant étaient capables de donner naissance à ces variants, ou bien s'il s'agissait seulement d'une proportion fixe présente dans la population considérée. Plusieurs écoles dans le monde s'attachèrent à résoudre ce phénomène. On ne retiendra ici que les expériences de S. Luria et M. Delbrück (1943) qui, par leur élégance et leur clarté, démontrèrent que les mutations bactériennes ne sont que de rares événements qui viennent perturber, avec une très faible fréquence, la reproduction conforme de l'ADN. S. Luria et M. Delbrück inventèrent un test statistique dans lequel il était possible de montrer que les bactéries mutantes existent *avant* l'exposition à l'agent sélectif nécessaire pour en révéler l'existence, c'est-à-dire que l'environnement ne joue que le rôle de *révélateur* de mutations préexistantes.

Une conséquence de ces expériences était que les bactéries possèdent des unités génétiques analogues à celles des êtres vivants plus évolués. Ainsi le colibacille pouvait-il être considéré comme un objet modèle et quelques groupes dans le monde se consacrèrent à son étude détaillée.

A l'Institut Pasteur, à Paris, André Lwoff animait un groupe de physiologie microbienne auquel se joignit clandestinement pendant la guerre, puis officiellement ensuite, Jacques Monod, et, après la guerre, François Jacob. Monod se consacrait à l'étude de *l'adaptation enzymatique*, c'est-à-dire de la faculté qu'a le colibacille de faire la synthèse de certaines enzymes dès que les conditions extérieures s'y prêtent, et Jacob étudiait les cycles biologiques des « parasites » que sont certains virus « bactériophages », et en particulier leur capacité, alors fort contestée, de rester « cryptiques » dans les bactéries, sous une forme transmise de génération en génération, parfois capable de donner naissance au cycle normal du virus qui se termine par la mort de la bactérie et la libération d'un grand nombre de particules virales infectieuses.

La découverte du code génétique, même si elle doit beaucoup aussi à l'étude des organismes plus complexes et surtout au raisonnement purement formel — on y reviendra —, est inséparable de la compréhension des régulations de l'expression génétique, elle-même tributaire du choix du colibacille comme modèle d'étude, et il convient d'en développer un peu l'histoire. Au California Institute of Technology, Max Delbrück avait choisi d'étudier, pour ses expériences sur le taux des mutations, la résistance du colibacille à un virus. Il ne pouvait être question pour lui d'imaginer que les virus fussent capables d'autres activités que la simple destruction de leur hôte (cycle lytique). André Lwoff, au contraire, avait remarqué que certains virus sont capables, dans certaines conditions, de se perpétuer dans leur hôte sans le tuer. Dans ce cas, les bactéries, dites *lysogènes*, deviennent un réservoir du virus à l'état potentiel et conservent son patrimoine héréditaire comme le leur propre, sous la forme d'un *prophage*.

C'est à François Jacob que revient le mérite d'avoir précisé les grandes lignes de l'opposition lyse/lysogénie (opposition cependant loin d'être encore totalement comprise aujourd'hui). Il résuma ainsi ses résultats :

— d'une part, la bactérie est capable, dans des conditions bien définies, de donner naissance au cycle lytique et à la production de virus complets et bien formés, et cela est léthal pour elle. Dans des conditions fixées de l'environnement, cette capacité à produire des virus dépend essentiellement de caractéristiques héréditaires du virus lui-même. Par ailleurs, des variations appropriées du milieu extérieur à la cellule peuvent induire elles aussi la production de virus, avec une efficacité voisine de 100 %. Et ces événements ont en commun la propriété d'êtres connus pour leurs effets mutagènes sur le patrimoine héréditaire des cellules. Ce sont, par exemple, les radiations ionisantes ou certains produits chimiques aromatiques ;

— d'autre part, les bactéries lysogènes ont la propriété d'être *immunes*, c'est-à-dire insensibles à l'égard du virus qu'elles sont susceptibles de produire (ou de virus homologues). On peut montrer qu'elles contiennent toute l'information permettant la production du génome viral sous la forme d'une copie, unique en général, de ce génome intégré au chromosome bactérien (prophage).

L'ensemble des expériences qui ont permis d'aboutir à ces conclusions permettait d'affirmer que les gènes du virus gouvernent les fonctions nécessaires à la multiplication et à la formation de particules virales infectieuses, mais que ces fonctions ne sont pas déclenchées dans les bactéries lysogènes en croissance, ni sur le prophage, ni sur des virus surinfectants (ce qui implique donc l'immunité). En collaboration avec E. Wollman, F. Jacob a d'abord isolé un grand nombre de mutants du bactériophage λ, qui diffèrent par leurs propriétés de lyse ou de lysogénie. Puis ces auteurs ont établi que les gènes du virus constituent un seul « groupe de liaison » comme chaque chromosome de cellules animales. C'était alors compatible avec l'hypothèse selon laquelle il s'agissait d'une unique molécule géante d'ADN, formant un fil continu. Ces expériences conduisirent à se représenter la régulation des fonctions d'un virus comme le bactériophage λ comme associée à deux groupes bien distincts. Un premier groupe, comportant un nombre assez restreint de gènes, règle le mécanisme de la lysogénie, et permet en particulier l'expression de l'immunité des bactéries lysogènes à une surinfection par des virus homologues (ce qui veut dire que les fonctions de ces gènes sont *exprimées* chez le prophage). Un deuxième groupe, comportant un nombre de gènes beaucoup plus important, permet le développement lytique du virus. Ce dernier groupe contient les gènes qui dirigent la réplication de l'ADN viral, ainsi que la synthèse des protéines nécessaires à son encapsidation dans une coque solide, donnant une particule virale infectieuse.

C'est à ce stade qu'intervint l'approche complémentaire, fruit du travail de Jacques Monod, qui analysait l'apparition d'activités enzymatiques chez les bactéries en réponse à des variations du milieu extérieur.

A la suite des expériences d'Ephrussi, Beadle et Tatum, on savait qu'il existe une correspondance stricte entre chaque gène (bientôt identifié comme un segment d'ADN) et chaque protéine (enzyme en particulier). Or Monod avait montré, pendant la guerre et peu après, qu'il existe des systèmes *adaptatifs*, c'est-à-dire des activités enzymatiques, en général absentes de la cellule, mais dont on peut *induire* l'apparition en agissant de façon appropriée sur le milieu extérieur. En 1949 Monod résumait ainsi la question :

« L'hypothèse selon laquelle les déterminants héréditaires exerceraient leur pouvoir physiologique par l'intermédiaire d'enzymes dont ils contrôleraient la formation ou l'activité spécifique a été formulée par Lucien Cuénot, il y a plus de 40 ans. Les progrès de la génétique et de la biochimie depuis cette époque n'ont fait que confirmer la valeur de cette conception (...). Mais il semble aussi que le génome ne soit pas seul en cause dans la synthèse des enzymes. De nombreuses observations, accumulées depuis près de 50 ans, indiquent que la formation de certaines enzymes est spécifiquement conditionnée, induite, par des substances chimiques. Dans chaque cas, la substance active se trouve être le *substrat* de l'enzyme considérée. C'est le phénomène connu sous le nom d'“ adaptation enzymatique ” (...). Une fois admis que la formation d'une enzyme donnée implique l'intervention d'une “ molécule directrice ” qui en détermine la structure spécifique, on peut faire trois hypothèses distinctes concernant l'identité de cette “ molécule directrice ” :

1° la molécule directrice est identique à l'enzyme elle-même ;

2° la molécule directrice est un gène (...) ;

3° la molécule directrice est constituée par le substrat.

La première hypothèse considère l'enzyme comme se déterminant elle-même, comme douée de continuité génétique (...).

A. Remarquons d'abord que chez les bactéries, la non-identité d'un déterminant et de l'enzyme (ou des enzymes) qu'il contrôle est démontrée, de façon péremptoire, dans au moins un cas, qui n'est autre que celui du pneumocoque. Il est impossible de supposer que l'enzyme qui synthétise le polysaccharide spécifique soit identique à l'acide désoxyribonucléique qui en contrôle l'activité.

B. Il semble que les croisements et ségrégations de “ caractères ” (parmi lesquels figurent l'attaque du maltose et du lactose) obtenus par Lederberg (1947) avec la souche K12 soient incompatibles avec l'hypothèse du déterminant et de l'enzyme.

C. Enfin, si chez les organismes sexués, les enzymes étaient doués de continuité génétique, ils échapperaient à l'hérédité mendélienne qui constitue tout de même la règle générale, sinon absolue.

Pour ces raisons (et puisqu'il s'agit d'élaborer une conception qui soit en accord avec les faits les plus généralement reconnus), la première hypothèse doit être abandonnée. Il nous reste le choix entre la seconde et la troisième. Voyons d'abord la seconde. La " molécule directrice " dont dépend la configuration spécifique de l'enzyme est un gène (...).

Au contraire, la troisième hypothèse conduit à une conception toute différente du rôle du génôme. Puisque, dans ce cas, les structures actives seraient évoquées par les substrats, les gènes ne contrôleraient qu'indirectement l'élaboration de ces structures et ne détermineraient que des limites de variabilité dans les potentialités de la cellule. »

Et Monod propose alors une explication de l'adaptation enzymatique en termes d' « autocatalyse »[19] :

« L'hypothèse essentielle, pour expliquer l'accroissement " autocatalytique " de l'activité enzymatique, c'est de supposer que les rencontres " efficaces " entre amorces spécifiques et " matériaux de construction " non spécifiques, seraient favorisées par la présence de molécules du même type déjà formées. En d'autres termes, la probabilité de formation d'une structure active donnée serait d'autant plus élevée que cette structure serait déjà représentée à un grand nombre d'exemplaires. L'effet du substrat serait de stabiliser les structures déjà for-

19. L'autocatalyse était alors un concept assez nouveau, essentiellement utilisé par les chimistes spécialistes des réactions de polymérisation conduisant aux macromolécules. Ce concept a beaucoup été utilisé depuis lors par des auteurs qui, bien souvent, font comme s'ils l'avaient réinventé. En fait, l'autocatalyse est un cas particulier du phénomène de *rétroaction* connu depuis longtemps et mis en avant par N. Wiener comme principe fondamental de la cybernétique, après avoir été découvert près d'un siècle auparavant par Maxwell comme principe de base à l'homéostasie (retour automatique d'un système à la position voisine la plus stable après une perturbation).

mées[20], et de favoriser ainsi la naissance de nouvelles structures semblables. On voit facilement comment, même si l'effet primaire était assez petit, il pourrait se traduire (par suite de la compétition entre les différents types de molécules pour les matériaux non spécifiques) par un accroissement relatif considérable.

La molécule d'enzyme ainsi formée serait *autocatalytique*, mais elle ne serait pas *autoreproductrice*, puisqu'il lui manquerait les deux propriétés essentielles d'une telle molécule : 1° elle *pourrait* se former *en l'absence* d'une molécule semblable préexistante ; 2° elle *ne pourrait pas* perpétuer de changements accidentels intervenus dans sa structure spécifique. On voit que ces quelques hypothèses (...) permettent de comprendre la coexistence (parfois virtuelle), au sein d'une même cellule, de nombreux enzymes autocatalytiques, doués d'une relative indépendance, quoique soumis chacun au contrôle d'un déterminant génétique. La cellule, dans cette conception, est un microcosme où coexistent et se sélectionnent continuellement un grand nombre de " lignées moléculaires ", largement autonomes dans leur développement. »

Au cours des dix années qui suivirent la guerre, J. Monod s'attela à définir un système de mesure qui fût absolument reproductible, et choisit d'étudier un cas particulièrement bien caractérisé, celui de la synthèse d'une enzyme responsable de la dégradation du lactose, la β-galactosidase. Grâce à de nombreuses collaborations [23] et à celle, active et enthousiaste, d'un jeune chercheur américain, Melvin Cohn, un système aisément reproductible d'induction et de dosage de la galactosidase fut mis au point et il devint clair, en 1955, que la *synthèse de novo* de l'enzyme prend place *après* l'addition de l'inducteur. Voilà, s'il en était encore besoin à cette époque, une démonstration du rôle instructif des gènes !

20. C'est l'idée de *stabilisation sélective* d'une structure qui apparaît ici. Une idée très voisine était exposée à la même époque par le Soviétique Schmalhausen ridiculisé par Lyssenko [11].

Il apparaissait en outre que la molécule de β-galactosidase est parfaitement *stable* après sa synthèse, de même que la majorité des autres protéines de la bactérie. Ainsi les restes du paradigme ancien d'une matière vivante malléable et adaptable en fonction des caractéristiques du milieu extérieur se trouvait-il sérieusement amendé : ce n'est pas la molécule d'enzyme qui peut se modeler en suivant les instructions du milieu, mais c'est la *synthèse* de l'enzyme qui est déclenchée, par un mécanisme sélectif, en présence d'une molécule appropriée présente dans le milieu extérieur. Cependant, le mécanisme propre à l'induction indiquait l'existence d'une étape mystérieuse, permettant la synthèse de l'enzyme, durant un très court instant. Mais l'expérience montrait clairement que la mesure de l'activité β-galactosidase permettait de connaître directement l'activité de la synthèse de la *protéine* correspondante. On pouvait donc, grâce à l'étude de ce système simplifié, espérer comprendre la nature de la correspondance un gène-une enzyme.

Jacques Monod entreprit parallèlement la synthèse et l'étude des effets d'un grand nombre d'analogues synthétiques du lactose afin de *séparer* deux propriétés qui coexistent dans le lactose, à savoir le caractère *inducteur* (propriété qui déclenche la néosynthèse de la β-galactosidase) et le caractère *substrat* (soumis à l'action d'hydrolyse catalytique par l'enzyme). Il put ainsi trouver des inducteurs gratuits, qui n'étaient pas substrats, et des substrats qui n'étaient pas inducteurs. Cela permettait d'imaginer que la cible de l'inducteur est bien distincte de l'enzyme et de définitivement écarter l'idée de l' « adaptation enzymatique » d'un hypothétique précurseur de la β-galactosidase. J. Lederberg, l'un des pionniers de la génétique du colibacille, affirma alors la disparition des théories instructives au profit des théories sélectives, et Monod conclut de l'ensemble de ses travaux que la synthèse des enzymes responsables de catabolisme est *réprimée* lorsque les produits finaux de la réaction biosynthétique se trouvent présents en excès dans le milieu, ou encore lorsque la réaction, comme c'est le cas pour la β-galactosidase, n'est en général pas nécessaire. Cette synthèse ne se trouve induite qu'en présence d'une molécule spécifique. Cette hypothèse permet d'expliquer l'économie cellulaire qui évite ainsi des synthèses inutiles lorsque les métabolites leur correspondant ne sont pas présents.

On se trouvait donc en présence de deux types de gènes. D'une part, des gènes de « structure » spécifient la synthèse d'une protéine douée d'activité métabolique catalytique, le plus souvent une enzyme ; d'autre part, des gènes de « régulation » spécifient la synthèse d'une protéine dont l'activité biologique sert au contrôle de l'expression des gènes de structure. Dans le cas du système responsable de la dégradation du lactose, on trouve ainsi deux gènes de structure :

— un gène appelé *lacZ* produit l'enzyme qui dégrade le lactose, la β-galactosidase ;

— un gène appelé *lacY* produit la protéine, située dans l'enveloppe cellulaire, qui permet au lactose d'entrer dans la cellule, autrement imperméable.

Par ailleurs, un gène appelé *lacI* spécifie la synthèse de la protéine responsable du contrôle de l'expression des deux autres gènes, le répresseur.

Une souche mutée dans le gène Z est en général incapable de produire de la β-galactosidase ; la même chose se produit dans le cas de la perméase pour les mutations dans le gène Y. C'est bien ce qu'on attend de défauts des gènes de structure : une altération du gène altère la fonction catalytique finale. Mais les choses sont différentes dans le cas du gène *lacI*. En général, on observe que l'altération correspondante se traduit par le fait que le phénomène d' « adaptation enzymatique » a disparu : la β-galactosidase et la perméase sont produites en permanence ; même en *l'absence de lactose*, le système d'expression de ces protéines devient « constitutif ».

Or, la sexualité bactérienne venait d'être bien établie par Jacob et Wollman. Il s'agit d'un mécanisme qui permet aux bactéries le transport d'un chromosome (en tout ou partie) d'une bactérie « mâle » à une bactérie « femelle ». Il était donc possible d'introduire un gène choisi au sein d'une bactérie donnée. On pouvait, par exemple, introduire le gène *lacZ* normal (« sauvage ») dans une souche *lacZ*$^-$ et montrer que cela restaure la synthèse de la β-galactosidase (*lacZ*$^+$ est *dominant sur lacZ*$^-$, selon les lois classiques de Mendel). Mais on pouvait aussi faire entrer le gène sauvage *lacI* et voir ce qui se passe.

Jacques Monod avait isolé un grand nombre de mutants du système lactose, affectés soit dans la production de β-galactosidase active (appelés z^-), soit dans l'entrée du lactose dans la cellule (y^-), soit enfin constitutifs pour la production de sucre (appelés i^-). Par une astucieuse utilisation de la génétique et de la toute nouvelle découverte de la sexualité bactérienne, il fut possible de comprendre le mécanisme de l'induction.

Le résultat de cette célèbre expérience, connue sous le nom de PaJaMa (du nom des auteurs : Pardee, Jacob et Monod) fut très surprenant : en croisant une souche *lacI*$^-$ *lacZ*$^-$ avec une souche sauvage, on observe d'abord une synthèse immédiate de β-galactosidase suivie au bout de quelque temps par l'arrêt de cette synthèse (si l'on est en absence d'inducteur). Tout se passe comme si la souche était d'abord constitutive puis — on le voit en ajoutant l'inducteur, car la synthèse d'enzyme reprend alors — inductible !

Que se passe-t-il donc ? Au moment du croisement, la souche se comporte comme si elle était *lacI*$^-$ — en effet, la synthèse du produit de *lacI* n'a pu avoir encore lieu — et ensuite elle reprend son caractère normal, « sauvage ». Cela signifie donc que c'est le produit du gène *lacI* qui *empêche* l'expression et non, comme on le pensait à l'opposé, qui est nécessaire à l'expression.

Le gène *i* est distinct des gènes *y* et *z* et il détermine la synthèse des produits de ces deux derniers gènes de façon concomitante. Enfin, la propriété d'inductibilité est dominante par rapport à la constitutivité (c'est-à-dire que lorsque des gènes *i* des deux types — actif et inactif — sont présents simultanément dans une cellule, c'est l'effet du type inductible qui est observé). Ce dernier point était d'une importance cruciale, car on pouvait l'interpréter comme indiquant que c'est le produit du gène normal, et non du gène muté conférant la constitutivité, qui est présent dans la cellule et donne les propriétés d'inductibilité. On pouvait donc écarter l'hypothèse initiale de Monod qui avait interprété la constitutivité comme le fait de la présence constante dans le mutant i^- d'un inducteur.

A cette époque, le célèbre physicien Leo Szilard était de passage à Paris et il se trouva passionné par le problème de l'induction. Comme Monod, il voulait expliquer l'ensemble des phénomènes de ce type, que ce soit dans les systèmes anaboliques ou cataboliques, par un mécanisme commun (on sait depuis que cette généralisation est abusive, mais ce fait lui-même a été difficile à faire accepter), mais il préférait un modèle général par répression plutôt que le modèle d'induction généralisée alors proposé par Monod. Or la dominance de i^+ sur i^- était un argument très en faveur du premier modèle, et les discussions entre Szilard et Monod aboutirent vite en ce sens.

Dans un tout autre domaine, le comportement des virus *lambda* défectifs pour la lysogénie s'accommodait remarquablement bien d'un modèle de répression généralisée dans lequel on imagine que le contrôle du cycle lytique s'opère par le jeu d'un répresseur. Ainsi, l'ensemble des faits connus pouvait s'interpréter de façon homogène en supposant l'existence de molécules hypothétiques, *répresseurs*, ayant pour fonction d'empêcher l'expression de systèmes de gènes, en l'absence d'inducteurs appropriés. Le rôle de ces dernières molécules serait alors d'inactiver les répresseurs (par un mécanisme inconnu à cette époque) et de permettre ainsi l'expression des gènes soumis à leur contrôle négatif [24].

Il convient de remarquer ici comment l'accumulation plus ou moins fortuite de nombreux événements indépendants (expériences sans relations entre elles, présence d'individus n'ayant pas d'affinités directes avec les domaines étudiés, mais animés d'une grande passion intellectuelle, mise au point de techniques élaborées) vient cristalliser en un lieu privilégié, autour de personnalités dont le nom restera par la suite dans l'histoire. Ces cristallisations, à l'origine des progrès discontinus du savoir, sont rares ; elles correspondent à l'observation courante que les idées sont « dans l'air » et qu'il suffit d'une amorce, le plus souvent contingente, pour qu'elles se concrétisent. Pour la même raison, une observation excellente peut n'avoir aucun développement immédiat si elle n'est faite dans un contexte approprié — on en a vu des exemples plus haut — et le choix des noms d'auteurs « historiques » est évidemment très fortement biaisé. Il n'en reste pas moins, dans le cas qui nous occupe, que les progrès furent très rapides après le résultat des expériences ayant mis en évidence la répression : on pouvait penser atteindre la nature du mécanisme moléculaire responsable de la régulation permettant la synthèse des enzymes inductibles, et l'on pouvait aussi songer à comprendre le mécanisme de l'expression de ces gènes, c'est-à-dire la règle de correspondance entre l'ADN et les protéines.

Il devenait donc nécessaire de découvrir le « code » qui permet de passer de l'enchaînement linéaire des quatre nucléotides constituant la molécule d'ADN à l'enchaînement des acides aminés dans la protéine.

On admettait toutefois, depuis les travaux du groupe de Caspersson en Suède (1941) et de Brachet en Belgique (1941, 1942, 1955), qu'un acide nucléique différent, l'acide *ribo* nucléique (ARN), composé de quatre nucléotides (notés rA, rU, rC et rG), participe en quelque manière à la synthèse des protéines. Et l'on convenait généralement que l'expression génétique nécessitait un passage par un stade impliquant un ARN. En effet, un grand nombre d'expériences avait montré que la synthèse des protéines a lieu dans le cytoplasme et non dans le noyau. Cela excluait un rôle *direct* de l'ADN dans la synthèse des protéines, puisqu'il est séparé du cytoplasme par l'enveloppe nucléaire. Mais, là encore, ce ne sont pas les premières découvertes de la nécessité d'une étape impliquant des ARN qui permirent d'en comprendre la fonction.

Ce n'est pas même la notion de « matrice », qui était pourtant répandue depuis de nombreuses années, qui conduisit à la découverte de l'ARN messager, mais bien une réflexion *formelle* — la théorie précède presque toujours l'expérience — de Jacob et Monod. En effet — et cela rendait l'interprétation des expériences très difficile — il existe *deux* populations d'ARN, qui toutes deux participent à la synthèse des protéines et, comble de « malchance », la population la plus stable est à la fois homogène et la plus abondante ! Cette population correspond aux ARN des *ribosomes* qui sont les organites sur lesquels s'effectuent les synthèses de toutes les protéines, et aussi aux ARN de transfert dont on parlera plus loin. Pour cette raison, on avait été conduit à penser qu'il existe des ribosomes spécifiques de chaque protéine, selon la règle de correspondance un gène → un ribosome → une protéine. Or Jacob, en utilisant du phosphore radioactif incorporé dans l'ADN, put montrer que la capacité à permettre l'expression d'un gène bactérien ou viral ne survit pas à sa destruction par radiolyse, alors que dans les mêmes conditions, les ribosomes paraissent parfaitement stables et intacts. Si la synthèse des protéines utilise des ribosomes, elle ne peut le faire, par conséquent, qu'en les prenant comme supports structuraux et non comme matrice dérivant des gènes portés par l'ADN.

Par ailleurs, l'étude des gènes régulateurs montrait à l'évidence qu'ils contrôlent en général l'expression *simultanée* de *plusieurs* gènes (système lactose et système de développement du bactériophage *lambda*). Cela pouvait s'interpréter en supposant que ce contrôle se fait au niveau d'une étape intermédiaire dans l'expression de l'ADN, en une matrice de structure alors inconnue, et que Jacob et Monod identifièrent aux ARN à durée de vie très brève. Cette matrice servirait directement à la synthèse de quelques protéines avant d'être dégradée : la rapidité de sa synthèse et de sa dégradation permettrait d'expliquer la rapidité du phénomène de l'adaptation enzymatique[21].

Pour toutes ces raisons, François Jacob et Jacques Monod proposèrent l'idée qu'il existe un intermédiaire, *métaboliquement instable*, entre l'ADN d'un gène et la protéine qui lui correspond, intermédiaire auquel ils donnèrent le nom de *messager*. Dans ce schéma, les ribosomes jouaient le rôle de support de la machinerie responsable de la synthèse des protéines, mais c'est l'ARN messager qui devait porter les unités de codage permettant la correspondance entre la séquence en nucléotides de l'ADN et la séquence de la protéine. On se trouvait donc en présence de deux étapes de *réécriture :* une *transcription* de l'ADN en ARN, et une *traduction* de l'ARN en protéine.

21. Cela était en outre compatible avec les résultats de l'analyse chimique de la composition des ARN trouvés dans les ribosomes, et qui conduisirent Belozerski et Spirin, en URSS, à écarter l'idée de la correspondance un gène-un ribosome. Ces auteurs avaient observé en effet que cette composition était remarquablement uniforme et certainement très éloignée de la variation attendue, si l'on imagine que le colibacille peut exprimer au minimum un millier de gènes différents.

Le choix de ces deux termes linguistiques exprime bien le contenu des hypothèses correspondantes. Dans la transcription, on ne fait pratiquement que « recopier » le texte initial, sans l'interpréter : il n'y a usage que d'une règle de substitution biunivoque qui fait correspondre des *ribo*nucléotides aux *désoxyribo*nucléotides, suivant une correspondance semblable à celle que l'on trouve dans le code de réplication de l'ADN : dA→rU, dT→rA, dG→rC, dC→rG ; avec une petite modification supplémentaire : la thymine de l'ADN se trouvait remplacée par une base très voisine, l'uracile, dans l'ARN. Dans la traduction, il y a, en plus, une certaine « interprétation » du texte porté par le messager, au moyen d'une règle sensiblement plus complexe à laquelle on réserve d'habitude le nom de « code génétique ».

En résumé, la suite des nucléotides d'un acide nucléique ou des acides aminés d'une protéine est l'analogue d'un « texte » dont les éléments (nucléotides ou acides aminés) sont les « lettres ». On peut donc parler de « lecture » (ou de « relecture », on le verra) du texte dans le sens général. Cette lecture peut donner une copie conforme du texte original : c'est la *réplication* de l'ADN ; elle peut conduire à l'exécution des informations contenues dans le texte (considéré comme un *programme*) à la suite d'une transcription d'ADN en ARN messager et d'une traduction de l'ARN messager en protéines.

La voie vers la découverte du code génétique était ainsi ouverte. De nombreux laboratoires s'attelèrent à démontrer l'existence d'ARN messagers et F. Jacob, en collaboration avec S. Brenner et M. Meselson, au cours d'un séjour au California Institute of Technology, montra que la synthèse des protéines du bactériophage T2 est bien précédée par la synthèse d'une espèce d'ARN à courte durée de vie [25]. Il était alors tentant de voir là l'ARN messager et de rechercher, à l'aide de synthèses artificielles de telles molécules, la nature du code qui dirige la traduction des ARN en protéines.

II

LE CODE GÉNÉTIQUE

Le problème du code génétique se pose en termes *formels* de façon assez simple : un premier texte, composé d'une suite de « mots » écrits au moyen de quatre lettres : A, T, G, C, (les gènes sur l'ADN), est réécrit (transcrit) en fragments du même texte colinéaire au premier, au moyen de quatre lettres : A, U, G, C. La convention de transcription est simple : A→U, T→A, G→C et C→G. Ce texte (l'ARN messager) est alors traduit selon une règle de substitution fixant un « cadre de lecture » au sein duquel le texte est lu sous la forme de suites de trois lettres, les unes à la suite des autres : AUG/AGC/CAU/CU..., etc., est lu différemment de A/UGA/GCC/AUG/U..., ou AU/GAG/CCA/UGU/..., qui correspondent à deux autres cadres de lecture. A chaque triplet (codon) correspondent une lettre d'un autre alphabet, à vingt lettres, ainsi que des signaux de ponctuation exprimant le *début* et la *fin* de la traduction (dans un contexte approprié, AUG est un début, UAA est une fin de lecture). Mais il est clair que cet aspect formel correspond à des supports matériels concrets, des motifs moléculaires particuliers. L'alphabet de quatre lettres correspond aux *nucléotides,* l'alphabet de vingt lettres aux *acides aminés,* dont les propriétés chimiques permettent le bon déroulement de la transcription et de la traduction.

L'idée qui est à la base des expériences qui ont permis d'élucider la nature chimique du code génétique est celle, mentionnée un peu plus haut, de *matrice*. Il ne suffit pas, en effet, d'une correspondance *formelle* entre une suite de bases d'un acide nucléique et une suite d'acides aminés d'une protéine. Encore faut-il une base physico-chimique à cette correspondance. L'image de matrice est certainement très ancienne : il suffit, pour s'en convaincre, de rappeler que Buffon invoquait l'existence d'un « moule intérieur » pour diriger l'expression du patrimoine héréditaire ; mais comment les données de la chimie s'accordaient-elles avec cette idée ? La catalyse était bien conçue comme un moule, mais il s'agissait le plus souvent de catalyse hétérogène dans laquelle un support solide est conçu comme un moule agissant sur de la matière à l'état liquide. Une discussion de Pauling et Delbrück en 1940, à propos d'articles antérieurs de Jordan, permet d'entrevoir comment la notion de matrice allait se concrétiser dans le langage de la chimie moderne. L'une des bases de la discussion était la nature des immunoglobulines, protéines capables de reconnaître *spécifiquement* des motifs structuraux portés par d'autres molécules : quelles interactions, électrostatiques en particulier, permettent de comprendre cette extraordinaire spécificité de la reconnaissance entre une immunoglobuline (anticorps) et un antigène ?

La discussion initiale entre Pauling, Delbrück et Jordan portait sur différents types de résonances mettant en jeu la mécanique quantique, mais Pauling et Delbrück concluent leur analyse en faisant remarquer que les interactions moléculaires de la vie se font *dans l'eau* et que cela implique des contraintes d'un type particulier :

> « Notre opinion est que le processus de synthèse et de repliement des molécules extrêmement complexes de la cellule vivante ne met en jeu, en plus de la formation de liaisons covalentes [1], que des interactions intramolécu-

1. Les liaisons qui associent fermement et de façon stable les atomes d'une molécule entre eux.

laires, la formation de liaisons hydrogène, etc., selon des règles qui sont bien établies aujourd'hui. Ces interactions sont telles qu'elles confèrent la stabilité à un système de deux molécules formées de structures *complémentaires* juxtaposées, plutôt qu'à deux molécules nécessairement identiques ; en conséquence, nous pensons que la complémentarité devrait être considérée en priorité dans les discussions à propos de l'attraction spécifique entre molécules, aussi bien que dans les discussions à propos de la synthèse enzymatique des molécules. »

Et ces auteurs concluent en écrivant :

« Du côté de la biologie, il semblerait particulièrement rationnel de postuler la possibilité de deux processus : c'est-à-dire formation de structures complémentaires non identiques, et formation de structures identiques complémentaires, et il conviendrait de commencer par analyser les données expérimentales en recherchant des preuves incontestables de leur existence [26]. »

On voit là combien claire était la perception de l'idée de matrice et des règles de complémentarité correspondantes, et on peut remarquer ici combien l'hagiographie officielle a gauchi l'image de la découverte en *1953* (soit treize années après le texte que je viens de citer !) de la double hélice de l'ADN en faisant *comme si* l'imagination, par Watson et Crick, d'une complémentarité entre les deux brins d'ADN était le signe du génie[2] !

2. On ne peut pas ici développer les raisons idéologiques qui tendent à faire croire en la supériorité — hors de l'histoire — de certains savants. Elles correspondent à des jalons fortement marqués de luttes d'influence entre des idées opposées plus que millénaires, mais aussi entre le processus de production du savoir et la tendance générale à l'appropriation du pouvoir par certains. C'est ce qui explique, entre autres, l'aspect souvent déplaisant du dogmatisme scientifique — ou plus exactement scientiste — qui fait un usage systématique de l'argument d'autorité et, pour cela, tend à *réécrire* l'histoire de façon à mettre l'autorité dans les mains d'un très petit nombre — qui écrit souvent sa propre histoire...

De nombreux auteurs se sont attachés dès cette époque à comprendre la complémentarité qui peut exister entre une séquence d'ARN — Boivin et Vendrely avaient postulé l'existence d'un ARN intermédiaire dès 1947 — et une séquence de protéine. Comme l'écrivaient Campbell et Work en 1953 :

« Déjà, dès 1909, Bateson avait suggéré qu'il pourrait exister un rapport entre gènes et enzymes. Le concept de gène était, à l'origine, purement formel, il représentait l'unité intrinsèque de transmission héréditaire ; mais, en 1937, Haldane suggéra que les gènes avaient les dimensions physiques des molécules de protéines. Il remarqua que les gènes doivent être recopiés de façon exacte à chaque génération et il suggéra qu'ils se comportaient comme des matrices ou des moules contrôlant la spécificité de la structure des protéines (...). Beadle suggéra une correspondance un à un entre gènes et enzymes. Et puisque les enzymes sont des protéines, ce fut une simple extension de cette hypothèse de suggérer que les gènes sont des matrices sur lesquelles les protéines sont synthétisées, et que pour chaque structure spécifique d'une protéine il existe une matrice, ou encore un gène. Et comme la ségrégation des chromosomes au cours de la formation des gamètes se déroule exactement en parallèle avec la ségrégation des gènes, il est raisonnable de penser que les gènes sont situés sur les chromosomes. Brachet et Caspersson (utilisant des méthodes différentes) ont montré que les chromosomes sont composés en grande partie de nucléoprotéines [complexe de protéines et d'acides nucléiques] et il semble donc y avoir de bonnes raisons de supposer que l'unité intrinsèque d'autoreproduction, le gène, est composé ou bien d'acides nucléiques, ou bien de protéines, ou bien des deux (...).

Au cours d'une tentative pour prendre en compte l'ensemble de ces facteurs, Dounce a récemment tracé les grandes lignes d'une ingénieuse théorie de la synthèse des protéines, dans laquelle il permet une association étroite entre acides nucléiques et caractères héréditaires. Il suggère que les acides nucléiques fonctionnent comme matrices et gouvernent l'ordre et l'arrangement des acides aminés dans la chaîne peptidique [le " squelette " de la protéine], le même que l'ordre des nucléotides dans les chaînes d'acides nucléiques [27]. »

Et les auteurs décrivent alors l'hypothèse de Dounce [28] qui, en 1952, donnait une tentative d'explication et de la synthèse des protéines et de la réplication de l'ADN, dont la structure allait être résolue l'année suivante par Watson et Crick :

« On suppose que la matrice d'acide nucléique est d'abord phosphorylée, conduisant ainsi à un acide nucléique polyphosphate contenant une série de liaisons phosphate riches en énergie; ce polyphosphate peut alors réagir soit avec des nucléosides, soit avec des acides aminés, conduisant dans le premier cas à un complexe de deux chaînes d'acide nucléique [3], et dans le deuxième cas à un complexe acide nucléique-chaîne d'acides aminés. La polymérisation des nucléotides ou des acides aminés [assurée grâce à la liaison des groupes phosphate] conduisant soit à une réplique de l'acide nucléique original, soit à une chaîne polypeptidique [la protéine] dont la spécificité est entièrement dictée par la nature de la matrice originelle d'acide nucléique (...).

Cette théorie possède plusieurs caractéristiques attrayantes : elle donne un mécanisme pour la reproduction conforme de la matrice, ou gène; elle donne une explication du contrôle génétique de la spécificité des protéines par le biais des acides nucléiques; elle explique enfin l'échec dans la recherche de fonctions métaboliques pour les petits peptides [4], et elle donne un mécanisme

3. Ce n'est pas encore la double hélice, mais ce n'en est pas loin !

4. Cette affirmation serait à modifier aujourd'hui. S'il est vrai qu'en général, les protéines sont de *longs* enchaînements peptidiques — ce que les auteurs constatent ici implicitement — et que cela vient de ce que les gènes traduits sont longs, il existe de nombreux petits peptides aux fonctions métaboliques essentielles (hormones). Dans nombre de cas, ces peptides proviennent en fait d'une longue protéine fragmentée ensuite spécifiquement en peptides courts par des enzymes appropriées.

pour expliquer d'où vient l'énergie nécessaire à la formation des liaisons peptidiques. »

Les auteurs développent ensuite les nombreuses objections expérimentales à la théorie de Dounce, en particulier le fait que la synthèse des protéines se déroule dans le cytoplasme et non dans le noyau. Il n'en reste pas moins que les idées de Dounce, aujourd'hui presque toujours oubliées, ont certainement joué un rôle majeur dans notre façon de concevoir le code génétique. L'inadéquation des idées de Dounce est purement contingente, et celles-ci auraient tout aussi bien pu triompher. Ce devrait être un exemple pour les théories en vogue, car elles aussi, un jour ou l'autre, révéleront un certain degré d'inadéquation, et, si l'histoire s'y prête, tomberont dans l'oubli.

Avec la théorie de Dounce naissait l'idée d'une règle de correspondance entre nucléotides et acides aminés. Mais il subsistait, outre les objections sur le *lieu* de la synthèse, une objection sur la vitesse de synthèse. En effet, l'hypothèse de Dounce supposait l'existence d'un enchaînement de réactions chimiques donnant lieu à l'obtention d'une protéine entière. Cela devait permettre de rendre compte de l'observation expérimentale qui montre qu'on ne décèle jamais de quantités appréciables de peptides précurseurs de la séquence polypeptidique totale de la protéine. Or, si l'on suppose que la protéine se détache de sa matrice seulement une fois qu'elle est synthétisée, alors la vitesse apparente de synthèse mesurée *in vivo* paraît très élevée, trop élevée au vu des données physicochimiques existantes. Mais Dalgliest, dans un article bref, montre comment l'hypothèse de Dounce ne requiert pas qu'une protéine soit synthétisée *d'un bout à l'autre* avant d'être détachée de sa matrice, mais que :

« Si la matrice portait simultanément vingt chaînes protéiques en train de croître, à différents stades de leur synthèse, le temps réel nécessaire à la biosynthèse de chacune de ces molécules serait vingt fois plus grand que le temps apparent par molécule. Ainsi le temps nécessaire à la biosynthèse d'une protéine pourrait être beaucoup plus long qu'on ne le suppose généralement [29]. »

Ce qui remet en question un certain nombre de données expérimentales tendant à exclure l'hypothèse de la matrice nucléique.

L'idée du code génétique proprement dit fut proposée, dans des termes très voisins de ceux que nous admettons aujourd'hui, par le physicien théoricien George Gamow en 1954. Et bien que le statut des *théories* non étayées par l'expérience soit bien évidemment discutable, il est remarquable que *dès 1954*, on imaginait l'expression génétique comme la suite de réécritures ADN→ARN→protéines, le code génétique étant constitué d'une règle de correspondance entre triplets de nucléotides et acides aminés. Les quinze années qui suivirent consistèrent à mettre en évidence des faits expérimentaux permettant d'étayer ou d'infirmer cette théorie dans ses détails.

Curieusement, on a surtout retenu les procédés biochimiques opératoires qui ont permis d'établir l'adéquation de la théorie et on a presque complètement oublié les réflexions qui les ont précédés et qui en ont, en fait, permis la mise en œuvre. C'est là le fruit d'un empirisme radical anglo-saxon qui conteste tout ce qui n'est pas du domaine des *faits*. Ceux-ci sont considérés comme étant la façon qu'a le réel de se *manifester*. Il est probable qu'aujourd'hui, le pouvoir quasi totalitaire de l'empirisme radical stérilise bien des possibilités de découvertes en biologie et on aimerait que la réflexion théorique — toujours liée à l'expérience, bien sûr — reprenne la place qui est la sienne : à savoir un moyen de produire du savoir en créant des modèles aussi précis et rigoureux que possible et destinés à être réfutés par des schémas expérimentaux appropriés.

Dans son *Introduction à l'Etude de la Médecine expérimentale*, Claude Bernard développait longuement ce point de méthodologie, trop souvent oublié ou négligé de nos jours.

> « Quand nous faisons une théorie générale dans nos sciences, la seule chose dont nous soyons certains, c'est que toutes ces théories sont fausses absolument parlant. Elles ne sont que des vérités partielles et provisoires qui nous sont nécessaires, comme des degrés sur lesquels nous nous reposons pour avancer dans l'investigation ; elles ne représentent que l'état actuel de nos connaissances, et, par conséquent, elles devront se modifier avec l'accroissement de la Science, et d'autant plus souvent que les sciences sont moins avancées dans leur évolution.
>
> Les hommes qui ont une foi excessive dans leurs théories ou dans leurs idées sont non seulement mal disposés pour faire des découvertes, mais ils font aussi de très mauvaises observations. Ils observent nécessairement avec une idée préconçue, et quand ils ont institué une expérience, ils ne veulent voir dans ses résultats qu'une confirmation de leur théorie (...). C'est ce qui nous a fait dire d'ailleurs qu'il ne fallait jamais faire des expériences pour confirmer ses idées, mais seulement pour les contrôler.
>
> Quand deux physiologistes ou deux médecins se querellent pour soutenir chacun leurs idées ou leurs théories, il n'y a, au milieu de leurs arguments contradictoires, qu'une seule chose qui soit absolument certaine : c'est que les deux théories sont insuffisantes et ne représentent la vérité ni l'une ni l'autre (...). Ces théories et ces idées n'étant point la vérité immuable, il faut être toujours prêt à les abandonner, à les modifier ou à les changer dès qu'elles ne représentent plus la réalité. En un mot, il faut modifier la théorie pour l'adapter à la nature, et non la nature pour l'adapter à la théorie. »

Et Claude Bernard va plus loin : il existe un *critérium* de la validité de la théorie, et ce critérium est l'expérience, par le biais de l'infirmation de la théorie :

> « De là il résulte que, lorsque dans la science nous avons émis une idée ou une théorie, nous ne devons pas

avoir pour but de la conserver en cherchant tout ce qui peut l'appuyer et en écartant tout ce qui peut l'infirmer. Nous devons au contraire, examiner avec le plus grand soin des faits qui semblent la renverser, parce que le progrès réel consiste toujours à changer une théorie ancienne qui renferme moins de faits contre une nouvelle qui en renferme davantage (...). Dans tout raisonnement expérimental, il y a deux cas possibles : ou bien l'hypothèse de l'expérimentateur sera infirmée, ou bien elle sera confirmée par l'expérience. Quand l'expérience infirme l'idée préconçue, l'expérimentateur doit rejeter ou modifier son idée. Mais lors même que l'expérience confirme pleinement l'idée préconçue, l'expérimentateur doit encore douter; car comme il s'agit d'une vérité inconsciente, sa raison lui demande encore une contre-épreuve [30]. »

La façon dont s'est poursuivie la réflexion de George Gamow est exemplaire à cet égard. Ce physicien américain d'origine russe est surtout connu pour ses recherches sur la structure de l'atome et pour ses réflexions cosmologiques. Il s'intéressait beaucoup à la vulgarisation et cherchait à rendre compte des phénomènes matériels de façon aussi simplifiée que possible. Et c'est sans doute la découverte de la structure de l'ADN qui déclencha sa réflexion sur le code génétique. Ignorant le modèle de Dounce, il remarqua qu'en première approximation — sur laquelle il nous faudra revenir —, les propriétés héréditaires des organismes vivants peuvent s'écrire comme une suite linéaire de chiffres, mots élémentaires dans une numérotation arithmétique de base quatre. Par ailleurs, les protéines peuvent être décrites comme des « mots » composés de vingt lettres. Comment établir la correspondance entre les premiers et les seconds ? Gamow imagina, comme Dounce, qu'il existe des relations physico-chimiques appropriées entre la structure locale du polynucléotide, ARN ou ADN, et chaque acide aminé, et plus précisément que c'est la double hélice d'ADN elle-même qui sert de matrice à la chaîne polypeptidique. Il remarqua que les paires de bases dans la double hélice sont organisées de telle manière qu'elles forment des cavités dont la forme est différente suivant les paires de bases considérées quatre à quatre (par exemple $<\begin{smallmatrix}A \dots T\\ G \dots C\end{smallmatrix}>$ ou $<\begin{smallmatrix}A \dots T\\ C \dots G\end{smallmatrix}>$). Une analyse des structures possibles pour ces cavités lui donna précisément le chiffre de... vingt.

Dans la mesure où la nature exacte du code correspondant est anecdotique, je ne la décrirai pas ici. Elle impliquait simplement qu'il s'agissait d'un code avec *recouvrement,* puisque les nucléotides participant à chaque unité codante participaient deux à deux aux unités codantes en amont et en aval. Il s'agissait d'une proposition très utile, car elle suggérait immédiatement que l'analyse de la séquence des protéines devrait rapidement permettre d'infirmer le modèle, puisque le recouvrement excluait la possibilité de certaines suites formées de deux acides aminés.

En un sens, la proposition de Gamow était en retrait par rapport à celle de Dounce, puisqu'elle oubliait l'étape ARN et qu'elle ne donnait aucun moyen de comprendre l'origine de l'énergie nécessaire à la synthèse des liens peptidiques de la protéine, mais elle avait le mérite d'indiquer une voie à suivre pour décrypter le code. Il fallait analyser statistiquement la nature des suites d'acides aminés dans les protéines. En particulier, les mutations qui changent une paire de bases dans l'ADN devaient permettre d'avoir un accès au code à la suite de l'analyse de la nature des changements d'acides aminés qui leur correspondent.

Les propositions de Dounce et Gamow déclenchèrent une longue série de réflexions sur la nature du code génétique et de nombreuses règles furent proposées par les uns et par les autres. Très vite, il apparut que le code ne devait pas comporter de recouvrement, en raison de l'absence de contraintes apparentes dans la suite des acides aminés des protéines déjà connues à cette époque.

Le code génétique

Deuxième lettre

Première lettre	U	C	A	G	Troisième lettre
U	UUU F phe	UCU S ser	UAU Y tyr	UGU C cys	U
U	UUC F phe	UCC S ser	UAC Y tyr	UGC C cys	C
U	UUA L leu	UCA S ser	UAA — ter	UGA —* ter	A
U	UUG L+ leu	UCG S ser	UAG — ter	UGG W trp	G
C	CUU L leu	CCU P pro	CAU H his	CGU R arg	U
C	CUC L leu	CCC P pro	CAC H his	CGC R arg	C
C	CUA L* leu	CCA P pro	CAA Q gln	CGA R arg	A
C	CUG L* leu	CCG P pro	CAG Q gln	CGG R* arg	G
A	AUU I+ ile	ACU T thr	AAU N asn	AGU S ser	U
A	AUC I ile	ACC T thr	AAC N asn	AGC S ser	C
A	AUA +I* ile	ACA T thr	AAA K lys	AGA R* arg	A
A	AUG M+ met	ACG T thr	AAG K lys	AGG R* arg	G
G	GUU V val	GCU A ala	GAU D asp	GGU G gly	U
G	GUC V val	GCC A ala	GAC D asp	GGC G gly	C
G	GUA V val	GCA A ala	GAA E glu	GGA G gly	A
G	GUG V+ val	GCG A ala	GAG E glu	GGG G gly	G

Ce tableau du code génétique résume l'état actuel de nos connaissances. Ont été indiquées les correspondances entre codons et acides aminés selon le code génétique *universel*. Les astérisques indiquent les exceptions à l'universalité déjà inventoriées, en particulier au sein d'organites intracellulaires comme les mitochondries et les chloroplastes.

Le signe + indique que, dans un contexte approprié, le codon correspondant spécifie le début de la traduction.

Les cadres blancs correspondent aux acides aminés hydrophobes, pointillés faiblement polaires et les autres hydrophiles (hachures : à gauche acides aminés basiques ; hachures à droite : acides ; noir : neutres).

1. Données chimiques du problème

On reviendra plus loin, au moment où il faudra chercher à comprendre l'*origine* du code génétique, sur la nature chimique des édifices atomiques qui constituent la matière vivante ; mais il convient ici de dresser un bref aperçu de la physico-chimie du problème.

Trois espèces macromoléculaires ont été mentionnées : les deux acides nucléiques, ribonucléique et désoxyribonucléique, et les protéines. Les premiers sont un enchaînement assez complexe de molécules voisines, les nucléotides (« ribo- », ou « désoxyribo- », suivant la nature du groupement « carbohydrate » qui les compose). Un nucléotide est composé d'un carbohydrate à cinq atomes de carbone, ribose ou désoxyribose, porteur d'un groupe phosphate et d'un « cycle aromatique » ou *base* qui en définit la nature. L'enchaînement des nucléotides se fait de façon *orientée* (c'est-à-dire dissymétrique) par les groupes phosphate. Il n'est pas utile ici de donner leur nature chimique exacte, car seule la combinatoire est importante pour le code génétique (pour mémoire, voir figures p. 55 et 85). La position du groupe phosphate sera indiquée « 5′ » ou « 3′ », et écrite pN (pour un phosphate en position 5′) ou Np (pour un phosphate en position 3′). Ainsi, la séquence d'un polynucléotide fait d'enchaînement 5′-3′ de nucléotides, dans le sens 5′→3′, s'écrira pN_1pN_2... pN_i... pN_n. Les acides désoxyribonucléiques sont formés de quatre types de nucléotides notés dA, dT, dC, dG ou pdA, pdT, etc., pour le nucléotide portant un phosphate en 5′, et dAp, dTp, etc., pour le nucléotide portant un phosphate en 3′. Sauf ambiguïté, on omettra le plus souvent les éléments d et p et on écrira en raccourci : 5′ATTCGTACCGAGCCATGTG3′. Les acides ribonucléiques sont formés de quatre types de nucléotides notés rA, rU, rC, rG avec les mêmes conventions que pour les ADN. En l'absence d'ambiguïté, on omettra r et p.

De la même manière, les protéines sont faites d'un enchaînement orienté d'acides aminés, l'orientation se faisant du groupe aminé (dit N-terminal ou amino-terminal) vers le groupe acide carboxylique (carboxy-terminal ou C-terminal). On écrira ainsi une protéine :

$$NH_2\text{-}aa_1\text{-}aa_2\text{-}\ldots aa_i\ldots aa_n\text{-}COOH$$

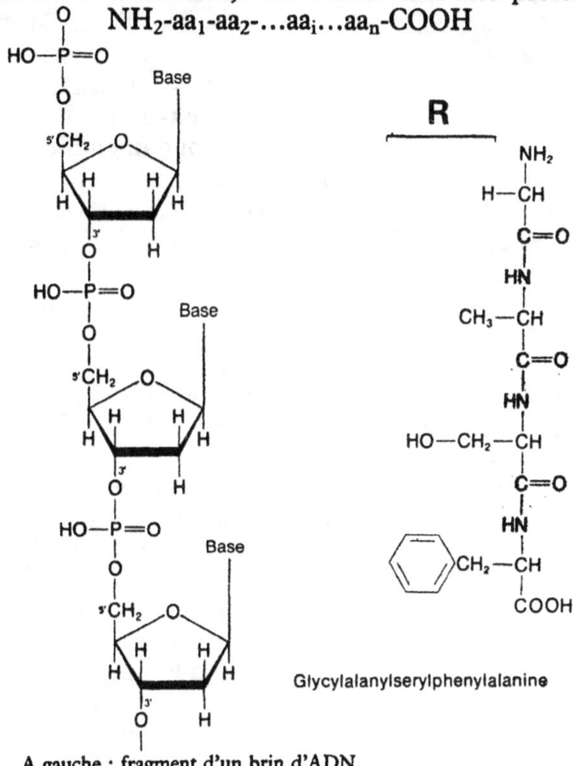

A gauche : fragment d'un brin d'ADN.
A droite : un tétrapeptide, en grisé les liaisons peptidiques.

Il y a vingt espèces d'acides aminés entrant dans ce que nous retiendrons de la composition des protéines. Ceux-ci sont notés par trois lettres : ala, arg, asn, asp, cys, gln, glu, gly, his, ile, leu, lys, met, phe, pro, ser, thr, trp, tyr, val ; ou, lorsqu'il n'y a pas ambiguïté, par une seule lettre, respectivement A, R, N, D, C, Q, E, G, H, I, L, K, M,

F, P, S, T, W, Y, V. La séquence d'une protéine sera donc (écrite de l'extrémité N-terminale vers l'extrémité C-terminale) :

met-ala-ser-gly-pro-cys-phe-tyr-glu-lys-asp-pro...
ou M A S G P C F Y E K D P...

Les liaisons chimiques qui permettent l'enchaînement des nucléotides ou des acides aminés sont très stables — aux températures où se déroule la vie — et sont appelées *liaisons covalentes*. Il existe aussi un ensemble de liaisons dites *liaisons faibles* qui sont fondamentales pour comprendre le rôle essentiel et la genèse de la *forme géométrique* des molécules biologiques. Ce sont essentiellement des considérations énergétiques qui distinguent ces deux classes de liaisons : les liaisons covalentes sont peu sensibles aux fluctuations thermiques alors que, prises individuellement, les liaisons faibles mettent en jeu des énergies du même ordre de grandeur que l'énergie d'agitation thermique à la température du système. Les liaisons faibles ont donc un rôle majeur dans la *dynamique* des molécules biologiques [32].

Il est nécessaire, parce qu'on y reviendra ensuite à propos de la genèse du code génétique au cours de l'évolution, de développer un peu les contraintes physicochimiques qui sous-tendent la notion générale de « liaison faible ». La description donnée ici sera évidemment très partielle et fortement tributaire des modèles contemporains de la physicochimie. Elle implique, en particulier, la description atomique et les contraintes de la mécanique quantique, sans préjuger bien sûr de leur *inadéquation* fondamentale pour rendre compte de certaines propriétés du réel. En particulier, on verra que l'*eau* joue un rôle de premier plan, via certaines classes de liaisons faibles, dans

5. En dehors de la nécessaire chimie des atomes *légers* (carbone, azote, oxygène...), l'eau, sous l'état *liquide*, est sans doute la seule contrainte pour l'existence de la vie. On a d'ailleurs découvert récemment que des microbes pouvaient vivre à plus de 250° (sous 265 atmosphères) [33].

tous les phénomènes associés à la vie[5]. Or, les propriétés générales de ce liquide qui nous paraît aussi banal sont loin d'être aisément décrites par l'arsenal contemporain de la physicochimie, notamment en raison de certaines propriétés de *continuité* (effets à très longue distance) qui sont assez difficiles à décrire avec nos modèles intrinsèquement discontinus...

Dans la description atomique — discontinue — de la matière, les chimistes se fondent sur les propriétés électromagnétiques des atomes pour en décrire les interactions. A la température ordinaire, les atomes peuvent ainsi s'associer par des liaisons stables, dites covalentes, dans lesquelles des électrons occupent des positions moyennes vis-à-vis des noyaux de plusieurs atomes différents. L'énergie d'association qui correspondrait à la rupture de ces liaisons est souvent élevée en regard de l'énergie d'agitation thermique. Mais cette description en termes électromagnétiques fait apparaître, du fait de l'inhomogénéité de la distribution des charges dans l'espace (positive au voisinage des noyaux, négative là où se trouvent les électrons), de nouvelles interactions qui, quoique beaucoup plus faibles, sont souvent de l'ordre de grandeur de l'énergie d'agitation thermique. Dans les macromolécules, formées de milliers d'atomes, on conçoit donc que l'addition d'un grand nombre d'interactions, même faibles, puisse apporter une contribution non négligeable à la structure de la molécule. On peut aisément classer ces liaisons en fonction des processus électromagnétiques qui les créent, en suivant l'ordre décroissant des énergies mises en jeu. On distingue ainsi trois grands groupes : la liaison ionique, la liaison hydrogène et des liaisons dipolaires.

Un atome ou une molécule peuvent, en fonction des conditions où ils se trouvent placés, perdre ou gagner un ou plusieurs électrons. Ils constituent alors des ions, — cation chargé positivement, anion chargé négativement, amphotère chargé à la fois positivement et négativement —, qui interagissent avec une force proportionnelle à la charge de chacun et inversement proportionnelle au carré de la distance. Il se crée ainsi, au voisinage d'un ion, *un potentiel électrostatique* qui varie comme l'inverse de la distance et qui est d'autant plus faible que le milieu a une constante diélectrique plus élevée. Comme l'eau a précisément une constante diélectrique élevée, les interactions ioniques ne jouent le plus souvent que sur une distance faible de l'ordre de quelques dixièmes de nanomètre (les dimensions des atomes sont du même ordre). Mais nombre d'édifices macromoléculaires (membranes biologiques, ribosomes, complexes multi-enzymatiques) sont *peu accessibles à l'eau* sur des distances importantes, ce qui entraîne une influence beaucoup plus considérable du potentiel électrostatique. Par ailleurs, des molécules fondamentales comme les acides nucléiques (ADN et ARN) sont des polyanions, dans lesquels des charges négatives régulièrement réparties créent un potentiel électrostatique dont la contribution est primordiale. En effet, au voisinage de ces molécules, des cations (K^+, Mg^{2+}, polyamines...) viennent compenser les charges négatives, ce qui permet une régulation fine des processus mettant en cause ces molécules grâce à la concentration des cations. Quand on sait que ADN et ARN sont impliqués profondément dans le fonctionnement général et la reproduction des cellules vivantes, il apparaît bien que l'étude — qui ne fait que commencer — de la contribution du potentiel électrostatique déployé par ces molécules sera riche d'enseignements.

L'atome d'hydrogène, formé d'un seul proton et d'un seul électron, est, du fait de sa très grande simplicité, impliqué dans un grand nombre d'interactions originales. Un proton, en effet, sera très sensible aux divers champs électromagnétiques dans lesquels il peut se trouver, et, dans certaines conditions, il pourra acquérir une mobilité presque aussi grande que celle des électrons impliqués dans la liaison covalente : il s'agit alors de la *liaison hydrogène*. La dissymétrie de la répartition des électrons dans la molécule d'eau — nombreux au voisinage de l'atome d'oxygène, peu denses autour de l'hydrogène — fait que cette molécule, contrairement à ce qui arrive au méthane par exemple, se dissocie spontanément en donnant une proportion notable de protons mobiles. Ceux-ci se trouvent alors attirés par la charge négative localisée sur d'autres molécules d'eau, et l'eau se trouve ainsi former un réseau tridimensionnel de molécules associées par des protons mobiles. En fait, les chemins pris par les protons suivent des contraintes énergétiques strictes et, dans cette liaison hydrogène qui se fait et se défait aisément, la position du noyau de l'atome d'hydrogène n'est pas fixée comme elle le serait dans une liaison covalente : ce noyau partage son temps entre deux positions extrêmes qui, dans l'eau, le rapprochent de deux atomes d'oxygène dont la distance moyenne est fixée. L'eau présente donc un maillage qui lui donne, dans l'état liquide, une viscosité anormalement élevée et des propriétés de cohésion impliquant une chaleur de vaporisation très grande.

Mais la liaison hydrogène peut aussi apparaître à chaque fois que des atomes entourés d'un excès d'électrons sont placés à des distances telles que le champ électromagnétique créé permette à un proton d'occuper, en une sorte de résonance, le *niveau énergétique minimal* du potentiel suscité par sa présence. Dans un milieu qui, comme l'eau, se dissocie en nombreux protons mobiles, il se forme des liaisons hydrogène avec bien d'autres atomes électronégatifs, du type suivant (le pointillé indique que le proton H partage son temps entre une molécule et l'autre) :

=O...H−O−
ou −N...H−O−
ou −N...H−N<

Dans la plupart des macromolécules biologiques, des liaisons hydrogène participent pour une part importante à la structure spatiale obtenue et elles sont à la base de l'appariement des nucléotides qui constituent les acides nucléiques. La règle de correspondance A→T C→G T→A G→C résulte en effet de contraintes géométriques précises entre les atomes de l'adénine et de la thymine, et de la guanine et de la cytosine, dues à des liaisons hydrogène. Leur contribution, qui ne peut se manifester que dans les domaines très étroits de la géométrie relative d'atomes électronégatifs, n'est importante qu'associée à d'autres interactions plus faibles, les interactions dipolaires [6].

La molécule d'eau illustre à nouveau très bien ce que sont ces différents modes de liaison. Dans cette molécule existe une forte dissymétrie de la répartition des électrons ; l'atome d'oxygène est entouré de beaucoup plus d'électrons que les atomes d'hydrogène. On trouve donc localement un excès de charges négatives au voisinage des noyaux d'oxygène. Cette disposition forme un *dipôle électrique* et entraîne que les molécules voisines tendent à s'orienter les unes par rapport aux autres, comme le feraient des particules aimantées, les charges de signes contraires s'attirant. Ce type de dipôle est un dipôle permanent, puisqu'il dépend de la disposition des atomes dans la molécule, et d'elle seule. Dans une molécule symétrique, au contraire, il n'existe pas de dipôle permanent ; mais la présence de charges électriques à son voisinage entraîne une dissymétrie dans la répartition électronique (à cause de l'attraction et de la répulsion caractéristiques des phénomènes électriques) qui détermine la formation de dipôles temporaires, ou dipôles induits [7].

6. On classe sous ce nom trois familles d'interactions qui, dans l'ordre d'énergie décroissante, sont : ion-dipôle, dipôle-dipôle et dipôle induit-dipôle induit.

7. Ceux-ci sont évidemment créateurs d'interactions extrêmement faibles, et l'on obtient ainsi l'ensemble des liaisons suivantes, classées par énergie décroissante :

Ion-dipôle : La charge électrique portée par un ion tend à orienter

Les constituants des membranes biologiques sont des lipides, molécules dissymétriques formées d'une tête « polaire » comme l'eau et d'une queue « apolaire ».

Les têtes interagissent bien avec l'eau (en formant des liaisons ion-dipôle ou dipôle-dipôle) alors que l'interaction entre les queues et l'eau ne présente qu'une très faible contribution énergétique, beaucoup plus faible que celle qui existe entre les molécules d'eau elles-mêmes (liaisons hydrogène et liaisons dipolaires). Aussi, dès qu'on tente de mélanger ces lipides à l'eau, il se forme des *micelles*, petites sphères dans lesquelles les queues interagissent (par des liaisons de Van der Waals), alors que les têtes sont tournées vers le solvant ; on peut aussi obtenir des bicouches constituant des vésicules qui définissent alors un intérieur et un extérieur, prototype de ce que sont les membranes biologiques[8].

Les forces de Van der Waals sont extrêmement faibles et ne se manifestent qu'à l'occasion de contacts intermoléculaires ou intramoléculaires directs, du moins dans les conditions physiques où la vie s'exprime. Ces forces sont des *forces hydrophobes*, car elles n'ont vraiment d'impor-

---

les dipôles présents à son voisinage. C'est, par exemple, ce qui détermine la solubilité des ions dans l'eau, du fait de la structure de dipôle permanent des molécules d'eau.

Dipôle-dipôle : Comme dans l'exemple précédent, il peut s'agir de dipôles permanents ou de dipôles induits. Trois cas sont possibles, dans l'ordre d'énergie décroissante : dipôle permanent-dipôle permanent (c'est ce qui se passe dans l'eau), dipôle permanent-dipôle induit, et, enfin, dipôle induit-dipôle induit (encore appelé liaison de Van der Waals). Ces liaisons sont fondamentales pour comprendre la morphogenèse d'un grand nombre d'architectures biologiques. Elles expliquent par exemple la stabilité des membranes. Le squelette de ces membranes est en effet formé de lipides qui sont des petites molécules très dissymétriques, constituées d'une tête polaire ou ionique et d'une queue apolaire.

8. Il semble exister des contraintes précises qui fixent les caractéristiques géométriques des lipides conduisant aux bicouches. En particulier, l'épaisseur de la partie hydrophobe de la membrane doit être de l'ordre de 40 Å.

tance que dans les parties des molécules qui ne sont pas en contact avec l'eau alors que, dans le cas contraire, ce sont les liaisons ioniques, hydrogène, ou dues aux dipôles permaments, qui dominent et de beaucoup.

Les macromolécules prennent donc leur forme géométrique grâce à certaines répartitions optimales de toutes ces liaisons : interactions polaires avec l'eau, liaisons hydrophobes vers ce qui constitue, loin du solvant, l'intérieur de la molécule, et contributions intra et intermoléculaires des liaisons ioniques et des liaisons hydrogène.

2. Après la chimie, la génétique

A la suite des réflexions de Dounce et Gamow et de la découverte du messager, on se trouvait donc en présence d'une hypothèse générale sur la correspondance entre la suite des nucléotides dans l'ARN et la suite des acides aminés dans la protéine, correspondance assurée par la reproduction sur une matrice d'ARN par le biais de liaisons faibles appropriées. Il restait donc deux aspects essentiels à décrire : d'une part, mettre au clair la règle de correspondance ; d'autre part, imaginer les mécanismes physico-chimiques qui les sous-tendent. Deux classes d'expériences sont venues au secours des modèles proposés : la génétique et la reconstitution biochimique *in vitro*. Ces deux classes se sont trouvées complétées par l'hypothèse de l'adaptateur, proposée par F. Crick en 1955 et qui permit de concrétiser la façon dont la matrice d'ARN peut être lue sous la forme d'une protéine [34].

Grâce à l'apport formel de la théorie des gènes et de leur expression, la génétique permet d'obtenir de nombreux mutants, c'est-à-dire des organismes altérés de façon héréditairement stable dans tel ou tel gène. S'il existe une correspondance concrète entre un gène et une protéine, toute mutation — observée par l'existence d'une protéine altérée par rapport à celle du type sauvage — doit correspondre à une altération de l'ADN. On peut par conséquent espérer atteindre la correspondance entre les acides aminés et les nucléotides par l'analyse des produits des gènes mutés, en comparant la suite des acides aminés de protéines sauvages et celle de leurs homologues de protéines mutées.

Parmi les nombreux aspects discutés autour de Gamow à partir de 1954 — par le biais de courtes notes qui circulaient entre les membres du « RNA Tie Club[9] » fondé par celui-ci — deux aspects pouvaient être atteints, au moins de façon indirecte, au moyen de l'étude de mutants : le code est-il un code avec recouvrement, (c'est-à-dire : une suite de nucléotides spécifiant un acide aminé participe-t-elle aussi à la spécification de l'acide aminé qui précède ou de celui qui suit), et quel est l'ordre de grandeur de la longueur des suites de nucléotides (ou codons) permettant la spécification d'un acide aminé ?

On l'a mentionné plus haut, l'analyse d'un grand nombre de séquences de protéines et des dipeptides (suites de deux acides aminés) qui les composent était en défaveur de l'idée de recouvrement. Quant à la longueur des codons, un raisonnement rapide montrait qu'elle devait être d'au moins 3 : les combinaisons 2 à 2 des quatre bases ne donnent que 16 possibilités (4^2), alors qu'il y a 20 acides aminés. Mais si cette longueur est 3, on trouve 64 (4^3) codons, ce qui suppose ou bien que de nombreux codons ne sont pas utilisés, ou bien que plusieurs codons peuvent spécifier un même acide aminé. Il était donc assez crucial de mettre au point des expériences complémentaires les unes des autres pour préciser ce point.

Tout d'abord, il devrait être possible, par la physico-chimie et par la génétique, d'avoir une idée de la longueur

9. Club des Cravates ARN...

d'un gène par rapport à la longueur d'une protéine. Hariett Ephrussi, par exemple, avait trouvé, dès 1955, par irradiation des gènes aux rayons X et mesure de leur pouvoir transformant, que la longueur moyenne devait être de 1 000 paires de bases. Or la longueur communément admise pour une protéine moyenne était de 300-400 acides aminés environ : on trouve bien une correspondance de l'ordre de 3 pour 1. Un moyen analogue et plus précis consistait à effectuer chimiquement la mutagenèse d'un organisme connu — en l'occurrence, le virus de la mosaïque du tabac — et de faire l'analyse statistique des mutations obtenues en les comparant au produit d'un des gènes du virus, la protéine de coque, dont on connaissait la séquence exacte (158 acides aminés). La combinaison de résultats statistiques de Schuster et Schramm en 1958 et de Wittmann en 1962 indiquait clairement que la longueur d'un codon est d'au moins trois bases et, de plus, que plusieurs codons doivent pouvoir spécifier un même acide aminé, en moyenne 3 codons pour 1 acide aminé : on retrouve bien là la correspondance 64 codons→20 acides aminés.

Ces résultats, malgré leur clarté, étaient trop indirects pour être satisfaisants et il paraissait nécessaire de trouver un moyen plus direct qui permît de mettre en évidence la longueur exacte des codons et, peut-être, leur correspondance avec les acides aminés. Peu après la guerre, Slonimski et Ephrussi avaient découvert les propriétés mutagènes des *acridines* [cf 21], molécules aromatiques dont on sait aujourd'hui qu'elles s'intercalent entre les bases de la double hélice d'ADN. Barnett et ses collègues, dans une théorie de la mutagenèse, proposèrent que les acridines agissent en produisant des insertions et des délétions d'une paire de bases dans l'ADN [35]. Il devenait alors intéressant de tester l'effet de ces agents mutagènes sur le code génétique. En effet, on pouvait aisément concevoir qu'ils allaient changer le *cadre de lecture* du code par insertion ou délétion, si l'on faisait les hypothèses suivantes :

(i) le code est composé de codons formés de trois bases ;

(ii) le code est sans recouvrement ;

(iii) il existe un contexte particulier qui permet de fixer le début de la lecture (un codon *de début de la traduction*).

En reprenant l'image proposée par Crick et ses collègues, on peut imaginer une séquence du type : CAT/CAT/CAT/CAT/... qui spécifierait la séquence d'une protéine composée d'un enchaînement d'un seul type d'acide aminé. Une délétion d'une base provoquerait la modification suivante, par exemple :

A
↑
CAT / CAT / CTC / ATC / ATC/...,

Ce qui spécifierait une protéine bien différente. De même, une insertion d'un G, par exemple, se traduirait par :

↓
CAT / CAT / CGA / TCA / TCA...

et la combinaison d'une délétion et d'une insertion donnerait une protéine dont le début et la fin sont identiques à celle du type sauvage, mais dont un peptide est altéré, par exemple :

A ↑ ↓
CAT / CAT / CTC / ATC / ATC / ATC / GAT / CAT /...

Crick et Brenner réalisèrent une série de recombinaisons dans un gène du bactériophage T4 à partir de très nombreux mutants isolés par Brenner et leurs résultats, publiés de 1965 à 1967, mais connus de la communauté scientifique bien avant leur parution, démontrèrent que les trois hypothèses faites plus haut sont compatibles avec l'expérience. La recombinaison d'une insertion et d'une délétion produit un gène fonctionnel si les mutations sont assez voisines. De même, trois insertions ou trois délétions peuvent conduire à un gène fonctionnel. Au contraire, la recombinaison entre deux insertions ou deux délétions ne donne jamais un gène dont le produit est actif.

Ainsi la génétique permettrait d'atteindre la nature formelle du code, mais trouver *dans le détail* les correspondances entre codons et acides aminés supposait une très large série d'expériences, puisque cela impliquait d'analyser des séquences mutées des protéines et l'analyse de leur correspondance avec les mutations qui les ont créées.

3. L'hypothèse de l'adaptateur

C'est l'étude biochimique *in vitro* du code génétique qui permit de raccourcir cette nécessaire étape. Et la biochimie en fut possible parce que les mécanismes moléculaires sous-jacents à la synthèse des protéines étaient moins complexes et surtout moins mystérieux qu'on n'aurait pu le craindre.

Comme on l'a vu, l'hypothèse du code de substitution qui fait correspondre à une suite de bases de l'ARN messager un acide aminé, impliquait aussi l'idée d'une complémentarité entre structures : soit directement entre l'acide nucléique et la protéine, comme dans l'hypothèse de Dounce, soit par le biais d'un *adaptateur* approprié.

Initialement, on chercha une correspondance directe entre le polynucléotide et les acides aminés — cette recherche, on le verra, reste toujours d'actualité si l'on réfléchit à l'origine du code génétique —, mais aucun résultat bien clair ne vint étayer les diverses hypothèses faites à ce sujet. En particulier, alors que la double hélice correspond à un arrangement des polynucléotides dont l'architecture est facile à comprendre, rien de tel n'apparaissait entre les acides aminés et les polynucléotides. La question générale des interactions entre les acides nucléiques et les protéines reste d'ailleurs presque entièrement ouverte aujourd'hui.

Devant ces échecs apparents, Crick en vint à proposer l'existence de molécules *intermédiaires* entre la matrice nucléique et la protéine. De tels adaptateurs comporteraient l'*acide aminé* à une extrémité et, à l'autre extrémité, un groupement fonctionnel capable de reconnaître le *codon* correspondant. Et puisque Crick était convaincu de la puissance de reconnaissance des acides nucléiques entre eux, selon la règle de complémentarité qui fixe la double hélice dans l'ADN, il postula que chaque acide aminé était fixé, au moyen d'un enzyme approprié, à un trinucléotide formant un *anticodon* complémentaire du codon correspondant.

En 1966, Crick résume ainsi l'histoire de cette hypothèse :

> « L'importance du travail de Gamow tenait à ce qu'il s'agissait vraiment d'une théorie abstraite du codage, et qu'elle n'était donc pas inutilement encombrée de détails chimiques, et pourtant son idée de base, qui était que la double hélice d'ADN était la matrice utilisée pour la synthèse des protéines, était bien sûr tout à fait erronée. Ce qu'il avait clairement compris, c'était qu'un code avec recouvrement impose des contraintes sur les séquences d'acides aminés, et qu'il serait possible de trouver — ou au moins d'écarter — divers types de codes avec recouvrement rien qu'en analysant les séquences d'acides aminés déjà connues.
>
> C'est à peu près à cette époque que Gamow créa son étrange association, le Club des Cravates ARN. C'était un club limité à 20 personnes (une pour chaque acide aminé), de gens qui étaient intéressés par les problèmes du codage. Ce n'était pas un groupe vraiment représentatif de tous ceux qui étaient compétents en ce domaine, mais plutôt un rassemblement hétéroclite des amis de Gamow. En principe, il devait aussi y avoir quatre membres

honoraires, un pour chacune des quatre bases, mais je pense que deux au plus furent en fait élus. Le club avait comme signe distinctif une cravate spéciale, dessinée par Gamow et confectionnée par un couturier de Los Angeles, et chaque membre avait en principe une épingle de cravate marquée de l'abréviation de l'acide aminé qui lui correspondait. J'ai encore la cravate, mais je ne me souviens pas d'avoir jamais eu l'épingle.

Un petit nombre de textes de travail circulaient entre les membres du club et, en particulier, aux environs de 1955, j'en rédigeai un moi-même intitulé : *Sur les matrices dégénérées*[10] *et l'hypothèse de l'adaptateur.* Ce texte ne fut jamais publié, bien que quelques extraits en aient été reproduits plus tard dans un article de revue de Mahlon Hoagland (1960). Il commence par une discussion sur les acides aminés qui devraient être inclus dans la liste de référence. Il continue en montrant que le schéma détaillé proposé par Gamow ne pourrait pas s'appliquer au cas de l'insuline, et que si l'on combinait les données de l'insuline avec celles de la β-corticotropine, on pouvait même clairement écarter le code qu'il proposait. Pourtant, l'objection la plus importante au schéma de Gamow était qu'il ne permettait pas de spécifier l'*orientation* d'une séquence d'acides aminés[11], puisque la structure de l'ADN n'est pas orientée. C'était, bien sûr, une énigme fréquemment remarquée dès les premiers jours, bien qu'on se soit rendu compte qu'il pouvait exister un mécanisme spécial pour déterminer un sens de lecture de l'ADN. Le véritable apport de mon texte fut de révéler que dans le schéma de Gamow, plusieurs triplets différents pouvaient coder pour un même acide aminé, et il introduisait le mot " dégénérescence " pour décrire cette particularité. Il insistait aussi sur le fait que le code de Gamow était un code avec recouvrement, et faisait

10. Au sens physique des états énergétiques dégénérés !

11. Dans le schéma de Gamow, c'est la *double hélice* d'ADN qui est la matrice de la synthèse des protéines ; elle est en effet symétriquement orientée (un brin va de 5' → 3' et l'autre en sens inverse), ce qui ne permet pas de spécifier une direction.

l'intéressant aveu que voici : " Watson et moi-même, en pensant principalement à des codes mettant en jeu des structures d'ARN hypothétiques plutôt que d'ADN, n'avions pu considérer sérieusement ce type de codage ". Enfin, il suggérait que le schéma de Gamow était essentiellement abstrait et ne prêtait pas assez attention aux considérations de structure.

L'importance de ce texte non publié, cependant, fut qu'il émettait pour la première fois par écrit l'hypothèse de l'adaptateur. Je publiai plus tard une très brève remarque à ce propos afin de donner à l'idée une plus large audience (Crick, 1957).

J'imaginai d'abord que l'adaptateur était une petite molécule capable de s'associer au moyen de liaisons hydrogène spécifiques avec une matrice d'acide nucléique. Il n'était pas conçu au départ comme une molécule aussi grosse que les ARN de transfert d'aujourd'hui. Cependant, le rôle des enzymes d'activation[12], supposés apporter la spécificité requise entre un acide aminé et son adaptateur, était clairement établie [36]. »

A la suite de cette hypothèse, de nombreux travaux biochimiques furent entrepris pour rechercher l'existence de molécules formées d'un acide aminé et d'un oligonucléotide. Hoagland et Zamecnik en particulier isolèrent dès 1957 une fraction d'acide ribonucléique soluble capable de lier de façon covalente des acides aminés en présence d'adénosine triphosphate (ATP) comme source d'énergie. Ce sont ces molécules, aujourd'hui connues sous le nom d'ARN de transfert, qui jouent le rôle d'adaptateur au sens où Crick l'entendait. Il s'agit de polynucléotides de 75 bases environ — donc bien plus longs que l'hypothèse initiale ne le laissait supposer — et comportant un anticodon capable spécifiquement de s'apparier avec le codon correspondant à l'acide aminé

12. Les aminoacyl tARN synthétases : les enzymes qui « chargent » l'acide aminé spécifique sur l'ARN de transfert qui lui correspond.

qu'ils portent, lorsqu'ils ont interagi avec un enzyme spécifique de chaque acide aminé et de chaque ARN de transfert (aminoacyl tARN synthétase).

Les ARN de transfert ont une structure spatiale très complexe et seulement récemment élucidée [37-39] : on les représente habituellement sous la forme d'une « feuille de trèfle » qui respecte les liaisons hydrogène intramoléculaires permettant des appariements entre bases analogues à ceux que l'on trouve dans l'ADN. On n'entrera pas ici dans le détail de cette structure, mais on retiendra seulement l'accessibilité d'une boucle contenant le trinucléotide complémentaire du codon, l'anticodon, et l'extrémité terminale - CCA commune à tous les ARN de transfert et sur laquelle se trouvera fixé l'acide aminé.

Une fois reconnues les contraintes nécessaires à la charge des ARN de transfert par leurs acides aminés correspondants, il devenait possible d'envisager de faire *in vitro* la synthèse des protéines.

4. Identification biochimique du code

C'est à cela que s'employèrent Nirenberg et Matthaei : ils firent en 1961 une communication montrant qu'un extrait bactérien était capable de diriger la synthèse de polypeptides assez longs pour être chimiquement caractérisés et que cette synthèse dépendait de la présence d'ADN, de sources d'énergie, et était caractérisée par l'adjonction au milieu d'incubation d'un acide aminé radioactif. Comme, simultanément, l'hypothèse de l'ARN messager était concrétisée à la suite des expériences de Jacob et Monod, il devenait tentant d'essayer d'étudier l'effet de messagers artificiels *in vitro*, et une concurrence s'établit aussitôt entre le groupe de Nirenberg et celui d'Ochoa dans lequel M. Grunberg-Manago avait isolé en 1955 une enzyme permettant de faire la synthèse d'ARN artificiels.

Il n'est pas utile ici de résumer les diverses étapes de cette rivalité. On s'en tiendra aux résultats qui s'ensuivirent. Le premier, obtenu par Matthaei et Nirenberg, consista à montrer qu'un ARN composé uniquement d'uridine (polyU) dirigeait la synthèse d'un polypeptide composé uniquement de l'acide aminé phénylalanine, et par conséquent qu'un codon de la phénylalanine était UUU. Puis suivirent rapidement un très grand nombre de résultats expérimentaux obtenus au moyen d'ARN artificiels composés d'un mélange statistique de diverses combinaisons des quatre nucléotides A, U, G, C. Bien des éléments du code furent compris avant 1963, mais une erreur assez importante retarda le décryptage final : tous les codons susceptibles d'être traduits *in vitro* semblaient contenir de l'uracile, ce qui était incompatible avec ce qu'on savait de la composition en nucléotides de l'ADN. Les raisons physico-chimiques de ce biais expérimental ont été comprises plus tard, mais ce sont les expériences de Bretscher et Grunberg-Manago qui, en 1962, montrèrent clairement qu'il existe des codons sans U : les polypeptides composés de C et de A dirigeaient la synthèse de polypeptides composés de proline, d'histidine, de thréonine et de glutamine. Et de nombreuses autres expériences issues principalement des laboratoires de Nirenberg et d'Ochoa permirent d'établir définitivement la nature du code génétique tel qu'on le connaît aujourd'hui (table p. 83).

Bien des travaux restaient alors à poursuivre : le code est-il universel, (est-il le même pour tous les êtres vivants) ? Quels sont les signes de ponctuation (début et fin de la traduction) ? Existe-t-il un rôle du contexte dans la lecture des codons ? Quels sont les mécanismes physicochimiques sous-jacents à la synthèse des protéines ?

En ce qui concerne la ponctuation, le tableau obtenu *in vitro*, principalement dans des extraits cellulaires bactériens, montrait que deux codons au moins, UAG et UAA, ne codaient pour aucun acide aminé, et qu'il en était sans doute de même pour le codon UGA. Mais il restait encore beaucoup à comprendre et les travaux correspondants sont loin d'être achevés aujourd'hui.

5. La synthèse des protéines

a) *Mécanique*

Au fur et à mesure de l'élucidation des règles de correspondance qui constituent le code génétique se sont fait jour quelques-unes des contraintes de la mécanique qui gouverne la synthèse des protéines. Une première image prévaut aujourd'hui, qui va être brièvement exposée ici. On verra plus loin, cependant, combien cette image est imparfaite et en quoi elle masque des questions essentielles que pose la synthèse des protéines : le code génétique ne peut pas être seulement une règle de substitution, et l'image cinématique de la mécanique de la traduction omet les éléments dynamiques qui permettent le couplage des différentes synthèses entre elles. Dans une cellule, au même instant, des milliers (voire des millions) de protéines sont synthétisées avec la même remarquable précision, et il n'en résulte pas de chaos anarchique. Ces synthèses se font presque sans erreur (le taux moyen d'incorporation d'un acide aminé erroné à la place de l'acide aminé spécifié par le code est inférieur à 10^{-4}) et elles sont corrélées. C'est là ce que l'on doit tenter, aujourd'hui, de comprendre.

La synthèse des protéines est l'étape qui met en jeu de façon concrète le code génétique. Il s'agit d'une transformation qui permet de passer de la suite ordonnée des nucléotides de l'ARN messager à la suite ordonnée des acides aminés de la protéine. Pour effectuer la synthèse des protéines, il faut un support qui puisse réunir en un même complexe moléculaire le messager, les ARN de transfert — porteurs des acides aminés qui doivent défiler les uns après les autres au fur et à mesure que se présentent les codons de l'ARN messager —, et la chaîne polypeptidique en formation. Ce support, le *ribosome*, est un édifice complexe, composé de trois ARN et de plus de 50 protéines, et formé de deux sous-unités aisément dissociables.

Les ribosomes de toutes les cellules sont constitués selon le même modèle ; toutefois, les ribosomes des organismes eucaryotes ont leurs deux sous-unités plus volumineuses et, de plus, une forte affinité pour les membranes lipidiques auxquelles ils restent généralement associés. Chez les procaryotes, le scénario de la traduction est le suivant : une fois la transcription d'un messager commencée, un premier ribosome vient s'y lier et, dès qu'un codon AUG apparaît (dans le contexte convenable), un ARN de transfert particulier (appelé initiateur), porteur de l'acide aminé méthionine, vient s'associer au messager sur le ribosome. Au codon suivant directement cet AUG vient s'associer un ARN-t possédant l'anticodon complémentaire, porteur de l'acide aminé correspondant. Des enzymes convenables, associés au ribosome, catalysent la formation de la première liaison peptidique, puis de la translocation de l'ensemble du messager qui avance de la longueur d'un codon (trois nucléotides) ; c'est le deuxième ARN-t porteur d'un dipeptide qui est maintenant à la place de l'initiateur, et le cycle recommence avec un troisième acide aminé, et ainsi de suite, jusqu'au moment où apparaît un codon UAG, UGA ou UAA, auquel ne correspond aucun acide aminé : ce sont des protéines spécifiques de la fin de traduction qui interagissent alors, au lieu d'un ARN de transfert, et qui opèrent le détachement de la protéine, désormais terminée, du dernier ARN-t auquel elle se trouvait liée. Le processus est presque identique chez les eucaryotes, mais il commence à partir d'un ARN messager isolé, modifié à son extrémité 5′.

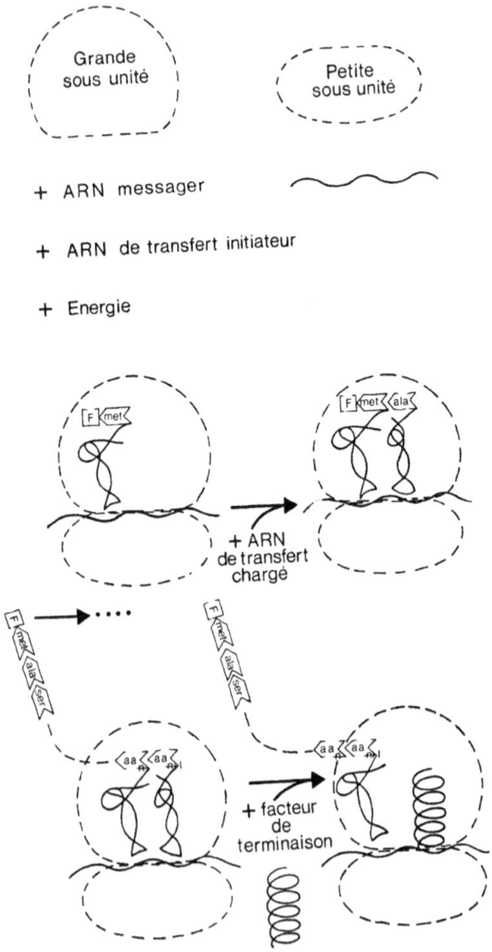
Grande
sous unité
Petite
sous unité
+ ARN messager
+ ARN de transfert initiateur
+ Energie
F
met
ala
+ ARN
de transfert
chargé
ser
aa
+ facteur
de
terminaison

Le déroulement complet de la synthèse des protéines n'est pas connu dans tous ses détails ; en particulier, ce sont les régulations qui permettent de coupler cette synthèse aux diverses étapes du développement cellulaire qui sont le plus mal connues. Pourtant, on sait aujourd'hui effectuer *in vitro* la synthèse d'un grand nombre de protéines provenant tant d'organismes procaryotes que d'organismes eucaryotes, à partir d'un système très simplifié constitué de l'ARN messager spécifique de la protéine à synthétiser, de ribosomes, des ARN de transfert, des acides aminés et des amino-acyl ARN-t synthétases (les enzymes qui attachent l'acide aminé approprié sur l'ARN-t qui le spécifie), et des sources d'énergie que sont les nucléosides triphosphates ATP et GTP. De plus, il convient d'ajouter un certain nombre de protéines indispensables au bon déroulement de la synthèse : facteurs de commencement, facteurs d'allongement et facteurs d'achèvement de la traduction.

Les protéines synthétisées sont caractérisées par leurs

←

Résumé des étapes de la synthèse des protéines : il y a en réalité mise en jeu de plus de 150 espèces moléculaires. Un complexe d'initiation se forme en présence de protéines spécifiques, de GTP (comme source d'énergie) et des sous-unités ribosomiques préalablement dissociées (du moins sur le premier cistron des messagers polycistoniques), entre l'ARN messager au niveau du premier codon, AUG et d'un ARN de transfert initiateur, porteur de l'acide aminé méthionine, dont l'extrémité — NH_2 est modifiée de façon covalente. A ce complexe se lie alors l'ARNt porteur d'un acide aminé correspondant au codon suivant, en présence de protéines particulières à l'allongement de la chaîne polypeptidique, et à nouveau de GTP. L'acide aminé va réagir, sur le ribosome, avec le premier résidu pour former la première liaison peptidique. Le dipeptide reste lié au deuxième ARNt, qui se comporte alors comme l'initiateur et tout le complexe avance d'un cran sur le messager pour réagir de la même façon avec le troisième aminoacyl ARNt, et ainsi de suite, jusqu'au moment où apparaît un codon de terminaison. Un complexe protéique de terminaison permet alors au système total de se dissocier en laissant dans le cytoplasme (ou dans la membrane, pour les protéines membranaires) la protéine terminée. Chez les eucaryotes les ribosomes sont plus gros et la méthionine portée par l'ARN de transfert initiateur n'est pas modifiée, mais le processus général est le même.

propriétés physicochimiques, immunologiques, ainsi que par leur activité enzymatique lorsque ce sont des enzymes. On sait faire *in vitro* la synthèse complète de la β-galactosidase (la première enzyme de l'opéron lactose), de l'hémoglobine ou même de la sous-unité principale de la myosine (plus de 2000 acides aminés) qui est l'une des protéines essentielles pour la transformation de l'énergie chimique en énergie mécanique, au cours de la contraction musculaire. Cela prouve, s'il en était besoin, qu'on comprend les étapes principales de la transformation du patrimoine héréditaire, contenu dans la matrice d'ADN, en son expression au niveau des effecteurs cellulaires du métabolisme. L'universalité des règles et des processus qui constituent ces transformations est frappante ; il existe toutefois quelques notables exceptions dans la fréquence d'usage des différents codons et dans les acides aminés qu'ils spécifient (voir *infra*).

Les propriétés de la matière qui sont mises en jeu sont assez remarquablement simples pour qu'on ait pu décrypter le code génétique en quelques années et découvrir les règles de réécriture du programme génétique en moins de vingt ans : il ne s'agit cependant que d'une première étape ; il faut désormais chercher à comprendre ce que sont les mécanismes qui, grâce à une *ponctuation* appropriée, permettent de corréler la réplication, la transcription et la traduction, pour donner lieu à la différenciation cellulaire. Nous en indiquerons les grands principes en dernière partie.

On reviendra également plus loin sur l'étape d'allongement de la traduction et sur les hypothèses actuelles qui permettent d'en comprendre la remarquable fidélité. On connaît très peu de choses de l'achèvement de la traduction : les codons UAA et UAG sont reconnus par des facteurs spécifiques qui catalysent le détachement du peptidyltARN et hydrolysent la liaison covalente qui attache la protéine à l'ARN de transfert. Le rôle du codon UGA est similaire, mais la terminaison y semble moins efficace, au moins dans les systèmes bactériens.

Le démarrage de la traduction semble très différent chez les bactéries et chez les cellules à noyau. Chez les premières, le codon initiateur (AUG ou GUG, reconnu par un ARNt particulier porteur de l'acide aminé méthionine) est reconnu comme tel essentiellement en raison du *contexte* dans lequel il se trouve ; en amont figure le plus souvent une région riche en purines (typiquement GGAGG) qui a la propriété de pouvoir s'associer par complémentarité avec l'extrémité 3′ de l'ARN 16S de la petite sous-unité du ribosome et, par là, de permettre la mise en place correcte du codon de départ sur le ribosome [40]. Ce rôle du contexte a été très controversé — on trouve, par exemple, des messagers qui commencent directement par AUG sans utiliser de séquences en 5′ —, mais il paraît aujourd'hui bien établi. C'est à nouveau la génétique qui en a fourni les démonstrations les plus probantes : une altération spécifique de la séquence GGAGG peut suffire à diminuer très fortement l'efficacité de la traduction du messager muté. Il s'agit toutefois d'un rôle partiel : aucune des conditions trouvées par l'expérience n'est nécessaire ni suffisante, et c'est la combinaison de plusieurs critères produisant des interactions entre le ribosome et le messager qui permet la sélection du début de la traduction. Aucune règle simple ne peut, aujourd'hui, être donnée dans le cas des bactéries [40].

Dans le cas des cellules à noyau, chez lesquelles la durée de vie d'un ARN messager est en général très longue (plusieurs heures, en comparaison de quelques minutes dans le cas des bactéries), le début de la traduction commence aussi par un codon AUG, mais celui-ci se trouve presque toujours très proche de l'extrémité 5′ du messager. Il apparaît en outre que le messager est modifié à cette extrémité par l'addition d'un résidu qui marque ainsi le site de démarrage, comme une majuscule marque le début d'une phrase. Cette modification semble nécessaire pour permettre le démarrage de la traduction.

La conclusion de l'ensemble des expériences conduites aujourd'hui est qu'il existe une différence fondamentale entre le système de traduction des ARN messagers bactériens (procaryotes) et celle des ARN messagers des cellules à noyau (eucaryotes), et que, par conséquent, il n'y a pas universalité des règles de ponctuation dans l'expression du code génétique [40]. Dans le premier cas, la structure primaire du messager, et en particulier le contexte qui précède le codon initiateur, suffit à permettre le démarrage de la traduction sans nécessiter de modifications chimiques. De plus, la traduction peut se poursuivre d'un gène à l'autre si le messager est le résultat de la transcription continue de plusieurs gènes. Ainsi, chez les bactéries, un messager peut spécifier la traduction de plusieurs protéines. Dans le deuxième cas, au contraire, un signal métabolique particulier correspondant à une modification chimique de l'extrémité 5′, en amont du codon de départ, est nécessaire pour permettre le commencement de la traduction. De plus, la synthèse polypeptidique s'arrête au niveau d'un codon de fin de traduction (UAA, UAG ou UGA) et ne peut pas redémarrer, même s'il existe un codon de début de la traduction : si les séquences du messager, distales par rapport à l'extrémité 5′, correspondent à des protéines, celles-ci ne seront traduites que si la partie proximale est d'abord dégradée par des enzymes appropriées (nucléases) et si, de plus, le signal chimique nécessaire au début de la traduction a été ajouté à la nouvelle extrémité 5′ ainsi créée.

On reviendra plus loin sur les différences existant dans les règles du code génétique entre les diverses formes de vie, et notamment entre les eucaryotes et les procaryotes. La différence importante qui apparaît au niveau du début de la traduction indique que les régulations de l'expression génétique à ce niveau sont tout à fait dissemblables entre les cellules à noyau et les cellules sans noyau. Cette différence semble aller de pair avec une grande différence dans la stabilité biochimique des ARN messagers, et cela correspond à une différence fondamentale, entre ces deux types de cellules, dans les mécanismes d'adaptation à leur environnement. Les procaryotes réagissent immédiatement aux variations brusques d'un environnement changeant en modifiant en un temps très bref (quelques minutes) leur état interne. Pour cela, ces organismes disposent d'un système d'expression génétique extrêmement versatile : la transcription d'une famille de gènes est commencée ou arrêtée en un très court laps de temps, et il existe un dosage fin de l'expression des gènes associés à une même fonction adaptatrice grâce au couplage de la transcription et de la traduction. A peine commencée la transcription, un ribosome vient s'attacher au messager encore lié à l'ADN et la traduction commence à son tour, le ribosome avançant aussi vite sur le messager que l'ARN polymérase sur l'ADN. Ce messager peut diriger la synthèse d'une, deux, voire dix protéines différentes les unes à la suite des autres. Mais si, pour une raison quelconque, l'homéostasie cellulaire requiert que la traduction ralentisse, la transcription elle-même va s'arrêter ; ainsi les protéines spécifiées par l'extrémité du messager la plus proche du promoteur se trouvent-elles exprimées en quantité beaucoup plus importante que celles qui se trouvent spécifiées par l'extrémité distale. On se trouve donc en présence d'un *dosage* de l'expression des gènes d'un même opéron. Ce dosage dépend fortement de l'organisation topographique des gènes et reflète certainement l'histoire évolutive de l'espèce considérée.

Ainsi des bactéries sont-elles construites de telle manière qu'elles puissent ajuster très rapidement et de façon très fine l'expression de leurs gènes aux contraintes de l'environnement où elles se trouvent. Une autre façon de s'adapter à un milieu changeant paraît avoir donné naissance aux cellules eucaryotes : au lieu de suivre aussitôt les variations de l'environnement, ces cellules subsistent grâce à la multiplication de *frontières* qui sont autant de zones-tampons entre le milieu intérieur et le milieu extérieur. C'est d'ailleurs une frontière qui les définit morphologiquement : leur matériel génétique est entouré par une enveloppe, ce qui constitue le *noyau cellulaire*. On reviendra plus loin sur ces données morphologiques qui permettent d'imaginer des mécanismes tout à fait originaux pour l'expression génétique des cellules eucaryotes.

b) *Le jeu de l'appariement.*

On remarquera que la description donnée plus haut de la synthèse des protéines est à la fois *formelle* et *mécanique*. Le code génétique y est décrit comme une suite de règles de substitution — transcription puis traduction — qui font passer d'un langage à quatre lettres à un langage à vingt lettres, auquel on ajoute des signaux spécifiques indiquant le début ou la fin des mots; et ces règles sont appliquées sans erreur grâce à un mécanisme bien précis qui associe une matrice, l'ARN messager, à une série d'adaptateurs, des ARN de transfert, spécifiques de chaque codon et de chaque acide aminé. Dans cette vue simpliste, il y aurait 61 ARN de transfert distincts (un pour chaque codon) et un mécanisme fidèle leur permettant de reconnaître *sans erreur* le codon correspondant à l'acide aminé qu'ils portent. La réalité est bien différente : il y a tout au plus une cinquantaine d'ARN de transfert distincts (et même très probablement tout juste autant que d'acides aminés, dans le cas d'organites doués de leur système propre de traduction comme les mitochondries) et les données de la thermodynamique imposent l'existence d'erreurs à une fréquence qui ne peut pas être négligeable. Il est donc nécessaire d'entrer un peu plus avant dans la dynamique de la traduction pour mieux comprendre les processus qui gouvernent la mise en application des règles du code génétique.

Dès les premières expériences biochimiques, il est apparu que le tableau du code génétique est organisé selon une certaine forme. On peut en effet y distinguer quatre types de correspondances : certains acides aminés sont spécifiés par 6 codons, d'autres par quatre, d'autres par deux et enfin, certains le sont par un ou trois. D'une façon générale, la dernière base du codon semble être la moins spécifique, alors que celle du milieu paraît être la plus spécifique (on y reviendra à propos de l'origine du code génétique). Dans les familles comportant quatre codons *(val, pro, thr, ala, gly),* tout se passe comme si le code était un code à deux lettres, la troisième n'ayant aucune influence. Cette observation inspira à Crick une hypothèse selon laquelle il existe toujours un certain « jeu » dans le troisième appariement du couple codon-anticodon [41] et il tenta de définir les contraintes physico-chimiques qui déterminent l'ampleur du « jeu » et qui, par là, fixent les familles de codon pour chaque acide aminé.

Curieusement, l'hypothèse de Crick suscita un accord quasi général de la communauté scientifique qui se comporta *comme si* l'ensemble des questions soulevées par le code génétique se trouvaient d'un coup résolues, alors que, bien au contraire, l'hypothèse du « jeu » dans l'appariement soulevait une question majeure : comment à la fois laisser un « jeu » dans le mécanisme rigide du codage et assurer en même temps une *précision* suffisante dans le processus de décodage ? En effet, le taux d'erreur final au niveau de chaque acide aminé d'une protéine est probablement inférieur à un dix millième, et cela en tenant compte des erreurs à tous les niveaux : transcription de l'ADN en ARN messager, charge de chaque ARN de transfert avec l'acide aminé qui lui correspond et, enfin, correspondance fidèle de la reconnaissance codon-anticodon. En tube à essais, au contraire, les premières observations ont montré que le taux d'incorporation d'un acide aminé erroné dans une protéine était très élevé : quelques pour cent au moins. Par ailleurs, il est apparu que ce taux est régi par des contraintes génétiques strictes qui mettent en jeu le ribosome (la petite sous-unité, en particulier), le contexte où se trouve le codon et, enfin, la nature de l'ARN de transfert.

Comme partout dans les systèmes biologiques, le taux d'erreur est d'une importance cruciale. L. Orgel a tenté de montrer en 1963 comment une légère augmentation de ce taux pouvait amener la disparition d'une espèce par une sorte d'effet autocatalytique : une erreur dans une des enzymes responsables de la synthèse de la machinerie biosynthétique (polymérases, ribosomes, enzymes d'aminoacylation, etc.) entraînera une augmentation générale du taux d'erreur et se trouvera rapidement amplifiée jusqu'à empêcher la reproduction [42]. Mais, d'un autre côté, un système infiniment fidèle ne pourrait jamais produire de variants capables de s'adapter à un environnement qui change sans cesse (ne serait-ce qu'en raison de la multiplication du système considéré — cf [32]). De plus, la précision requiert certainement l'existence d'étapes spécialisées dans la correction des erreurs, ce qui conduit à un ralentissement général des étapes de la biosynthèse. Par conséquent, la survie et la multiplication des systèmes vivants est le fruit d'un compromis entre la production d'erreurs et leur correction.

L'hypothèse du « jeu » émise par Crick a malheureusement joué le rôle d'écran vis-à-vis de ces problèmes essentiels, et ce n'est que près de dix ans après que la question de l'exactitude des étapes de réécriture du programme génétique s'est posée en termes appropriés.

Ce sont les idées exposées par L. Orgel, d'une part, et par C. Woese, d'autre part, qui semblent être à l'origine de notre façon de concevoir le problème aujourd'hui. On a vu plus haut le raisonnement d'Orgel. Woese s'interrogeait sur la nature sélective des contraintes qui ont donné naissance au code tel que nous le connaissons aujourd'hui et son raisonnement était le suivant : si la traduction est fidèle, c'est que les enzymes qui en sont responsables ont été fidèlement traduits ; une erreur à ce niveau va avoir tendance à s'amplifier et à produire plus d'erreurs (c'est la théorie de l'avalanche d'erreurs de L. Orgel [42]). On se trouve donc devant un dilemme : un taux d'erreur non nul semble conduire à un taux d'erreur plus élevé [13].

Pour cette raison, il ne semble pas possible de corriger cet effet néfaste par une réduction du taux d'erreur lui-même (ce qui demanderait d'ailleurs des contraintes physico-chimiques tout à fait spéciales), mais *en réduisant l'effet des erreurs.* Et, certainement, le code génétique actuel semble assez bien satisfaire à une telle contrainte car les codons voisins (différant en particulier par la troisième ou la première base) codent pour des acides aminés identiques ou, tout au moins, voisins par leurs propriétés chimiques. Lire UUC comme UUU ne change pas l'acide aminé, et comme UUA conduit à remplacer une phénylalanine par une leucine, c'est-à-dire par un acide aminé hydrophobe aux propriétés sinon identiques, du moins assez voisines [43].

Cela ne suffit pas à résoudre le problème, mais l'idée sous-jacente est là : comment imaginer un mécanisme permettant de réduire l'effet des inévitables erreurs ? C'est la poursuite de l'analyse linguistique, ou typographique, qui a permis à J. Hopfield aux Etats-Unis et à J. Ninio en France, de proposer un mécanisme plausible. Lorsqu'on fait imprimer un texte, il y a toujours d'inévitables fautes d'impression et la seule façon qu'on ait trouvée, depuis l'invention de l'imprimerie, de diminuer le taux final de ces fautes est d'effectuer une première

13. Ce raisonnement est inapproprié, car c'est le taux d'erreur *par génération* qui compte essentiellement ; il suffit, en effet, qu'il y ait assez de copies fidèles à chaque génération pour que le système se perpétue. On y reviendra.

impression et de la faire suivre par une *relecture* indépendante où sont corrigées un maximum des fautes de la première impression. J. Hopfield en 1974 [44], puis, J. Ninio en 1975 [45, voir 46], ont chacun proposé un mécanisme thermodynamique plausible pour expliquer comment se ferait cette relecture. Il ne s'agit pas là d'une question anecdotique : le patrimoine génétique d'un être humain représente l'équivalent d'une encyclopédie de 300 000 pages et celui d'une bactérie, un ouvrage de 2 000 pages. Les erreurs typographiques qui ne manqueront pas d'émailler ce livre, malgré le soin apporté à leur correction, montrent l'ampleur du problème de la transcription à l'identique d'un texte !

Dans la mesure où il est relativement malaisé de se représenter la thermodynamique sous-jacente à cette relecture, je vais l'illustrer par une métaphore proposée par le physicien M. Guéron [47].

Dans un bassin se trouvent des poissons rouges et noirs en quantités à peu près égales. Un pêcheur astucieux voudrait trouver un moyen de ne prendre que des poissons noirs. Il pose au fond du bassin de petites nasses avec des appâts. Lorsqu'il retire les nasses, il attrape surtout des poissons noirs : les poissons rouges sont en effet très agiles et sortent très vite de la nasse. Mais le pêcheur voudrait encore réduire la proportion de poissons rouges indésirables : la première idée qui lui vient est de mettre plusieurs nasses en communication entre elles et de les retirer ensemble. Le résultat le déçoit, rien n'est changé : même proportion d'un rouge pour cent noirs. Le pêcheur réfléchit alors et dépose ses nasses sur une claie, au fond du bassin ; il attend que l'équilibre se fasse, puis il soulève la claie au-dessus du bassin ; il attend un instant, puis la pose sur le bord ; alors, la proportion qu'il obtient est de 10 000 poissons noirs pour un rouge. En effet, pendant qu'il maintenait la claie soulevée au-dessus du bassin (gradient de potentiel !), des poissons, surtout des rouges, sont retombés à l'eau (100 fois plus nombreux que les noirs), et ils n'ont pas pu remonter dans les nasses, ce qui explique le résultat observé.

Cette image illustre très précisément l'idée qualitative sous-jacente au mécanisme de la relecture proposée par Hopfield et Ninio : la fidélité de l'expression finale est due à un mécanisme mettant en jeu un ou plusieurs gradients de potentiels. Le gradient le plus plausible est celui qui est obtenu par des molécules riches en énergie.

Dans le cas de l'activation d'un ARN de transfert par l'acide aminé qui correspond à son anticodon, ce n'est pas l'acide aminé lui-même, mais une molécule instable, l'aminoacyl adénylate (composé à partir d'ATP et d'acide aminé), qui permet la charge de l'ARN de transfert. La discrimination par l'enzyme joue le rôle des nasses et permet un tri avec une sélectivité de l'ordre de 100 à 1000. L'étape d'activation de l'acide aminé par l'ATP en aminoacyl adénylate (AMP) joue le rôle de l'étape cinétiquement irréversible (le maintien des nasses au-dessus du bassin). En effet, du fait de leur instabilité, la concentration dans le cytoplasme des amino-acyladénylates est nulle, ce qui exclut toute compétition au niveau du site d'aminoacylation de l'ARN de transfert par un adénylate erroné qui proviendrait du cytoplasme.

Bien d'autres types de relecture peuvent être imaginés et, après les modèles proposés par Hopfield et Ninio, l'expérience a peu à peu permis de les préciser. Les modèles de la « relecture cinétique » ont été réfutés en partie, du moins dans leur généralité. Il n'en reste pas moins qu'ils représentent à l'heure actuelle la meilleure façon de concevoir la sélection au niveau de la reconnaissance entre un codon et un anticodon. Qu'en est-il au niveau de l'aminoacylation ? Comment l'adaptateur qu'est l'ARN de transfert est-il chargé d'un acide aminé correspondant à son anticodon avec une précision meilleure qu'un dix millième ? L'étude chimique de la liaison covalente d'un acide aminé au ribose terminal de l'extrémité -CCA de l'ARN de transfert a ouvert une très intéressante perspective qui est remarquablement analogue à une *relecture* au sens habituel : les aminoacylARNt synthétases ont la capacité non seulement de charger les ARN de transfert avec une sélectivité supérieure à un centième, mais elles ont encore la possibilité de *décharger* les ARNt qui portent un acide aminé incorrect avec, à nouveau, une sélectivité supérieure au centième. Il en résulte que le taux de charge d'un ARNt donné avec un acide aminé incorrect est inférieur à un dix millième. Les détails chimiques des réactions qui permettent cette double fonction des synthétases ne seront pas exposés ici, mais ils sont tout à fait plausibles (pour des précisions, voir, par exemple [48], et références citées dans le premier article).

L'idée d'une correction active des épreuves a été aussi envisagée pour expliquer la remarquable fidélité de la réplication de l'ADN (le taux d'erreur est inférieur à une base sur cent millions) et c'est ainsi qu'on explique, au moins en partie, l'existence de modifications chimiques (par adjonction d'un groupe méthyl en particulier) de certaines bases de l'ADN[14].

On imagine en effet qu'après la réplication d'un fragment d'ADN, il existe un complexe enzymatique qui parcourt l'ADN nouvellement formé et le modifie par méthylation en certains points précis. Aussi, pendant un certain temps (avant que le complexe de méthylation ne parvienne à sa cible sur le brin néosynthétisé), le brin copié n'est-il pas méthylé. Il peut alors être reconnu par une machinerie de correction, un autre complexe multienzymatique, qui peut « relire » la suite des nucléotides et voir si elle correspond fidèlement au brin originel qui vient d'être copié. Ce complexe a la propriété, au cours de sa diffusion le long de la double hélice, de déstabiliser les

14. Des travaux remarquables dans ce domaine ont été effectués par Wagner et Meselson, par Radman et ses collègues et d'autres auteurs [48].

zones où l'appariement normal entre les brins n'est pas correct, et ainsi de révéler les sites où une base erronée a été incorporée. Cette déstabilisation produit une nouvelle espèce chimique qui sera reconnue par un complexe de réparation capable d'exciser la base erronée et de la remplacer par une base correcte. On sait d'ailleurs qu'il existe toute une famille de complexes de réparation dont l'expression est induite par chacune des diverses possibilités d'accidents (réactifs chimiques, radiations ionisantes, ultraviolets, solvants, etc.) qui altèrent le bon appariement de la double hélice. Il reste certainement de nombreuses inconnues dans ce domaine, mais en cas d'erreur sur une seule base, on comprend comment le défaut de méthylation (qui n'a lieu que sur le brin néosynthétisé) permet de distinguer *sur quel brin* se trouve la base erronée. L'isolement de mutants qui affectent l'efficacité de méthylation, a confirmé ce modèle. En particulier, un retard dans la méthylation augmente l'efficacité de la correction et une accélération la diminue, comme prévu. On voit là que le système réel utilise un compromis où la relecture est « intentionnellement » excellente, mais non parfaite. Il s'agit donc d'un processus essentiellement dissymétrique dans lequel l'erreur, si elle existe, n'a lieu que sur le brin nouvellement synthétisé. La dissymétrie reste conservée tant que l'on reste à proximité du complexe en cours de réplication ; il faut donc que le système correcteur se trouve dans le sillage immédiat de ce complexe pour utiliser cette information et corriger l'erreur sur le bon brin d'ADN...

D'une façon générale, on doit penser que les systèmes de modification chimique (souvent appelés « systèmes de maturation ») qui sont si souvent présents à chacune des étapes de réécriture du programme génétique, peuvent jouer un rôle de premier plan dans les processus de correction des erreurs. Ce pourrait même être là l'une de leurs fonctions les plus importantes. Revenons, par exemple, à la théorie de l'avalanche d'erreurs de Leslie

Orgel. Le raisonnement qui conduit à prédire la catastrophe est fondé sur le fait que ce sont des protéines (des enzymes), donc des molécules qui sont le produit *final* des règles de réécriture du programme génétique, lesquelles sont elles-mêmes responsables des étapes successives de la réécriture (et donc des étapes initiales)[15]. Et l'amplification des erreurs provient de l'amplification qui se produit aux stades successifs de la réécriture. Pour les procaryotes, à chaque génération, on a l'amplification suivante :

		réplication ×1	
	ADN	————→	ADN
transcription	↓	× 0 à × 10 000	
	ARN	messager	
traduction	↓	× 10 à × 100	
	protéine		

pour les eucaryotes :

		× 1 à × 1 000	
	ADN	————→	ADN
transcription	↓	× 0 à × 1 000	
	ARN	nucléaire	
maturation	↓	× 0 à × 1	
	ARN	messager	
traduction	↓	× 0 à × 10 000	
	protéine		

Comme on le voit, certaines étapes de réécriture peuvent correspondre à une amplification considérable, et cela parfois même dès le stade de la réplication, comme c'est le cas souvent pour les gènes spécifiant la séquence des ARN ribosomiques chez bien des organismes eucaryotes. Une si forte amplification peut difficilement se

15. On reviendra sur cette boucle, présente dès le titre de ce texte, dont la nature est essentielle à l'existence de la vie.

faire sans erreur et, par conséquent, une fraction faible mais non négligeable des produits finaux auront une séquence erronée. Et il est d'autant plus important de réduire l'effet de ces erreurs que les amplifications les plus fortes correspondent le plus souvent aux gènes responsables de la machinerie biosynthétique elle-même, en particulier des gènes qui spécifient les composants des ribosomes, outils ultimes de la synthèse des protéines.

Bien sûr, on l'a vu, le code génétique lui-même est organisé de telle manière qu'il tend à minimiser l'effet des erreurs, mais cela ne peut suffire et il *faut* donc imaginer d'autres mécanismes correctifs. Un moyen simple serait de *rendre inactifs les éléments essentiels dès qu'ils comportent une erreur*. Or, on peut imaginer que les modifications covalentes post-transcriptionnelles jouent précisément ce rôle éliminateur [16].

16. On reviendra, au cours de la dernière partie, sur cette étape supplémentaire, spécifique des cellules à noyau. Le passage nARN → mARN est dans certains cas interdit, c'est ce qui explique le facteur d'amplification compris entre 0 et 1 à cette étape.

L'existence de cette étape n'aurait rien eu de très surprenant — on sait que les signaux nécessaires à la ponctuation (début et fin) de la transcription peuvent allonger l'ARN messager, au début et à la fin — si l'on n'avait observé alors que les fragments trop longs se trouvent *à l'intérieur* du gène. Tout se passe en effet comme si le gène était morcelé en une série de segments — les *exons* — que l'on retrouve à la suite les uns des autres dans l'ARN messager, séparés par une série de segments — les *introns* — qu'on ne retrouve pas dans le produit final. Deux hyptohèses sur le mécanisme de synthèse de l'ARN messager pouvaient être envisagées : ou bien l'enzyme responsable de la transcription (l'ARN polymérase) « sautait » d'un exon à l'autre pour donner l'ARN messager, ou bien la transcription copiait, dans l'ordre où ils se trouvent sur le gène, les exons et les introns en un ARN pré-messager, et c'est cet ARN pré-messager qui, à la suite d'une étape d'excision des introns et de mise bout à bout des exons (on utilise pour cette étape le terme de marine d'*épissage*, qui correspond à la mise bout à bout des cordages) conduit à l'ARN messager. L'expérience a rapidement montré que c'est la deuxième hypothèse qui est la bonne, et qu'effectivement exons et introns sont transcrits en un ARN pré-messager, dans le noyau de la cellule, et que c'est au cours du passage

On sait, par exemple, que les ARN ribosomiques, tant chez les procaryotes que chez les eucaryotes, sont déterminés par un nombre important de gènes distincts ayant des séquences identiques (une dizaine chez les bactéries, plusieurs centaines, voire plusieurs dizaines de milliers après amplification de l'ADN chez les eucaryotes). L'existence de ces copies multiples tend certainement à multiplier le taux final des erreurs. Aussi, malgré l'élimination sélective des cellules dont le patrimoine est trop altéré à ce niveau, cela peut conduire à des effets délétères, en particulier chez les espèces multicellulaires. Or, il se trouve que la transcription des gènes des ARN ribosomiques ne conduit jamais *directement* aux ARN présents dans le ribosome. Il faut tout une suite de modifications — essentiellement de coupures et d'excisions de fragments entiers, mais aussi de divers types de modifications chimiques conduisant à l'altération de la structure des bases — pour conduire à des ARN fonctionnels aptes à être intégrés dans un ribosome fonctionnel. Or, ces modifications sont le fait d'enzymes très spécifiques qui ne peuvent entrer en action qu'à condition que la structure de leur substrat soit conforme au type sauvage : toute erreur dans leur site de reconnaissance se traduira par l'absence de modification et préviendra par conséquent l'assemblage d'un ribosome à partir du produit erroné.

De même l'assemblage d'un ribosome, qui comporte plus de cinquante protéines différentes modifiées chimiquement ou non, suit certainement un ordre très strict destiné à écarter au maximum les ribosomes qui n'assure-

---

entre le noyau et le cytoplasme qu'a lieu l'étape d'excision des introns et d'épissage des exons.

Mais la mise en évidence de ce mécanisme laissait entier le mystère des introns : à quoi bon toute cette « information » génétique dont la cellule semble se débarrasser au plus vite ? et comment imaginer les mécanismes catalytiques permettant l'excision précise des introns ?

raient que trop imparfaitement leur fonction. On est ainsi conduit à penser que les « séquences d'insertion » qu'on trouve parfois au milieu des gènes des ARN de transfert ou des ARN ribosomiques chez les cellules supérieures, et qui doivent être excisées pour conduire à la molécule fonctionnelle, peuvent avoir, entre autres fonctions, celle de protection contre les erreurs. On sait — et on y reviendra plus longuement — que la présence de telles séquences est commune à un très grand nombre de gènes des cellules eucaryotes ; l'expression de ces gènes requiert une transcription dans le noyau, suivie de l'excision des séquences d'insertion (introns) et de l'épissage des fragments adjacents, de façon concomitante avec la translocation de l'ARN messager ainsi constitué depuis l'intérieur du noyau vers le cytoplasme. Cette translocation, et par conséquent la formation d'un ARN messager susceptible d'être traduit en une protéine, ne peuvent avoir lieu qu'après excision des introns. On conçoit donc qu'un bon nombre d'erreurs au niveau de la transcription puissent être ainsi éliminées, seules les molécules exemptes d'erreurs étant susceptibles de franchir la barrière de l'enveloppe nucléaire. Comme le facteur d'amplification chez les eucaryotes est très grand au niveau de la traduction des messagers (souvent de l'ordre de 10 000), on comprend l'intérêt de l'élimination sélective de telles erreurs.

Il existe enfin de très nombreux types de modifications chimiques post-traductionnelles qui viennent s'ajouter à la protéine une fois synthétisée (acétylations, glycosylations, méthylations, phosphorylations...). On considère d'habitude — souvent avec raison — que ces modifications correspondent à des moyens de réguler l'activité biologique des protéines. Mais il faut certainement ajouter à cette fonction régulatrice générale une fonction sélective d'élimination des erreurs. On sait, par exemple, que beaucoup de modifications conduisent à la mise en place de la protéine dans tel ou tel compartiment cellulaire ; de même, une modification appropriée peut protéger la protéine contre sa dégradation par des enzymes protéolytiques présents dans la cellule : toute protéine non modifiée, parce que sa séquence en acides aminés comporte des erreurs par rapport au type, ne pourra se fixer dans le compartiment où elle devrait se trouver et sera dégradée rapidement par les protéases endogènes. D'une façon générale, on remarque que la suite des acides aminés d'une protéine n'est pas quelconque, et que l'organisation spatiale de la protéine — sa structure tertiaire — lui donne un maximum de stabilité. Il arrive ainsi très souvent — l'expérience le montre clairement — qu'une protéine comportant des erreurs soit très instable et rapidement dégradée par des enzymes endogènes.

Comme on le voit, la fonction d'élimination sélective des erreurs, loin d'être un phénomène marginal, semble être tout à fait générale : la constitution du code génétique lui-même s'y prête, la structure des protéines, les modifications covalentes des protéines et de leur messager, la mise en place des éléments de la machinerie biosynthétique y concourent. Lorsque l'on considère des organismes unicellulaires, ces multiples fonctions d'élimination des erreurs semblent un peu redondantes ; il suffit en effet que la fidélité de la réplication soit assez grande pour assurer un nombre suffisant de descendants semblables au type à chaque génération [17]. L'image de l'expres-

17. Il paraîtrait suffisant que le produit du taux d'erreur ε par le nombre n des bases de l'ADN et par le temps de génération τ soit supérieur à 1 pour qu'il existe toujours un descendant semblable au type. Cela n'est vrai toutefois que *dans une population infinie*. La loi des grands écarts à la loi des grands nombres montre au contraire que *dans une population finie*, la probabilité de ne faire apparaître que des variantes *au bout d'un temps fini* est d'autant plus grande que la population est plus petite (voir Azencott et Ruget, 1977) [49]. Il s'ensuit qu'un taux fini d'erreur se traduira toujours par une dérive génétique. On retrouve là une sorte d'analogue du deuxième principe

sion génétique qui en résulte est donc beaucoup plus subtile que la simple mécanique du type clé-serrure que laissait supposer l'hypothèse de l'adaptateur. Si cette mécanique existe — et tout permet de le penser —, elle ne représente qu'une partie de l'expression génétique et c'est au cours de la dynamique des déformations que subissent toutes les molécules qui participent à la réplication, à la transcription ou à la traduction, que se greffent d'autres phénomènes de reconnaissance dont la fonction principale est d'optimiser le taux des inévitables erreurs.

6. Le code est-il universel ?

Dès les premières expériences conduisant au déchiffrage du code génétique, on s'est interrogé sur son universalité : le code est-il le même chez toutes les espèces vivantes ? Des expériences *in vitro* furent pour cette raison effectuées très vite sur des extraits acellulaires bactériens et dans des extraits acellulaires végétaux, animaux ou même humains.

Mises à part quelques exceptions, tournant principalement autour des codons de fin de traduction et surtout du codon UGA, il apparaît que le code est le même chez l'homme et chez le colibacille. On savait que toutes les protéines sont composées de vingt types d'acides aminés et que les exceptions qu'on trouve parfois sont dues à des modifications postérieures à la traduction, et il était donc

---

de la thermodynamique qui assure que le nombre des états possibles d'un système vivant ne peut qu'aller en croissant.

Cette remarque montre en même temps qu'il s'agit d'une « contrainte exploratoire » du système qui l'oblige sans cesse à évoluer, et que cela n'implique *aucunement* l'idée d'une fuite en avant vers le désordre, comme cela est communément dit lorsqu'on tire à contresens les conséquences du deuxième principe de la thermodynamique (cf A. Danchin, Υιος, à paraître).

légitime de penser, comme cela a été souvent dit, que ce qui est vrai de la bactérie est vrai de l'éléphant.

Pourquoi donc vouloir insister sur la *non-universalité* du code génétique ? C'est en un sens contradictoire avec les exigences du progrès scientifique. Comme on le sait, la construction du savoir commence toujours par la recherche d'universaux. Sans *lois*, sans identification de comportements *invariants* du réel, le monde resterait magique. Le progrès vient d'abord de l'explication d'un phénomène par des lois universelles, c'est-à-dire par la mise en évidence d'interconnexions entre le phénomène considéré et ces lois. Le reste est hasard, c'est-à-dire inexpliqué (et non inexplicable) en raison de l'apparente contingence des interconnexions qui relient entre eux les éléments qui le composent. Mais on ne peut en rester là. Rien dans le monde n'implique l'universel et c'est alors la constatation d'écarts par rapport au modèle initial qui servira de moteur aux progrès futurs. Les exceptions aux règles d'universalité deviennent alors la révélation d'un aspect inexpliqué du réel et le progrès se fera par la mise au jour de nouvelles interconnexions permettant de donner un sens à ces exceptions. Ainsi, peu à peu, le nombre des postulats fondamentaux sur lesquels se fonde notre façon de voir le réel va aller diminuant [32] alors que le nombre et la complexité des interconnexions entre ces postulats (lois) fondamentaux et les divers phénomènes va aller augmentant.

L'universalité est une fin temporaire, c'est le terme vers lequel tendent toutes les descriptions, mais c'est aussi le terme à partir duquel l'exception va fonder une nouvelle construction de notre savoir.

Dans le cas qui nous occupe, en première approximation, nous allons le voir à nouveau, le code génétique est universel. Il semble cependant exister des exceptions et celles-ci sont de première importance en ce qu'elles vont sans doute permettre d'approcher quelques-uns des aspects de l'*origine* du code génétique, et sans doute aussi certains éléments de l'expression du patrimoine héréditaire qui ont résisté jusqu'à présent à l'analyse.

Ce qui paraît universel[18] est que l'expression du patrimoine héréditaire se fasse par une série de réécritures qui font passer de l'ADN à l'ARN puis à la protéine. Le passage d'un ARN messager à une protéine s'opère au moyen d'ARN de transfert suivant un code de correspondance sans recouvrement formé de triplets de bases de l'ARN. Il existe de plus des signaux indiquant le début et la fin de cette traduction. La table du code de correspondance entre triplets de bases et acides aminés est elle aussi presque universelle. Les principales exceptions semblent concerner les signaux de début et de fin de traduction, ainsi que les codons correspondant à des familles impaires (isoleucine-méthionine, tryptophane)[19]. Par ailleurs, la *fréquence d'usage* des différents codons varie grandement avec l'organisme considéré. Cette fréquence dépend fortement de la nature des ARN de transfert présents dans le compartiment où se fait la traduction et ainsi, c'est la variation des populations d'ARN de transfert qui détermine des exceptions à l'universalité.

On a vu comment Crick avait émis l'hypothèse simplificatrice de l'existence d'un « jeu » sur la troisième base de l'appariement codon/anticodon. Dans le cas le plus simple, on serait ramené à un code à deux lettres signifiantes, suivies par une lettre quelconque pour constituer un triplet. Cela permettrait déjà le codage de 16 acides aminés. Cette règle simple correspond déjà à la leucine, la valine, la sérine, la proline, la thréonine, l'alanine, l'arginine et la glycine. Elle suppose que sur le ribosome, la sélection de l'ARN de transfert se fait

18. Aujourd'hui ! Il n'en a sans doute pas toujours été ainsi.

19. Mais aussi, dans la mitochondrie, le couple leucine/thréonine. Il existe en outre un ARNt spécifiant la sérine et dont le codon serait UGA (voir plus bas). Il est très probable que cette liste ne fera que s'allonger.

essentiellement grâce aux deux premières lettres du codon. L'idée prévaut alors que, dans les autres cas, c'est une modification de la structure de l'ARNt qui empêche, par un tri au niveau de la troisième lettre, les appariements incorrects.

Et, en effet, dans le cas des familles à deux codons, par exemple, la troisième base de l'anticodon correspondant dans l'ARNt est modifiée chimiquement, et ne permet un appariement stable qu'avec une purine ou une pyrimidine. On a ainsi, dans le cas de la proline, les quatre codons CCN, où N est U, C, A ou G, mais où, dans le cas de la phénylalanine UUY, Y est une pyrimidine (U ou C), alors que UUR spécifie la leucine, R étant une purine (A ou G).

Suivant cette règle simple, à chaque acide aminé correspond un nombre pair de codons et il suffirait de 23 ARNt (ou 24, si l'on suppose un ARNt spécial pour le début de la traduction) pour déchiffrer le code : 20 pour chacun des 20 acides aminés et 3 *(leu, arg, ser)* pour chacun des groupes de deux codons correspondant aux acides aminés spécifiés par 6 codons. Ce code génétique élémentaire semble être celui qui existe dans les organites qui assurent la respiration cellulaire (et qui ont leur propre ADN et leur propre système d'expression génétique), les *mitochondries*. AUA et AUG y spécifient la méthionine (et non l'isoleucine et la méthionine, comme dans le code génétique général), UGA et UGG, le tryptophane (UGA n'y est donc pas un codon de fin de traduction). On ignore encore si le doublet AGA AGG correspond, comme dans le cas général, à l'arginine ou s'il spéficie la sérine (qui aurait alors huit codons), ou encore est un signal de ponctuation (fin de traduction)[20]. On n'a

20. La séquence des nucléotides de la mitochondrie humaine et de celle du bœuf est connue. Les doublets de l'arginine ne semblent pas exister au sein des phases ouvertes spécifiant probablement des protéines. Le problème est ainsi résolu par l'absence.

d'ailleurs identifié chez la mitochondrie de levure que 21 gènes d'ARN de transfert, ce qui laisse donc encore un certain nombre de points à clarifier.

D'une façon générale, on s'accorde à penser aujourd'hui que le code génétique des mitochondries représente la forme sans doute la plus primitive du code. On ne sait faire fonctionner *in vitro* le système mitochondrial de traduction qu'avec difficultés, et il est difficile de mesurer sa *fidélité*. Un certain nombre d'arguments indirects tendent à montrer que ce système est assez peu fidèle et il pourrait lui manquer une partie du dispositif permettant une relecture efficace, en particulier au niveau de l'ambiguïté de la reconnaissance codon/anticodon. La comparaison entre les anticodons des ARNt de la mitochondrie humaine et de la mitochondrie de levure indique clairement que le facteur essentiel de discrimination est constitué par les deux premières bases du codon, avec un choix secondaire purine/pyrimidine au niveau de la troisième base dans le cas de familles ne comportant que deux codons. Il est alors très probable que c'est au niveau de la *dynamique* de la traduction, c'est-à-dire de l'étape qui permet l'allongement de la chaîne polypeptidique, que se fait l'essentiel du tri et donc que se manifeste le facteur de relecture, la stabilité de l'association codon/anticodon sur le ribosome devant être assez grande pour permettre la mise en place de la liaison peptidique à la suite d'un changement de conformation du complexe entre l'ARN messager et les deux ARN de transfert (celui qui porte la protéine *in statu nascendi* et celui qui apporte le nouvel acide aminé) sur le ribosome.

Le code génétique du cytoplasme des eucaryotes ou celui que l'on trouve chez les bactéries semblent identiques. Toutefois, les bactéries semblent lire avec une certine ambiguïté le codon UGA : quelques pour cent des chaînes polypeptidiques dont le messager se termine par UGA ne sont pas terminés en ce point mais plus loin, là où se trouve un codon UAG ou un codon UAA. Dans le code cytoplasmique, la discrimination des codons semble beaucoup plus précise et il existe des familles impaires : UGG spécifie seul le tryptophane, AUG la méthionine et AUA, pourtant très voisin, l'isoleucine. Dans ce cas, d'ailleurs, le nombre des espèces différentes d'ARN de transfert est beaucoup plus important que dans le cas des mitochondries, et beaucoup d'espèces d'ARNt semblent spécifiques *d'un seul codon*. Leur structure comporte de très nombreuses bases modifiées chimiquement et, en particulier, celle qui correspond à la troisième base du codon est souvent très modifiée. Il paraît très probable que ces modifications tendent à introduire un facteur de discrimination dynamique très important en ne permettant au complexe codon/anticodon une durée de vie assez longue que dans le cas d'un appariement correct.

Il semble donc que l'évolution tende, au contraire de ce qu'avançait l'hypothèse du « jeu » faite par Crick, à réduire au maximum ce jeu. Mais cette évolution n'est sans doute pas du type « clef/serrure » — encore que notre absence de connaissance de la structure du complexe codon/anticodon sur le ribosome ne nous permette pas de l'écarter formellement —, mais plutôt *dynamique*. Il semble en effet, au vu des données les plus récentes, que l'évolution ait favorisé au maximum la recherche de la plus grande *vitesse* pour la traduction. Cela ne peut se faire qu'aux dépens d'une certaine perte de précision — ce qui va de pair avec l'augmentation du taux d'erreur — compensée par la multiplication des étapes de relecture. Ce n'est pas l'acide aminé qui est directement chargé sur l'ARN de transfert qui lui correspond, mais un complexe énergétiquement instable, ce qui permet une correction efficace des erreurs à ce niveau. De même, au cours de l'étape qui sélectionne l'interaction codon/anticodon sur le ribosome, ce n'est pas l'ARN de transfert chargé qui interagit directement avec l'ARN messager, mais un complexe formé d'une protéine, le facteur d'allongement EFTu, d'une molécule donneuse d'énergie, le GTP, et de l'ARNt chargé par l'acide aminé correspondant. C'est la sélection de ce complexe activé qui a pour rôle de permettre la correction efficace des erreurs d'appariemment codon/anticodon. Ainsi, chez les procaryotes, la traduction parvient-elle à se dérouler à la même vitesse que la transcription (15 acides aminés par seconde, ou 45 nucléotides par seconde[21]). Cela a permis la mise en place de dispositifs appropriés, couplant la transcription à la traduction et sensibles à divers paramètres de l'environnement.

21. A titre d'illustration, cette vitesse correspond, pour les protéines qui se replient sous forme d'hélices — comme les cheveux, par exemple — à 2 à 3 tours d'hélice par seconde. On imagine mal habituellement que nos cheveux sortent de la tête à cette vitesse !

III

QUESTIONS D'ORIGINE

Dès qu'on a pu concevoir que l'expression du patrimoine héréditaire se faisait par une succession de réécritures, on s'est demandé comment l'évolution d'un système aussi perfectionné avait pu se produire à partir de l'état primitif de la Terre. Ainsi, le problème de l'évolution du code génétique s'est-il trouvé confondu avec le problème de l'origine de la vie. Dans ce domaine, un peu comme en cosmologie, on en est réduit aux conjectures et, en un sens, les recherches sur l'origine de la vie, comme celles qui concernent les parties lointaines de l'univers, sont exemplaires dans le rôle qu'elles donnent à la modélisation dans la production du savoir. Peu d'expériences sont possibles, au moins au sens habituel, car on ne peut pas chercher à faire réapparaître la vie à partir d'un état de la Terre dont on ignore nécessairement le détail. On ne peut que partir de l'état actuel, proposer des hypothèses et les comparer aux résultats d'expériences-modèles, ou au résultat de l'analyse d'êtres vivants d'aujourd'hui. En effet, il ne peut exister de fossiles, au sens classique, de l'expression génétique. Tout au plus peut-on espérer trouver parmi les espèces qui vivent aujourd'hui certaines d'entre elles qui possèdent quelque reste d'un état plus primitif de l'expression génétique. Encore faut-il pouvoir organiser chronologiquement les êtres vivants en fonction de leur phylogenèse, ce qui est loin d'être facile et presque jamais exempt d'ambiguïtés.

1. L'évolution des espèces d'après l'état actuel de l'expression génétique

C'est l'analyse des morphologies comparées qui a permis d'affirmer que les différentes espèces vivantes dérivent par un enchaînement continu plus ou moins saccadé d'espèces voisines les unes des autres. La classification des fragments fossiles permet ainsi de constituer un arbre phylogénétique général corrélé à la datation, assez précise aujourd'hui, des couches géologiques qui les ont renfermés. L'application du principe de dichotomie — à un instant donné, un seul rameau peut être issu d'une espèce donnée — et de la loi de corrélation des formes, due à Cuvier, laisse de moins en moins de place aux alternatives, malgré les très nombreux « chaînons manquants ». La découverte de l'apparente universalité du code génétique, et d'abord de l'uniformité de la composition des protéines (vingt types d'acides aminés, quelle que soit l'espèce), a donné l'idée de tenter de reconstituer la phylogenèse à partir des séquences *actuellement* présentes chez diverses espèces. On a pu ainsi isoler des protéines de fossiles même très anciens et en étudier la composition. Il a été possible de comparer plus de cent cytochromes *c* issus d'espèces très diverses, mais aussi de très nombreuses globines (myoglobines, hémoglobines, hémocyanines...), des déshydrogénases, des protéases, etc. [1].

Cette comparaison permet de mesurer l'évolution des séquences d'acides aminés d'une même protéine chez plusieurs espèces et, sous réserve d'hypothèses appro-

1. Les cytochromes servent au transfert des électrons au cours de la respiration des cellules ; les hémoglobines transportent l'oxygène ; les déshydrogénases transfèrent des protons, les protéases fragmentent les protéines.

priées (essentiellement, taux de mutation *constant* chez toutes les espèces considérées et principe de dichotomie), de reconstituer un arbre phylogénétique. Ce qui est d'ores et déjà très remarquable et, malgré ces hypothèses très restrictives [2], on obtient un arbre très voisin de celui que l'on avait imaginé à partir de l'analyse morphologique d'espèces fossiles.

Plusieurs méthodes statistiques bien distinctes ont permis de produire de tels arbres, avec presque toujours une excellente corroboration des résultats obtenus avec les fossiles. A ce stade déjà, la contribution de la biologie moléculaire à la reconstitution de la phylogenèse est très importante, car elle donne un poids très fort aux arguments des morphologistes qui, jusqu'à présent, ne pouvaient s'appuyer que sur eux-mêmes. Ni la méthodologie ni même les objets d'études ne sont communs entre paléontologistes et biologistes moléculaires ; néanmoins, dans leurs grandes lignes, les deux types d'approche aboutissent aux mêmes conclusions [3]. On ne peut donc que s'étonner — au moins au niveau intellectuel — de la curieuse renaissance du créationnisme (doctrine souvent inspirée de la lettre de la Bible) qui prétend à la création séparée et arbitrairement dérivée de chacune des espèces vivantes. On retrouve ici à nouveau le refus des théories sélectives au profit des théories instructives, avec l'idée sous-jacente que les corrélations entre formes ou même entre séquences de molécules ne sont que le résultat d'*instructions communes :* le même usage entraîne la même structure, même au niveau moléculaire. En dehors de

2. Surtout la première : on a démontré par exemple en comparant deux protéines chez deux espèces que le taux de mutation n'est certainement pas constant d'une protéine à l'autre, et même pas constant d'une protéine à l'autre au sein d'une même espèce, cf. [50].

3. Il existe, en réalité, des écoles de pensée bien distinctes qui expliquent les parentés par des modèles différents les uns des autres, mais ces différences ne sont pas pertinentes pour notre propos [voir par exemple 51].

l'aspect divin, beaucoup de créationnistes perçoivent les universaux (formes, séquences ou même le code génétique lui-même) comme des *conséquences* de contraintes fréquentes dans l'environnement, et non comme des *causes* des apparentements[4]. En un sens d'ailleurs, le créationnisme est irréfutable, car il demande non seulement la fabrication en laboratoire de nouvelles espèces (ce qui, au moins à l'échelle des métazoaires, est difficilement réalisable à grande échelle[5], encore que la comparaison entre un dogue allemand et un chihuahua soit certainement une bonne illustration d'une telle création, même si ces deux animaux sont encore rangés dans la même espèce), mais il interpréterait une telle fabrication comme le fruit de contraintes extérieures, et donc comme une nouvelle création ! L'éternelle confusion entre l'irréfutable et le vrai tend malheureusement à perpétuer de telles

4. Les systèmes matériels qui peuvent être utilisés pour le fonctionnement d'organes sensoriels sont très limités en raison de la nature des constituants des édifices biologiques. Les photons, par exemple, ne peuvent pratiquement être perçus que dans un étroit domaine, correspondant au domaine visible. Trop énergétiques, ils détruisent la matière vivante ; trop mous, ils sont absorbés par les vibrations thermiques et deviennent inséparables du bruit de fond individuel. De même, l'apparition d'un code efficace, apparition qui peut être tout à fait contingente, entraîne une série d'apparentements dont seule une très longue évolution pourra s'affranchir.

5. Ce n'est pas tout à fait exact dans deux domaines au moins. De très nombreuses espèces végétales, caractérisées par un génotype bien distinct des génotypes naturellement présents, ont été créées en laboratoire par les agriculteurs et les horticulteurs. Ce sont souvent des espèces fragiles et commensales de l'homme, mais elles peuvent être décrites à l'instar d'autres espèces. Dans un cas au moins, il a été possible, en laboratoire, de créer une nouvelle espèce de mouche drosophile : cette espèce peut vivre en même temps que l'espèce dont elle est originaire sans jamais se croiser avec elle [52], et elle se reproduit de façon parfaitement autonome et stable. Elle possède donc l'un des critères les plus stricts de séparation en espèces, à savoir l'absence d'interfécondité dans des conditions naturelles. A cet égard, il faut remarquer que l'isolement comportemental peut être un facteur décisif de spéciation.

théories qui ont un pouvoir stérilisant considérable sur la production du savoir dès qu'elles sont au pouvoir.

Comme on l'a vu plus haut, ce sont les écarts à l'universalité, tout comme les déviations par rapport aux modèles, qui permettent de produire des descriptions explicatives du réel de mieux en mieux adéquates. Et, précisément, la comparaison entre les séquences d'acides aminés des protéines et, maintenant, celle des gènes correspondants — des techniques toutes récentes permettent de connaître la séquence des gènes bien plus facilement que celle des protéines — va permettre d'affiner la production des arbres phylogénétiques et, surtout, de mesurer l'adéquation des postulats statistiques qui les fondent. On a déjà vu que le principe d'évolution à vitesse constante n'était certainement qu'une assez grossière approximation. On ne sait rien encore de la dichotomie, mais il n'est pas impossible que, dans certaines conditions, une espèce ait tendance à évoluer très vite pendant un très court laps de temps, ce qui reviendrait à faire naître plusieurs espèces à un moment donné de l'Histoire.

Enfin, il existe deux pôles où, pour l'instant, l'apport de la biologie moléculaire n'en est qu'au stade du défrichage : d'une part, le cas des espèces très éloignées ou des temps très reculés — sur lequel on reviendra — ; d'autre part, le cas des espèces très voisines. En effet, dans le premier cas, la divergence est si importante que la moindre altération des vitesses d'évolution, par exemple, se traduira par l'obtention d'arbres phylogénétiques totalement incompatibles entre eux. Dans le deuxième cas, au contraire, l'évolution a été trop faible et les séquences de protéine sont extrêmement voisines, voire identiques, ce qui ne permet pas d'obtenir un échantillonnage statistiquement significatif. On sait, par exemple, que les gènes du chimpanzé sont identiques pour 95 % de leur séquence et de leur organisation à ceux de l'homme. Cela se traduit au niveau des protéines par une similitude trop grande pour être, en l'état actuel de nos connaissances, utilisée de façon fiable. On peut espérer cependant que dans les années qui viennent, la détermination de séquences de gènes[26] de plus en plus nombreuses, permettra de préciser les relations phylogénétiques entre espèces voisines. La divergence étant, dans ce cas, relativement récente, le postulat de constance de la vitesse d'évolution pourra ainsi être mieux mis à l'épreuve.

C'est pourtant la question des relations entre espèces très éloignées qui est la plus intéressante pour notre propos, puisqu'elle permettrait d'obtenir des données concrètes sur l'évolution du code génétique. Deux approches complémentaires ont aujourd'hui jeté les bases d'une analyse intéressante de ce problème des origines. Tout d'abord, on a découvert quelques exceptions à l'universalité du code, ce qui fige aujourd'hui une certaine étape de son évolution ; ensuite, on a obtenu des résultats assez surprenants en comparant des séquences des ARN ribosomiques issus de nombreuses espèces, bactériennes en particulier.

Deux codes génétiques au moins ont été découverts : le code mitochondrial, plus ambigu au niveau de la troisième base (soit non discriminative, soit reconnue seulement comme purine ou pyrimidine), et un code général qui semble commun aux procaryotes et au cytoplasme des eucaryotes. Tout se passe comme si le code mitochondrial était *antérieur* au code le plus général. Une autre interprétation souvent invoquée par le passé pour évoquer l'évolution d'autres phénomènes serait que le code mitochondrial est dégénéré. Cette interprétation est cependant peu plausible au vu du fait que — du moins dans le cas de la mitochondrie de levure — les gènes mitochondriaux possèdent, contrairement aux gènes procaryotes, des

6. En particulier des séquences d'insertion, déjà mentionnées et dont nous reparlerons, qui ont une structure souvent moins stable dans le temps.

séquences d'insertion (introns). On est donc amené à faire une hypothèse très différente de l'hypothèse classique de symbiose — la mitochondrie serait issue de bactéries vivant en symbiose avec des cellules nucléées anaérobies — et à imaginer qu'au contraire, la mitochondrie serait issue d'une cellule primitive, et que les bactéries seraient des êtres beaucoup plus évolués.

Proto cellule : code à trois lettres, les deux premières seules signifiantes, traduction fortement ambiguë (pas de relecture), existence d'introns.

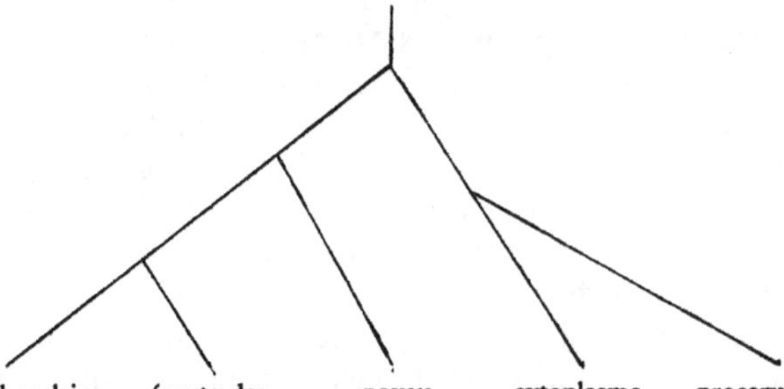

Sur ce schéma, les points de branchement sont purement conjecturaux, de même que l'existence d'une hypothétique traduction nucléaire (sur laquelle je reviendrai). L'idée est qu'une cellule eucaryote est le produit de l'agrégation de deux types de proto-cellules (le noyau et la mitochondrie) associées en une cellule plus grosse au sein de laquelle est apparu un code génétique très évolué, marqué surtout par la *fidélité* de la traduction (existence d'un mécanisme de relecture efficace). Les bactéries seraient alors issues de ce système cytoplasmique (sans introns et au code fidèle) en perdant ou en spécialisant les multiples systèmes membranaires qui font l'originalité du noyau et de la mitochondrie (enveloppes formées d'une double membrane). Dans cette hypothèse, les bactéries ne sont plus les ancêtres des cellules nucléées, mais, au contraire, en dérivent ; ce sont donc, comme d'ailleurs le suggère l'organisation même de leur expression génétique, des êtres très évolués, remarquablement adaptés à un environnement changeant. Les eucaryotes, quant à eux, conservent la marque de stades plus primitifs et évoluent en multipliant les frontières (apparition d'organes et de « peaux » variées) qui leur permettent de conserver un milieu intérieur aussi constant que possible en faisant barrage aux variations de l'environnement [7].

Dans cette perspective, on comprend bien la nature unicellulaire des bactéries, douées d'un cycle de reproduction extraordinairement rapide (parfois moins d'un quart d'heure comme temps de doublement) et d'une remarquable versatilité dans l'expression génétique, alors que les cellules à noyau vont produire des êtres pluricellulaires, lents à construire, extrêmement complexes dans l'organisation de leurs divers types cellulaires, en un sens très fragiles, mais capables de se soustraire aux environnements les plus délétères, ne serait-ce que par des mécanismes adaptatifs très raffinés (système nerveux et appareils sensori-moteurs).

Un autre moyen de comparer les espèces a été de comparer les séquences des bases de molécules d'ARN constituant les ribosomes. Ces ARN ribosomiques, essentiels à la traduction, sont certainement des structures où les contraintes de l'évolution sont très fortes. Ce sont donc de bons marqueurs de parenté.

Comment les données récentes sur la structure des

7. Beaucoup de travaux vont plus ou moins dans ce sens. Quelques-uns sont mentionnés ici sous la référence [53].

ARN ribosomiques s'articulent-elles sur le schéma hypothétique décrit plus haut ? Les travaux de Carl Woese, fort intéressants mais malheureusement diffusés avec un sens publicitaire d'assez mauvais aloi, ont montré que le groupement général des bactéries est très certainement aussi hétérogène que le passage procaryotes/eucaryotes. Ces travaux ont en effet montré que, si la plupart des ARN ribosomiques bactériens sont assez voisins les uns des autres, ceux des bactéries anaérobies productrices de méthane (que l'on trouve dans les fermentations marécageuses ou la panse des ruminants) en étaient très éloignés, au moins autant que les ARN ribosomiques eucaryotes.

L'intérêt de ces travaux réside dans le fait qu'ils jettent un doute sur la phylogenèse généralement acceptée : des algues bleues photo-synthétiques (et productrices d'oxygène) auraient précédé les bactéries, puis les eucaryotes. On ne peut malheureusement pousser plus avant leurs conclusions et les classifications obtenues par Woese sont particulièrement hasardeuses[8]. Notons cependant que ces résultats sont en bon accord avec le schéma évolutif exposé plus haut.

Plus récemment, divers laboratoires ont déterminé la séquence des ARN ribosomiques de mitochondries et de noyaux de cellules eucaryotes. Dans presque tous les cas, les gènes correspondants possèdent un long intron qui nécessite donc, après la transcription sous la forme d'un ARN ribosomique immature, l'excision du fragment codé par l'intron et l'« épissage » des fragments restants pour constituer un ARN fonctionnel. Une caractéristique de l'intron est qu'il possède une très large « phase ouverte », c'est-à-dire une longue suite de nucléotides qui, groupés

8. D'autres données, concernant la structure des membranes des cellules méthanogènes, sont venues confirmer les hypothèses de Woese [43, voir 53, en particulier les travaux de G. Ourisson et collègues]. Le nouveau groupe de microorganismes ainsi identifié a été classé sous le nom d'Archaebacteriales.

trois par trois, ne possèdent *aucun* codon de terminaison (UAA ou UAG). Il paraît donc plausible d'en imaginer la traduction. Or, on a longtemps pensé que les ARN ribosomiques pourraient avoir tenu lieu de messagers primitifs dans un système où s'ébauchait la machinerie responsable de la synthèse des protéines. Et de fait, il existe une certaine similitude entre la séquence de certaines protéines ribosomiques et de protéines hypothétiques qui auraient été codées par l'ARN ribosomique jouant le rôle de messager [54]. L'existence d'une traduction d'un ARN précurseur de l'ARN ribosomique dans le noyau des eucaryotes ou des mitochondries pourrait ainsi être vue comme un reste de la très ancienne fonction de messager de ces ARN. Ce serait à nouveau un argument pour considérer le noyau ou la mitochondrie comme issus d'un ancêtre commun d'où seraient issues les bactéries, et non l'inverse, comme on l'admettait encore très récemment.

Une particularité extraordinaire de l'intron des ARN ribosomiques a récemment été mise en évidence par Thomas Cech et ses collègues à Boulder (Colorado) : ces auteurs ont découvert que l'intron de l'ARN ribosomique d'un protozoaire, *Tetrahymena pyriformis*, avait la particularité de s'exciser tout seul, *sans le secours d'aucune enzyme* [55] ! Ce résultat est remarquable à de nombreux titres, et d'abord en ce qu'il montre qu'un acide nucléique peut à lui seul posséder une certaine activité (auto) catalytique. On savait déjà que certaines enzymes possédaient des fragments d'acides nucléiques comme cofacteurs nécessaires à la catalyse, mais il était implicitement admis que seules les protéines pouvaient assurer la spécificité d'une catalyse. Dans la mesure où la catalyse requiert un abaissement significatif de l'énergie d'activation d'une réaction chimique, cela suppose que l'acide nucléique soit replié en une forme spatiale très précise, de telle façon que le lieu où se produit l'excision de l'intron soit établi dans une configuration permettant la réaction.

D'ailleurs, Cech et ses collègues ont montré que l'intron était refermé sur lui-même en un ARN circulaire au cours de la réaction, alors que les exons étaient liés l'un à l'autre de façon covalente. En dehors de conditions très précises de solvant, un cofacteur, le nucléotide GMP, est nécessaire à la réaction, mais celle-ci se déroule parfaitement en l'absence de protéines.

A côté de son aspect inattendu, le résultat de Cech ouvre des perspectives nouvelles sur l'évolution prébiotique, car il montre que les acides nucléiques peuvent, au moins dans certains cas, être doués d'une activité chimique autonome. Par ailleurs, toute réaction chimique est, en principe, réversible. Cela signifie que l'intron circularisé possède en principe la capacité de s'insérer en un point précis d'autres acides nucléiques. Bien que cette réaction n'ait pas encore été observée — elle peut être très rare —, elle existe certainement et elle indique que certains acides nucléiques ont la propriété de « sauter » d'un point à un autre, emmenant avec eux des fragments prisonniers. On se trouve par conséquent en présence d'un système exploratoire qui permet par essais et erreurs une combinaison très riche de séquences d'acides nucléiques, et cela, en l'absence de protéines. Il est très probable que la contribution de cette possibilité d'évolution intrinsèque des acides nucléiques a eu un rôle important au cours de l'évolution prébiotique. Cela ajoute du poids à l'hypothèse selon laquelle les introns sont la trace actuelle de séquences très anciennes d'acides nucléiques.

Ce qui vient d'être présenté n'est, bien entendu, qu'un échafaudage de conjectures. Cela montre pourtant qu'il existe une alternative plausible au modèle de l'absorption par symbiose de bactéries qui seraient devenues des mitochondries, et que l'état actuel de la traduction et du code génétique représente un système dont l'évolution n'est peut-être pas encore totalement figée. L'existence de mécanismes d'échanges génétiques efficaces entre organismes parfois très éloignés, tend cependant à conserver une certaine universalité au code génétique, même s'il a propension à se modifier. On ne peut donc attendre une vraie divergence qu'au sein d'espèces géographiquement ou écologiquement parfaitement séparées.

Les années qui viennent permettront sans aucun doute de préciser les modèles de l'évolution et de mieux comprendre où en est le code. Mais comment imaginer son apparition ?

2. La genèse du code génétique

Dans le schéma qui précède, j'ai montré comment les données actuelles tendent à infirmer une idée reçue. Je vais à nouveau montrer que le problème des origines tend à renverser un paradigme classique. D'une façon générale, on sait que l'expression génétique se fait dans le sens ADN → ARN → protéine. Pour cette raison, de très nombreux auteurs, et non parmi les moins bien considérés, ont pensé que comprendre l'origine de la vie passait d'abord par la recherche d'une origine pour l'ADN ainsi que pour les mécanismes correspondants de transcription, de traduction et de réplication.

Pourtant, si les bases des acides nucléiques, certains sucres et beaucoup de dérivés phosphorylés peuvent aisément être imaginés dans l'atmosphère primitive et les eaux qui recouvraient la terre des origines, ce sont certainement des acides aminés qui formaient la majeure partie des molécules organiques des mélanges primitifs. De plus, si la polymérisation des acides aminés sous forme de polypeptides variés est aisée à obtenir et se trouve donc très probable, il en va beaucoup plus difficilement de la polymérisation un peu ordonnée des nucléotides. Il est donc légitime de penser que ce sont des proto-*protéines* qui sont à l'origine des êtres vivants.

Doit-on imaginer alors que des principes originaux ont

permis la formation des premières structures menant à la vie ?

On sait qu'une certaine mode a mis en avant aujourd'hui le rôle d'hypothétiques « structures dissipatives » qui, loin de l'équilibre thermodynamique, auraient été à la base de la genèse des êtres vivants [56]. On a pu dire par exemple :

> « Il semble que la plupart des mécanismes biologiques montrent que la vie met en jeu des conditions, éloignées de l'équilibre, au-delà du seuil de stabilité de la zone thermodynamique. Pour cette raison, il est très tentant de suggérer que l'origine de la vie pourrait être associée à une succession d'instabilités analogues aux bifurcations successives qui ont conduit à un état de la matière dont la cohérence va croissant. »

Or, rien ne montre que les réactions chimiques qui se déroulent au sein des systèmes vivants soient souvent *loin* de l'équilibre, et les systèmes bouclés avec rétroaction, fréquents chez les êtres vivants [9], ne peuvent être invoqués à l'appui d'une hypothèse qui, par ailleurs, n'explique rien, parce qu'elle ne prédit rien. De plus, ce recours

9. Comme celui des oscillations de la glycolyse (c'est-à-dire les variations périodiques de concentration de la molécule universelle donneuse d'énergie, l'ATP, en présence de glucose) dont on sait pourtant qu'elles sont *amorties* par des mécanismes appropriés *in vivo*.

Il existe, bien sûr, de nombreux cas d'oscillateurs biologiques à période longue (cycle diurne, lunaire, annuel) ou courte (pulsations de synthèse de l'insuline ou d'autres hormones). Mais il s'agit là d'oscillateurs classiques, régis comme les circuits électroniques par une alimentation en énergie de type stationnaire (et qui n'a pas besoin d'être loin de l'équilibre) et des circuits de rétroaction et de proaction appropriés. C'est un abus conceptuel de plaquer d'hypothétiques structures dissipatives sur de tels systèmes, sans en avoir au préalable démonté la mécanique. D'ailleurs, la découverte du principe des oscillateurs, en électricité par exemple — sans parler de la mathématique sous-jacente —, est bien antérieure au vocabulaire de la thermodynamique des états irréversibles, et l'on ne peut que s'interroger sur les raisons d'un impérialisme qui tend à s'attribuer — en feignant de les ignorer — des observations anciennes.

aux conditions de la thermodynamique des systèmes irréversibles fait appel à un principe bien discutable, celui de l'identification du désordre et de l'entropie :

> « Si nous considérons en premier lieu un système isolé, le second principe de la thermodynamique nous dit que la production d'entropie au sein du système, due à des phénomènes irréversibles, est positive » (Clausius, 1857) : et si l'on identifie alors l'entropie avec le désordre (Boltzmann, 1872), on voit qu'un système isolé ne peut évoluer que vers un plus grand désordre [57].

Or, les principes à l'œuvre lors de la genèse des systèmes vivants ne doivent leur aptitude à organiser la matière qu'à l'*augmentation* d'entropie, et il n'est pas utile de faire appel à une quelconque situation loin de l'équilibre thermodynamique. En effet, c'est grâce au fait que les premières molécules organiques se sont trouvées au contact de l'eau que, grâce aux interactions hydrophobes — tributaires principalement de variations positives d'entropie —, elles se sont trouvées concentrées à la surface et au bord des océans primitifs, et compartimentées au sein de vésicules délimitant un volume intérieur et un volume extérieur [32]. On peut trouver un écho très clair de cette façon de voir dans un article de E. Tanford publié en 1978 et intitulé *L'effet hydrophobe et l'organisation de la matière vivante* [58] :

> « Il y a presque exactement 100 ans depuis la publication de l'article de Gibb's *Sur l'équilibre de substances hétérogènes*. Il est temps aujourd'hui d'utiliser sa méthode d'analyse thermodynamique comme base de nos réflexions sur l'organisation de la cellule vivante et, au-delà, sur l'assemblage des cellules en un organisme multicellulaire. Il ne faut pas avoir l'illusion que cette analyse va permettre une percée importante comme celle que produirait une substance chimique jusque-là inconnue ou la détermination de la structure tridimensionnelle d'une molécule importante. Mais la science ne progresse pas seulement au moyen de grandes découvertes, et

l'analyse thermodynamique joue son rôle en assimilant le nouveau à l'ancien et la partie au tout. Elle peut créer un cadre conceptuel simple et unifié pour la biologie, comme elle l'a fait pour la chimie, et elle a le pouvoir de clarifier des problèmes de recherche et d'indiquer des chemins productifs pour les résoudre.

Il pourrait paraître stérile à première vue de vouloir appliquer la thermodynamique de l'équilibre à la biologie, car la vie paraît être exactement l'antithèse d'un état d'équilibre. En fait, cependant, les processus dynamiques de la vie se déroulent au sein d'un cadre structural organisé qui change lentement, voire même pas du tout. Et il est réaliste de considérer ce cadre (en attendant mieux, aussi longtemps qu'une preuve flagrante du contraire ne se sera pas manifestée) comme essentiellement à l'équilibre, sujet aux seules contraintes spatiales et temporelles qui sont habituellement l'évidence même. Ces contraintes, sous la forme de barrières physiques ou cinétiques, existent à chaque fois que l'on peut appliquer les lois de l'équilibre thermodynamique, et les contraintes particulières aux systèmes vivants ne sont pas de nature différente de celles que l'on rencontre dans de simples systèmes chimiques. »

Cette longue mise en garde est destinée à ceux qui seraient tentés par l'immodeste intention que se donne la thermodynamique des systèmes irréversibles d'expliquer par des principes *nouveaux* l'origine de la vie [10].

Tout autre est l'importance de la contribution entropique de l'eau. Celle-ci tend à associer en elles les molécules qui ne peuvent interagir que grâce aux interactions de Van der Waals, et ainsi se regrouper à la surface des eaux par interaction hydrophobe. Cette contribution produit ainsi un phénomène de concentration absolument gigantesque qui va permettre des réactions chimiques tout à

10. Rappelons encore que le principe d'économie des hypothèses (le « rasoir d'Occam ») produit les plus fécondes heuristiques... (voir aussi l'article virulent de H. C. Longuet-Higgins [59]).

fait irréalisables autrement. Mais l'effet hydrophobe va aussi, *non loin de l'équilibre et grâce à l'augmentation d'entropie*, produire les premières formes indispensables à la vie en créant les premières *frontières*, bicouches lipidiques — ancêtres des membranes —, micelles ou coacervats, selon les termes d'Oparine, dans lesquels des protéines primitives associent leurs propriétés catalytiques en un tout cohérent.

En effet, les contraintes organisatrices que l'on regroupe aujourd'hui sous le terme général de « forces hydrophobes » agissent dans l'eau dès que la solution contient des molécules dissymétriques, polaires (c'est-à-dire dont les couches électroniques externes sont aisément déformées par les champs électromagnétiques locaux) à une extrémité et apolaires (ou hydrophobes) à l'autre. La dissymétrie intrinsèque de ces molécules tend à les faire s'associer en micelles (les « têtes » hydrophobes tournées vers l'eau et les « queues » hydrophobes regroupées entre elles) ou en structures plus complexes constituées de lamelles formées d'une double couche de ces molécules (têtes vers le solvant et queues associées entre elles) et refermées sur elles-mêmes.

Ainsi, semble-t-il, peut-on imaginer à l'origine chimique de la vie un système constitué d'eau — principalement à l'interface eau/air ou eau/roche —, de petites molécules nombreuses — acides aminés, sucres élémentaires, bases analogues des bases nucléiques, complexes métalliques de molécules aromatiques, molécules phosphorylées (on y reviendra) et molécules à squelette carboné très hydrophobe (lipides) —, d'enchaînements polymériques d'acides aminés, probablement en proportion égale d'isomères optiques D et L [11], et enfin de

11. Cela en raison d'un principe de symétrie dont il n'y a pas lieu — du moins dans le contexte du savoir actuel — de douter. Les deux

vésicules constituées d'une bicouche lipidique définissant un milieu intérieur et un milieu extérieur. On distingue dans ce système deux éléments majeurs qui le déterminent fortement dans une situation extrêmement instable : d'une part, les vésicules peuvent aisément se scinder ou fusionner au gré des perturbations de l'interface entre l'air ou le sol et l'eau ; d'autre part, les protoprotéines que sont les enchaînements d'acides aminés possèdent des activités de catalyse en milieu homogène qui perturbent considérablement les vitesses relatives d'évolution chimique du mélange. Une conséquence particulière en sera que le milieu intérieur aux vésicules va rapidement être très différent du milieu extérieur, dès qu'il contiendra une concentration suffisante de protoprotéines. Il s'ensuivra l'existence d'un gradient électrochimique entre l'intérieur et l'extérieur et, en fonction des caractéristiques chimiques de la membrane du vésicule, il pourra s'établir un phénomène de perméabilité sélective qui accentuera les différences existantes entre le milieu intérieur et le milieu extérieur.

Un tel système est loin encore de la cellule, mais il est à la fois instable et exploratoire : les fusions et les scissions des vésicules permettent de varier à l'infini les combinaisons. Par ailleurs, les phénomènes issus de la catalyse venant des protoprotéines (hydrolyses et synthèse de

isomères des acides aminés dus à la structure tétraédrique du groupe carboné qui le caractérise :

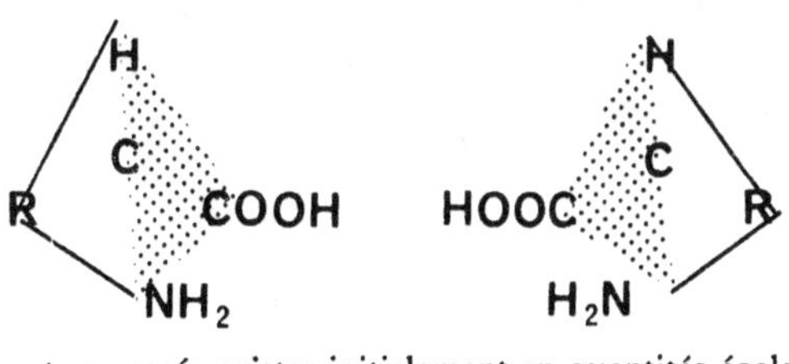

(D et L) sont supposés exister initialement en quantités égales, ce qui implique que les acides aminés D et L sont des images en miroir l'une de l'autre.

liaisons amides, isomérisation de petites molécules, par exemple) [cf. 60], possèdent rapidement une propriété fondamentale, à savoir l'*autocatalyse* dont nous avons vu plus haut que Jacques Monod, en 1949, lui accordait un rôle de premier plan ; en particulier, les protoprotéines possèdent — au moins pour certaines d'entre elles — l'aptitude à favoriser la synthèse de protoprotéines. C'est à ce stade, sans doute, qu'intervient une famille de réactions chimiques, souvent négligées malgré leur importance dans les phénomènes biologiques contemporains, à savoir la mise en jeu de *molécules phosphorylées.*

Dans la formation d'un lien peptidique il y a élimination d'eau :

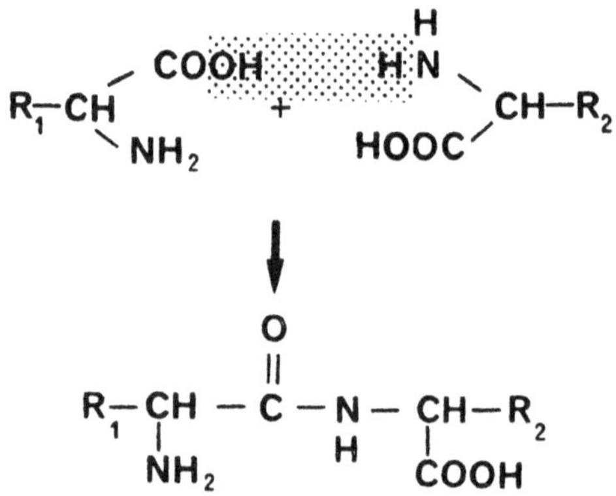

L'élimination d'une molécule d'eau entre deux molécules d'acide aminé, avec formation concomitante d'une liaison covalente, suppose un mécanisme de déshydratation (séchage au soleil, sur le bord d'une lagune par exemple). Et, en ce qui concerne l'accélération des processus, il est infiniment probable que des métaux (fer, cobalt, zinc, manganèse...) ont joué dans la catalyse biologique un rôle au moins aussi important que celui qu'ils jouent aujourd'hui. Mais une autre possibilité existe pour la polymérisation : à savoir, la réactivité des groupes *phosphate.* Ce cas mérite d'être un peu plus développé que le précédent (élimination d'eau), car il est rarement mentionné, malgré l'observation courante du fait que les acides nucléiques sont des polyphosphates et que les phosphates sont universellement présents à la surface du globe. L'idée est que les réactions de transfert de phosphate (qui sont des réactions courantes du métabolisme actuel) ont pu exister à partir de polyphosphates naturels (dont le type est le pyrophosphate). La première réaction serait par exemple l'activation d'un acide aminé à partir du pyrophosphate :

AA : acide aminé PP : pyrophosphate

$$AA + PP \rightarrow AA\text{-}P + P$$

P : phosphate

Deux acides aminés ainsi activés deviendraient alors capables d'amorcer une chaîne de polymérisation avec élimination de phosphate :

$$AA_1 - P + AA_2 - P \rightarrow AA_1 - AA_2 - P + P$$

$$AA_1 \ldots AA_n - P + AA - P \rightarrow AA_1 \ldots AA_n - AA - P + P$$

etc.

Cette réaction peut ensuite se poursuivre de la même manière et conduire à des polymères de poids moléculaire élevé. D'autres réactions du même genre pourraient avoir conduit à la synthèse de molécules aussi complexes que les nucléotides, en permettant l'association des bases aux sucres et la polymérisation des sucres.

On peut, si l'on retient cette hypothèse, interpréter certaines étapes du métabolisme actuel des êtres vivants, dans lesquelles il existe des réactions de condensation ou de polymérisation avec élimination de phosphate (un ou plusieurs résidus phosphate), comme des témoins « fossiles » de ces réactions chimiques primitives. La critique principale que l'on peut faire à cette séduisante façon d'imaginer les réactions primitives de condensations de diverses molécules entre elles, vient de ce qu'elles requièrent l'existence de *polyphosphates* (pyrophosphate ou polymères comportant un nombre plus grand de résidus phosphate). Or ces molécules sont assez instables en milieu aqueux. On sait cependant qu'elles peuvent se constituer spontanément dans certaines conditions physiques, en présence de catalyseurs métalliques appropriés. On peut aussi imaginer que la synthèse des polyphosphates représente l'une des premières étapes de l'utilisation d'énergie solaire : les vésicules primitifs, définissant un milieu intérieur et un milieu extérieur, peuvent, par simple absorption différentielle de photons lumineux, avoir constitué un mécanisme de phosphorylation, couplé à l' « activation » de leur membrane par un gradient de protons, comme on l'imagine aujourd'hui [12].

Quelle que soit l'hypothèse retenue (toutes sont valables, sinon équivalentes, et on en trouvera encore d'autres...), il est clair que la formation de macromolécules était un phénomène assez fréquent et qu'il s'est constitué en quelques centaines de millions d'années (ce qui est un temps appréciable !) un grand nombre de zones marécageuses où des milliards et des milliards de vésicules, contenant des mélanges moléculaires variés, fusionnaient et se scindaient tour à tour.

A l'autocatalyse favorisée par certaines protoprotéines devait correspondre un premier mécanisme de codage. En effet, les acides aminés, qu'ils soient activés ou non par un groupement phosphate, sont des molécules essentiellement dissymétriques, et si une protoprotéine favorisait une première synthèse, elle ne pouvait le faire qu'en respectant les contraintes de la forme géométrique dans

12. Les conditions trouvées près des « dorsales » océaniques : température et pression élevées, pourraient aussi favoriser des créations de ce type. Le fond des océans aurait alors pu être un lieu privilégié de naissance de la vie.

l'espace des acides aminés concernés. Plus précisément, l'activité catalytique de telles protoprotéines devait nécessairement distinguer de façon cruciale la stéréochimie de l'atome de carbone central qui porte le groupe carboxylate et le groupe aminé. Ou encore, les acides aminés D et L ne pouvaient être des substrats *équivalents* pour cette première catalyse.

On est alors conduit à imaginer que ces activités de polymérisation, qui tendent à augmenter le nombre des éléments de certaines classes de protéines, vont avoir pour conséquence d'*organiser le milieu extérieur*. En effet, la proportion d'acides aminés L et D impliqués dans ces réactions ne sera pas identique. Et c'est là sans doute la cause de la présence universelle, aujourd'hui, d'acides aminés L sur la planète. Il suffit pour cela d'imaginer que les premiers édifices autocatalytiques ont été localement très légèrement plus riches (cela est purement contingent, mais aura des conséquences irréversibles) en acides aminés L, ce qui conduisit à un lent appauvrissement en acides aminés L libres, tout en laissant un excès de quantités de plus en plus importantes d'acides aminés D. Il est clair que l'évolution du système se serait arrêtée là, après épuisement de tous les acides aminés L, s'il n'était apparu, parmi les différentes activités catalytiques de ces protéines ancêtres, certaines molécules capables de convertir les acides aminés D en L : mais une telle activité — la racémisation — fait justement partie de celles qui sont tout à fait plausibles [13] si l'on considère des protéines aléatoires. Ainsi, une première phase de l'évolution conduit à transformer irréversiblement l'environnement en en faisant disparaître une classe entière d'acides aminés, les acides aminés D. Cela a des conséquences immenses : la symétrie initiale est brisée, et les protéines qui sont faites désormais sont constituées uniquement

13. On les obtient spontanément en laboratoire.

(gaz carbonique) CO_2, (azote) N_2
et peut-être (ammoniac) NH_3 et (méthane) CH_4

Eau
Atmosphère primitive nitrates (NO_3)
Sol

Soufre (S), phosphates (PO_4^{3-}), polyphosphates $(-PO_3^{2-})_n$

acide cyanhydrique (HCN), acides aminés $(R - CH\begin{matrix} \nearrow COOH \\ \searrow NH_2 \end{matrix}$

bases : purines et pyrimidines

molécules hydrophiles et hydrophobes

↓
compartimentation — symétrie brisée 1

membranes, micelles, vésicules, enrichissement en profondeur (sous pression) ou en surface, de molécules organiques

↓
macromolécules — symétrie brisée 2

polymérisation des acides aminés, catalyse et autocatalyse
↓
disparition progressive des acides aminés D

formation des classes macromoléculaires — symétrie brisée 3

couplage entre énergie et polymérisation, association des nucléotides à la catalyse, formation des acides nucléiques

↓
séparation des classes, et adaptation — symétrie brisée 4

protéines et acides nucléiques se séparent. Un codage primitif implique comme co-facteur obligé la présence d'un « adaptateur » nucléique pour la polymérisation des acides aminés

↓

Premières cellules (paléocytes)

Programme génétique formé d'une famille d'ARN non associés en une molécule unique. Multiplication par fusion/scission. Code génétique peu rigide (définissant des grandes classes d'acides aminés : hydrophiles/hydrophobes). Métabolisme hétérotrophe (utilisant les produits organiques variés présents dans le milieu). Symbiose systématique.

d'acides aminés L. Un phénomène contingent s'est donc trouvé amplifié jusqu'à avoir des conséquences à l'échelle de la Terre entière.

Dire que les protéines sont faites entièrement d'acides aminés L revient à affirmer la prééminence de certaines *formes*. En effet, dans l'eau, il existe un certain nombre d'édifices stables, constitués à partir d'enchaînements d'acides aminés L. En particulier, une certaine structure en hélice, *l'hélice* α, se trouve fréquemment dans de tels enchaînements.

Il n'est pas étonnant de remarquer aujourd'hui l'ubiquité de structures hélicoïdales. Elles proviennent des contraintes existant sur les systèmes où la symétrie-miroir est interdite (c'est le cas dès qu'un des isomères optiques de deux stéréoisomères a disparu). Dans ce cas, en effet, l'association entre éléments de même type, favorisée par l'eau (en raison des contraintes hydrophobes mentionnées plus haut) tend à les amener à constituer un cercle. Mais comme, le plus souvent, leurs dimensions n'ont aucune raison de leur permettre de se refermer exactement en un cercle, ils seront conduits à constituer une hélice, droite ou gauche suivant le cas, par empilement successif de cercles presque fermés.

En récapitulant : l'évolution prébiotique conduit d'abord à la formation de vésicules qui fusionnent et se scindent tour à tour. Ils se trouvent concentrer des familles de protéines, à la structure plus ou moins aléatoire, et tendent à faire disparaître de la Terre certaines classes de molécules (acides aminés D en particulier). Il s'ensuit une première morphogénèse avec un tri de macromolécules dans lequel des combinaisons de formes hélicoïdales commencent à prendre une importance significative. D'autre part, une dissymétrie fondamentale est apparue dans la géométrie du monde organique. Le premier code sera la règle de correspondance géométrique qui, à partir de protoprotéines formées d'acides aminés de type L, conduira à la synthèse spécifique de protoprotéines formées d'acides aminés du même type stéréochimique. Par ailleurs, au niveau d'un premier métabolisme, des réactions d'hydrolyse (destruction d'une liaison chimique par action de l'eau) et de déshydratation, ainsi que des réactions mettant en jeu l'énergie de liaison de groupes phosphate, se trouvent prépondérantes.

Il est impossible de dire combien de temps a duré ce cycle, mais, à partir de cette étape, les choses ont dû s'accélérer. Et d'abord, un certain nombre des propriétés des membranes biologiques ont dû commencer à se mettre en évidence, grâce en particulier à la mise en place d'un gradient de concentration de *protons* entre l'intérieur et l'extérieur des vésicules. En effet, outre l'absorption d'énergie lumineuse via des complexes métalliques de molécules aromatiques, les réactions chimiques elles-mêmes, catalysées par les macromolécules de l'intérieur des vésicules, devaient contribuer à la formation de ce gradient et à établir la perméabilité sélective de la membrane. Deux grandes classes d'acides aminés se sont alors distinguées : des acides aminés hydrophobes et des acides aminés polaires, en fonction de leurs propriétés d'interaction avec l'eau. Leur contribution à la morphologie des protéines est devenue fondamentale dès cette époque, et l'on comprend qu'ils aient pu se trouver préférentiellement associés à des petites molécules qui vont être les ancêtres des acides nucléiques. C'est cette association qui va se trouver, par la suite, raffinée au point de constituer la règle de correspondance entre des suites de nucléotides et des acides aminés qu'est le *code génétique*.

L'autocatalyse à elle seule ne pouvait donner naissance au vivant tel qu'on le connaît. Une étape particulière devait nécessairement conduire au va et vient fondamental qui constitue les *réécritures* du patrimoine héréditaire. Dans l'optique choisie ici, on n'a pas pris les acides nucléiques comme point de départ, même si, comme le disent Crick et coll. (1976) [61] :

> « ... une solution est que le mécanisme originel était composé principalement, sinon entièrement d'acides nucléiques, si bien que l'expression de la version la plus primitive du code génétique (qui était alors à la fois partiel et imprécis) ne demandait que peu ou pas de protéines. »

Au contraire, j'ai choisi ici d'imaginer que l'apparition hautement probable de polymères d'acides aminés avait pu être d'une importance décisive, conduisant à une première évolution du milieu prébiotique. Mais il faut qu'à un moment donné, des ancêtres ou des précurseurs des acides nucléiques aient pu prendre leur place dans cette évolution.

Plus précisément, si l'on conserve l'hypothèse d'une importance « primordiale » de molécules porteuses d'un phosphate organique dès les premiers temps de l'évolution prébiotique, on en vient à imaginer qu'une *coévolution* entre des petites molécules — qui deviendront les *nucléotides* (maillons élémentaires des acides nucléiques) — et les protéines, est au cœur de la formation de la première cellule. Il a ainsi pu apparaître une association préférentielle du type « protéine hydrophobe-nucléotide purique », « protéine hydrophile-nucléotide pyrimidique », l'évolution de ces couples tendant à assurer une certaine stabilité aux édifices concernés. Une telle correspondance serait évidemment un prélude important à la naissance du code génétique. On remarque, dans le code actuel, une certaine relation entre pyrimidine (uracile) et acides aminés hydrophobes, et purine (adenine) et acides aminés hydrophiles (visible en particulier au niveau de la deuxième lettre du code). La correspondance ici postulée est *symétrique* de cette dernière : on en comprendra plus loin la raison. Elle pourrait conserver la trace de l'évolution du système primitif [voir 62 pour une autre justification].

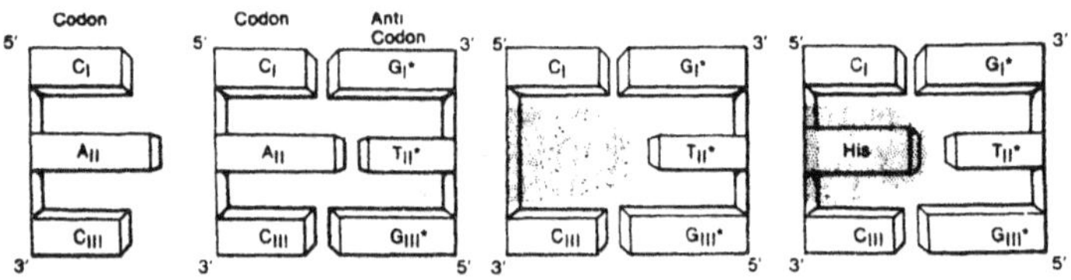

Hendry et coll. ont ainsi proposé une association spécifique entre un acide aminé (ici l'histidine) et l'anticodon correspondant (GTG). Deux bases du codon correspondant (CAC) auraient même pu, par complémentarité, et en encadrant l'acide aminé, assurer une grande spécificité à l'interaction. (D.R.)

Un autre aspect de cette coévolution entre protéines et nucléotides concerne l'évolution du système d'utilisation de l'énergie chimique chez les êtres vivants. On sait qu'aujourd'hui, le donneur universel d'énergie est l'ATP, et il peut paraître légitime de faire remonter l'importance de cette molécule (ou de nucléotides plus ou moins analogues) au temps de l'évolution des nucléotides et des acides aminés, il est donc légitime de chercher à connaître les associations *directes* qui existent *aujourd'hui* entre ces molécules. Les molécules actuelles les plus importantes dans ce contexte sont celles qui permettent les réécritures du code génétique (ADN polymérases pour la réplication de l'ADN, ARN polymérases pour la transcription des gènes) ou qui interagissent directement avec l'ADN ou les ARN ; mais ces molécules comportent des interactions qui se situent à un niveau déjà très évolué de l'expression génétique ; elles possèdent certainement les stigmates de leur histoire évolutive, mais au travers d'un chemin qu'il est pour l'instant trop difficile de comprendre. Au contraire, il existe de nombreuses molécules dont les cofacteurs ou les substrats sont des nucléotides et l'on peut plus aisément y rechercher une loi générale présidant à l'association nucléotide/acide aminé. Plus précisément, comme l'a remarqué A. Trémolières, les cofacteurs nucléotidiques sont associés aujourd'hui à des fonctions précises, et ils ne sont pas, en général, interchangeables [63] :

— L'ATP est le donneur universel d'énergie, et des molécules voisines (NAD, NADP) sont aussi impliquées dans des réactions d'oxydoréduction couplées au métabolisme énergétique ;
— Le GTP est important pour les réactions de translocation au cours de la synthèse des protéines (ribosomes) et d'organisation du cytosquelette (tubuline) qui transforment l'énergie chimique en énergie mécanique ;
— L'UTP est impliqué comme donneur d'énergie dans le métabolisme des sucres complexes ;
— Le CTP est un donneur d'énergie universel dans le métabolisme des lipides.

Il est légitime, par conséquent, de penser que ces différents nucléotides étaient initialement associés de préférence à certains groupes de réactions chimiques et à certains groupes d'acides aminés. Une première phase évolutive va donc consister à associer préférentiellement certains cofacteurs à certaines protéines. Puis, grâce aux liaisons phosphate, ces cofacteurs vont tendre à se polymériser et l'on se trouvera bientôt en présence de protéines et de molécules d'acides ribonucléiques primitifs cofacteurs d'une autocatalyse dont la présence tendra à augmenter la proportion des protéines qui favorisent la polymérisation.

A cette association entre des nucléotides et des activités

catalytiques a pu correspondre aussi une association entre nucléotides et caractéristiques particulières des transformations métaboliques qui relient entre eux les différents acides aminés. C'est ce qu'avaient remarqué Pelc et Welton en 1966, et qu'a précisé plus récemment F. Egami [64] : le groupe plus riche en purines correspond à des acides aminés reliés mataboliquement entre eux par addition séquentielle d'un atome de carbone à la fois (en partant de la glycine) ; ainsi la glycine, qui possède deux atomes de carbone, donne la série (en ne considérant que les deux premières lettres du code) :

C_2 →	C_3 →	C_4 →	C_5
Gly (GG)	Ala (GC)	Asp (GA)	Val (GU)
	Ser (AG)		Glu (GA)
			Arg (AG)

et un groupe dérivé plus riche en A par adjonction de deux atomes de carbone :

C_2 →	C_4 →	C_6
Gly (GG)	Asn (AA)	Lys (AA)
	Thr (AC)	

De même, on peut constituer une série fondée sur la richesse en pyrimidines et procédant par addition de trois atomes de carbone :

C_3 →	C_6 →	C_9
Ser (UG)	Leu (U, UU)	Phe (UU)
Cys (UG)	Ile (AU)	Tyr (UA)

et par addition de deux atomes de carbone :

C_3 →	C_5
Ser (UG)	Gln (CA)
Cys (UG)	His (CA)
	Arg (CG)
	Pro (CC)

Bien qu'un peu *ad hoc*, cette façon de voir a le mérite d'étendre la coévolution du système prébiotique non seulement au couple protoprotéine/protoacide nucléique, mais aussi au protométabolisme. Il est clair, en effet, que l'apparition d'activités catalytiques rendait fondamentalement instable la composition du milieu organique terrestre. Non seulement les acides aminés D disparaissaient peu à peu au profit des acides aminés L, mais toutes sortes de molécules complexes pouvant conduire à telle ou telle molécule favorisée par l'existence de l'autocatalyse se trouvaient peu à peu en voie de disparition, jusqu'au stade ultime, ammonium NH_4^+ et carbonate ou bicarbonate (CO_3^{2-} et HCO_3^-), avec en parallèle l'existence d'activités catalytiques permettant l'interconversion de ces molécules[14]. Ainsi, il est possible que les chemins métaboliques d'aujourd'hui reflètent *en sens inverse* l'apparition de nouvelles activités catalytiques au cours de l'évolution.

Si

$$A \xrightarrow{a} B \xrightarrow{b} C \xrightarrow{c} D \xrightarrow{d} E$$

est un chemin métabolique, *d c b a* sont les activités catalytiques apparues dans cet ordre au cours de l'évolution. En effet, la consommation de E pour la synthèse de molécules plus complexes a entraîné sa raréfaction, et seuls les systèmes *d* capables de transformer D en E (pour tous les D possibles) ont pu prendre le relais et envahir le

14. Alors qu'on a longtemps considéré l'atmosphère terrestre primitive comme *réductrice* — composée de méthane et d'ammoniac —, on pense de plus en plus aujourd'hui qu'elle était riche en gaz carbonique. La découverte récente d'une Archaebactérie capable d'utiliser le gaz carbonique et de croître en milieu volcanique, rend cette nouvelle donnée tout à fait compatible avec l'évolution prébiotique. Quant aux bactéries qui croissent dans les jets d'eau sous pression au niveau des « évents » des dorsales océaniques, elles pourraient nous conserver la trace des débuts de l'évolution.

milieu, et ainsi de suite. La synthèse des chemins métaboliques est donc intimement mêlée à l'évolution du code génétique et il n'est donc pas absurde d'en imaginer la mémoire au niveau des règles actuelles.

Bien entendu, l'intrication de ces différents niveaux rend les hypothèses développées ci-dessus extrêmement simplistes, et certainement inadéquates dans le détail. Mais elles apportent sans aucun doute quelques éléments à la compréhension des processus qui ont fondé le code génétique.

De nombreuses réflexions indépendantes sont venues concourir pour nous aider à comprendre les règles de la coévolution qui a associé (au moins) les ancêtres des protéines et les ancêtres des acides nucléiques. De très nombreux modèles mathématiques, essentiellement fondés sur des systèmes d'équations différentielles non linéaires, ont cherché à simuler les divers cas d'évolution possibles (voir par exemple Eigen, 1971) [60]. D'une façon générale, les modèles simulés ressemblent d'assez près aux modèles utilisés en électronique pour la construction des amplificateurs, oscillateurs, etc., et ils montrent l'existence de régimes asymptotiquement stables et de processus oscillants. Les résultats sont donc attendus — ils proviennent directement de la nature des systèmes différentiels tels qu'ils sont écrits — et apportent peu de chose à la compréhension des problèmes associés à la naissance de la vie [15]. Leur grand mérite aura

15. Il convient toutefois de noter un aspect positif du modèle général proposé par Eigen. Il s'agit de la démonstration que l'existence de cycles catalytiques indépendants permet une « auto-instruction », analogue à celle qui existe de façon inhérente à la structure autocomplémentaire des acides nucléiques, chez les *protéines*. Il s'ensuit qu'un réseau de protéines dont les synthèses sont contrôlées par des cycles appropriés pourrait être autoréplicatif, comme le sont les molécules d'ADN :

> « On a montré que des cycles catalytiques indépendants sont "auto-instructeurs", de la même manière que des espèces chimiques simples comme les acides nucléiques (pour lesquels c'est une propriété intrin-

été de démystifier le problème des origines en montrant — compte tenu des conditions physico-chimiques qui prévalaient sur la Terre — qu'imaginer une naissance du vivant à partir du monde inorganique était loin d'être improbable. Par ailleurs, l'accent mis sur l'autocatalyse et la coévolution était certainement tout à fait pertinent — encore qu'une fois de plus, le métabolisme ait été bien négligé.

Coévolution, mais comment ? Doit-on imaginer une correspondance contingente entre les acides aminés et les codons du code génétique, ou existe-t-il une sorte de complémentarité physico-chimique ? Beaucoup d'études « sur le papier », par la construction de modèles atomiques, ont conclu à une correspondance significative, mais presque tous ces modèles péchaient par une ignorance quasi totale de la chimie des interactions entre acides aminés et nucléotides, et leur sens est donc douteux. Depuis quelques années, des mesures directes d'interaction ont été faites par des techniques physiques (résonance magnétique nucléaire) et elles ont mis en évidence de réelles interactions préférentielles. Leurs résultats, malheureusement, sont trop partiels pour servir de base à

---

sèque, au contraire des protéines) sont auto-instructrices, ou instructrices par principe de complémentarité. Bien que nous ne connaissions pas à l'heure actuelle d'exemple naturel de réseau de protéines auto-reproducteur — à l'exception du système de biosynthèse de certains antibiotiques comme la gramicidine S (ce qui requiert des protéines codées par des gènes) —, nous pourrions au moins imaginer leur construction de façon artificielle. » [Nous en verrons un exemple possible dans le réseau des ARN maturases présentes au niveau de l'enveloppe nucléaire. — Nda.]
« De quelle ampleur est la probabilité que de tels cycles se constituent d'eux-mêmes ? Si nous regardons seulement l'aptitude à former la liaison peptidique entre différents aminoacides, nous pouvons affirmer qu'à partir d'une population aléatoire de séquences, on trouvera toujours une certaine fraction ayant cette activité catalytique. Le processus de formation de substances du type protéine, sans spécification a priori de la séquence, est donc en lui-même déjà autocatalytique. C'est un préalable essentiel pour l'évolution des êtres vivants et il est important de remarquer qu'il peut exister sans instruction venant d'acides nucléiques. »

une réflexion motivée. On en est donc réduit, à nouveau, aux conjectures.

Et l'analyse de la fréquence des bases dans les différents codons trouvés dans les gènes de virus comme ΦX174, a conduit Crick et coll. [61] à émettre l'hypothèse que la polymérisation des protoprotéines se faisait à l'aide d'ARN de transfert primitifs très courts qui servaient par ailleurs de chaînes complémentaires à un ARN (messager) primitif. Deux idées dominent ce modèle : d'abord la *phase de lecture* du message doit être assez bien respectée pour que le produit de sa traduction ne soit pas trop différent d'une traduction à l'autre ; d'autre part, il peut subsister un taux d'erreur *local* relativement important. Ces deux exigences ne sont contradictoires qu'en apparence : en effet, une erreur sur la phase de lecture entraîne une erreur globale sur le produit de traduction. Ainsi :

« *les théories sur l'origine de la vie sont parfois délirantes* »

peut devenir :

« *lee sthéorie ssu rl'origin ed el avi eson tparfoi sdélirantes* »

dans le cas du changement de phase de lecture, alors qu'une ou deux erreurs locales passent presque inaperçues :

« *les theonies sur l'origine de la vie sort parfois délirantes.* »

Pour résoudre ces problèmes, Crick et coll. postulent que l'interaction de l'ARNt chargé par l'acide aminé avec le messager est plus forte que dans la traduction qui existe aujourd'hui, et qu'elle se fait à l'aide de *cinq* paires de bases (au lieu de trois) [41]. Par ailleurs, deux configurations de l'ARNt peuvent exister et passer de l'une à l'autre au cours de la synthèse. L'ARN de transfert porteur du peptide en cours de formation est associé au message dans une conformation (P) et, à son contact, l'ARNt porteur de l'acide aminé suivant est dans la deuxième conformation (A). Au cours du transfert de l'acide aminé pour former un peptide plus long, une unité d'ARNt en conformation (A) passe en conformation (P) et chasse l'ARNt précédent maintenant déchargé (voir figure), et le cycle peut recommencer.

On remarque que, dans cette hypothèse, le code est nécessairement un code avec recouvrement, ce qui introduit des contraintes sur sa structure. Par ailleurs, connaissant la structure *actuelle* des boucles des ARN de transfert contenant les anticodons (3'NRαβγUY5', où αβγ représente les trois bases de l'anticodon, N est une base quelconque, R représente une purine et Y une pyrimidine), il devient possible de déterminer la structure du messager primitif, qui doit être du type :

5'RRYRRYRRYRRY...3'

et, par conséquent, celle des anticodons primitifs :

3'YRYYRYY5' ou même, plus précisément,
3'UGYYRUU5'

Ces hypothèses sont trop spéculatives pour qu'il soit utile d'aller plus avant. Elles ont toutefois le mérite de conduire à imaginer un codage primitif (essentiellement à base de codons du type RRY) et sans doute aussi un messager et des ARN de transfert primitif. En effet, on sait *aujourd'hui* qu'un type fréquent d'erreur commis par les polymérases lorsqu'elles sont placées dans des conditions anormales (pH, force ionique, température) est précisément la *polymérisation répétitive :* à partir d'une amorce, par exemple $\frac{\text{CAT}}{\text{GTA}}$, on va obtenir le polymère indéfini CATATATATAT...
GTATATATATA...

I

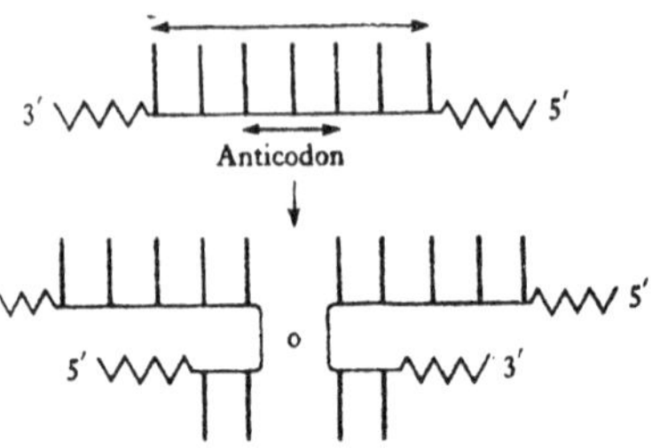

I. L'ARN de transfert primitif comporterait pour l'essentiel une boucle comportant 7 bases qui peut se replier de deux manières différentes. Ce repliement différentiel sera le principe d'un *mouvement* au cours de l'appariement avec une molécule d'ARN messager.

II

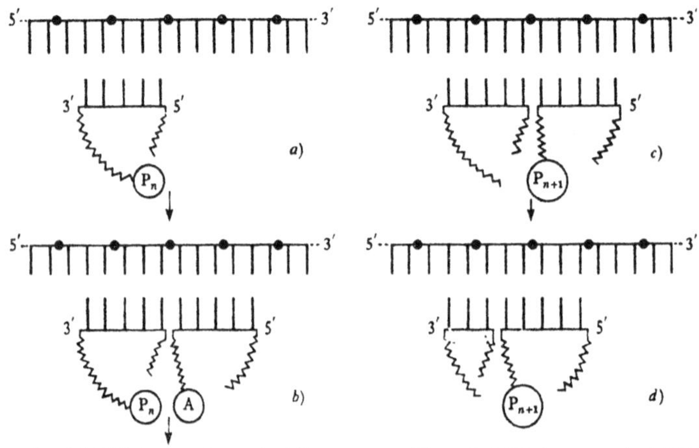

II. L'ARN de transfert primitif porte un acide aminé (A) à son extrémité 3' ou le polypeptide en cours de synthèse. Les étapes suivent a), b), c), d) lorsque l'ARNt passe de la configuration (A) à la configuration (P) la boucle de son anticodon change de forme, comme montré en I. On remarque que, dans cette hypothèse, l'anticodon est sans cesse apparié par 5 bases au messager (ce qui augmente la stabilité et permet de se passer de ribosomes). Cela implique que le code initial est un code à 5 lettres (et non 3) *avec recouvrement*. En fait c'est une analyse de certains messagers actuels, dans lesquels les bases des codons successifs ne sont pas répartis au hasard, qui a conduit Crick et coll. à cette hypothèse, et au recouvrement qu'elle suppose.

Imaginer par conséquent qu'un système primitif ait produit, à partir de protoprotéines, de nucléotides puriques et de nucléotides pyrimidiques, des enchaînements du type

RRYRRYRRY...
YYRYYRYYR...

est tout à fait plausible.

A ce stade, beaucoup de modèles d'évolution peuvent être imaginés, qui supposent tous une coévolution entre les activités catalytiques des premières protéines, des molécules primitives d'acides nucléiques — probablement *ribo*nucléiques — à la structure fortement répétitive, la formation d'un métabolisme primitif lié à la modification du milieu extérieur par les activités catalytiques, et des formations membranaires primitives permettant la constitution de cellules compartimentées.

Il n'existe pas de modèle général mettant en jeu ces divers aspects de la coévolution des molécules des êtres primitifs qui ont constitué la vie [16]. Le seul modèle un peu élaboré suppose une évolution simultanée des acides nucléiques et des protéines, stabilisée par des mécanismes autocatalytiques. Ce modèle, déjà mentionné, proposé par Manfred Eigen en 1971, exploite essentiellement les propriétés élémentaires des systèmes d'équations différentielles couplées, et il montre que la constitution de systèmes moléculaires stables, via des « hypercycles », est possible sinon plausible. Il n'ajoute cependant rien aux deux concepts déjà utilisés depuis la fin de la guerre, à savoir l'autocatalyse et la rétroaction. Ce modèle n'a malheureusement permis aucun progrès sensible des idées sur l'évolution du vivant, malgré le succès d'estime dû à la personnalité de son auteur. Il n'existe donc pas, à l'heure actuelle, d'hypothèses convaincantes — autres que celles mentionnées plus haut — permettant de

16. Il est vrai que la complexité du système oblige à une modélisation extrêmement élaborée, ou à une simplification abusive.

comprendre la genèse de la machinerie qui a donné naissance au système de traduction et au code génétique.

En particulier, deux courants s'affrontent : ou bien le code est le seul fruit de rencontres contingentes, ou bien il existe, dans les molécules primitives ayant joué le rôle d'ARN de transfert, des contraintes spécifiques qui ont permis une association définie entre des codons et des acides aminés. Une première évolution se serait donc produite à partir par exemple d'un ARN primitif à la séquence répétée du type RRYRRY, etc. (R = purine, Y = pyrimidine.) Mais, pour permettre l'apparition du code génétique, il faut plus : il est nécessaire qu'apparaisse une complémentarité entre certains des acides aminés et des triplets de nucléotides. Plusieurs travaux récents viennent de montrer qu'imaginer qu'il existe une relation de *préférence* entre acides aminés et nucléotides n'est pas absurde. De nos jours, lorsqu'une protéine est en cours de synthèse le long d'une molécule d'ARN messager, la règle de mise en correspondance des acides aminés (qui vont former la protéine) avec les triplets de nucléotides (qui forment l'ARN messager) est assurée par des acides nucléiques particuliers, les ARN de transfert. Ceux-ci sont porteurs d'un acide aminé donné dont ils sont chargés, dans le cytoplasme, par des enzymes particulières. Comme on l'a vu plus haut, ils viennent ensuite se positionner en regard de la chaîne d'ARN messager grâce à un triplet de nucléotides de leur séquence (triplet appelé *anticodon*) qui reconnaît de façon stricte le triplet de nucléotides (ou *codon*) correspondant à l'acide aminé transporté par l'ARN de transfert. La règle de reconnaissance codon-anticodon est spécifiée par une reconnaissance du type nucléotide-nucléotide, analogue à celle que l'on trouve dans la double hélice d'ADN. La question se pose donc de savoir comment s'est instaurée la règle qui a permis la correspondance entre l'anticodon d'un ARN de transfert et l'acide aminé qu'il porte. Et cette question paraît d'autant plus paradoxale qu'aujourd'hui, l'anticodon est situé géométriquement *très loin* de l'acide aminé qu'il spécifie.

En regardant la structure des ARN de transfert aujourd'hui, le physicien J. Hopfield a imaginé une solution élégante à cette question. Les molécules d'ARN de transfert seraient le produit d'une évolution de molécules d'ARN primitifs plus courts — c'est donc compatible avec l'hypothèse de l'adapteur originel *court* de Crick et coll., que ceux d'aujourd'hui, dans lesquelles il aurait existé une interaction entre la séquence qui est devenue l'anticodon et l'acide aminé. La *sélectivité* de la charge de cet ARN de transfert primitif par un acide aminé donné *aurait été déterminée par la présence de l'anticodon* et ainsi le code génétique serait le reflet de contraintes physico-chimiques originales entre les nucléotides de l'*anticodon* et l'acide aminé correspondant. La molécule d'ARN aurait ensuite évolué, en parallèle avec l'enzyme qui lui attache un acide aminé, pour conduire au système actuel [65].

Plus précisément le scénario serait le suivant :

Depuis longtemps, on a remarqué qu'il existe dans le code génétique actuel une certaine relation entre la nature physico-chimique de l'acide aminé et des triplets de nucléotides qui lui correspondent. Les triplets riches en nucléotides contenant de l'uracile, par exemple, spécifient souvent un acide aminé hydrophobe. Reprenant à son compte cette observation, J. Reuben a fait l'analyse détaillée des interactions nucléotides-acides aminés en utilisant la technique de résonance magnétique nucléaire [66]. Le résultat de cette étude est très clair : il existe des rapports préférentiels entre acides aminés et nucléotides, et cette sélectivité est essentiellement dépendante des propriétés hydrophobes des acides aminés. Or les premières étapes de l'évolution chimique qui a précédé l'apparition de la vie se sont faites grâce à la concentration des molécules organiques, à la surface et au bord des océans primitifs, en vertu de la nature plus ou moins hydrophobe de ces molécules. Par suite, cette observation permet de comprendre que la correspondance nucléotides-acides aminés ne s'est pas faite au hasard [voir aussi 62].

Concrètement, la question de l'origine du code génétique se pose dans les termes suivants : comment se fait-il que tel ARN de transfert porteur de tel anticodon à une extrémité de sa molécule n'accroche que tel acide aminé à l'autre extrémité ? La réponse la plus simple serait que l'enzyme chargée d'assurer l'accrochage porte des sites stéréospécifiques reconnaissant des motifs structuraux de l'anticodon de l'ARN de transfert et des motifs structuraux de l'acide aminé. Or, aujourd'hui, ce n'est pas le cas : les enzymes qui réalisent l'accrochage ARN de transfert-acide aminé utilisent rarement les motifs structuraux de l'anticodon comme critère de reconnaissance [17]. Comment réconcilier cette donnée avec celle de J. Reuben, selon laquelle la réunion acide aminé-nucléotides n'est pourtant pas un hasard mais obéit à une contrainte physico-chimique, celle de l'hydrophobie ?

J. Hopfield a imaginé que les molécules d'ARN de transfert d'aujourd'hui sont le produit d'une évolution à partir de molécules d'ARN de transfert primitives dont il trace les caractéristiques. Elles devaient avoir une forme spatiale (dont on devrait pouvoir trouver des traces dans les molécules d'aujourd'hui) où l'anticodon et la portion accrochant l'acide aminé étaient au voisinage l'un de l'autre. La réalisation de l'accrochage se faisait au sein d'un site actif d'une enzyme, une synthétase primitive. La géométrie locale de la chaîne d'ARN au niveau de l'anticodon permettait une sélection grossière, corrélée avec les caractères hydrophobes des acides aminés. Il est probable que cette sélectivité aurait été beaucoup trop

17. Des travaux récents modèrent cette impression. En construisant des ARNt artificiels dont l'anticodon est arbitrairement modifié, Uhlenbeck et ses collaborateurs ont montré qu'il participe sans doute, par un mécanisme inconnu, à la reconnaissance par le « bon » acide aminé [67].

faible pour assurer que l'anticodon corresponde à un acide aminé donné, et c'est l'occasion pour J. Hopfield de rappeler ici l'hypothèse du mécanisme de relecture qu'il avait formulée en 1974. En effet, la stabilité de la liaison entre l'ARNt et l'acide aminé est très certainement fonction de l'anticodon qui est à son voisinage immédiat. Si l'adéquation acide aminé/anticodon est assurée, l'hydrolyse de la liaison sera beaucoup plus lente que si cette adéquation n'est pas assurée ; ainsi, une association acide aminé-ARNt conforme au code génétique actuel aura beaucoup plus de chance de participer à la synthèse d'une protéine qu'une association acide aminé-ARNt non conforme (à cause de l'hydrolyse trop rapide de la liaison dans ce dernier cas, relâchant le « mauvais » acide aminé dans le milieu avant qu'il n'ait pu être « accroché » à la chaîne d'acides aminés en construction). Cela accroît considérablement la sélectivité de la correspondance codon-acide aminé. En effet, le résultat obtenu est le produit de la sélectivité de la première étape (charge de l'acide aminé par la synthétase) et de la sélectivité de la deuxième étape (durée de vie de la liaison, nécessaire pour que se produise la synthèse de la protéine).

C'est par ces mécanismes que le code génétique se serait progressivement établi et fixé. Puis les ARN de transfert et les synthétases auraient évolué et auraient perdu leurs formes originelles en accroissant encore la sélectivité de leur fonctionnement.

Il faut ici remarquer que l'interprétation la plus élémentaire de l'hypothèse de J. Hopfield conduit à penser que ce sont les *anticodons* et non les codons qui sont à l'origine du code génétique. Cette remarque est conforme à l'observation qui veut que lorsqu'on constate aujourd'hui l'existence d'une hiérarchie (dans notre cas, les correspondances ADN → ARN → protéines) ordonnée dans une certaine direction, c'est l'étape finale actuelle qui est l'étape initiale au cours de l'évolution. Ainsi, les protéines paraissent être aujourd'hui, par

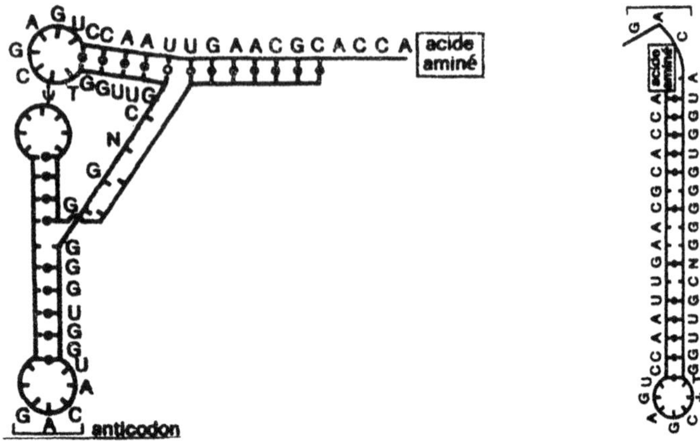

I II

1. Un ARN de transfert aujourd'hui à gauche schématiquement, page de droite dans l'espace.
II. L'ARN de transfert primitif (une moitié de la molécule, telle qu'on la connaît aujourd'hui, coupée au niveau de l'anticodon) qui peut alors intégrer directement avec l'acide aminé.

rapport aux ADN, ce que sont les signes imprimés par rapport aux caractères typographiques gravés dans le plomb. C'est pourquoi on imagine classiquement que le code génétique s'est élaboré au niveau du « matériau typographique » — les codons de l'ADN. Mais l'hypothèse de J. Hopfield suggère que ce sont au contraire les anticodons qui sont à l'origine du code. La sélectivité des interactions anticodons-acides aminés aurait fait émerger des ARN complémentaires des anticodons de manière à spécifier les séquences d'acides aminés. Puis, dans une étape ultérieure, l'ADN serait apparu comme copie de l'ARN. De sorte qu'on peut dire que l'ADN est à l'origine issu des protéines, à l'inverse de ce que l'on constate aujourd'hui.

Le fait que cette hypothèse conduise à penser que ce sont les anticodons qui doivent avoir de l'affinité pour les acides aminés qu'ils spécifient, et non pas des codons, comme on le pense généralement, suppose une coévolution des nucléotides *puriques* avec les acides aminés *hydrophobes*, et non des nucléotides pyrimidiques, comme on l'imagine le plus souvent. Aucun résultat expérimental ne permet aujourd'hui de départager ces deux hypothèses opposées, qui devraient conduire à des schémas bien différents pour l'évolution prébiotique, mais il est probable que nous en posséderons bientôt.

Quoi qu'il en soit, on s'accorde de plus en plus souvent aujourd'hui à penser que les protéines ont précédé les acides nucléiques, tout au moins dans les tout premiers temps de l'évolution prébiotique. La phase suivante a été une coévolution de ces deux classes de molécules, et c'est au cours de cette phase, sans doute, que s'est élaborée la machinerie qui permet la biosynthèse des protéines. On peut d'ailleurs penser que le *ribosome* est le type même du résultat de cette coévolution. Cet organite, nécessaire à la mise en place et à la dynamique de la synthèse des protéines, est en effet un assemblage intime de protéines et d'ARN, et c'est lui qui impose, pour la plus grande part, la fidélité de la traduction de l'ARN messager en une protéine. Ainsi, à la fin de l'évolution prébiotique, il devait exister des ribosomes primitifs et des ARN de transfert primitifs, de même qu'une collection d'ARN jouant le rôle de messagers. La multiplication du système devait se faire essentiellement par fusion et fission de vésicules permettant de complémenter les fonctions manquantes au gré des rencontres.

Par ailleurs, de même qu'on a vu que les acides aminés D avaient disparu (peu à peu convertis en acides aminés L), un bon nombre de molécules directement utilisables se virent peu à peu consommées, ce qui contraignit l'évolution vers des systèmes de plus en plus *prototrophes*, c'est-à-dire capables de se suffire de molécules simples, universellement présentes. Il est probable que c'est alors qu'apparut la *photosynthèse*, avec des conséquences irréversibles pour l'atmosphère terrestre : disparition du milieu réducteur [18], apparition d'oxygène. Enfin, alors que les différents ARN messagers spécifiant la synthèse de telle ou telle protéine étaient dispersés en fonction de règles d'associations plus ou moins contingentes dans de nombreuses vésicules, un avantage sélectif certain favorisa les systèmes capables de regrouper divers ARN messagers en un édifice unique. Ce qui eut pour conséquence que ces derniers se répandirent peu à peu sur la Terre. Il est probable que cet avantage se vit consolidé dès l'introduction d'une étape supplémentaire dans la hiérarchie de l'organisation, via la synthèse d'une molécule rassemblant les programmes spécifiés par tous les messagers et qui ne soit sollicitée pour une expression

18. Il s'agit là d'une hypothèse assez ancienne. Des travaux récents permettent d'imaginer en fait une atmosphère non réductrice, riche en gaz carbonique et en vapeur d'eau. Le métabolisme initial aurait consisté en une assimilation du gaz carbonique par des chemins complexes utilisant, par exemple, le soufre ou le gaz sulfureux. Une « respiration » anaérobie aurait pu utiliser les nitrates à la place d'oxygène.

partielle que de temps en temps — en un mot l'ADN. Alors était née la première cellule.

On peut trouver aujourd'hui les traces de cette fusion de molécules primitives d'acides nucléiques dans plusieurs phénomènes. Certains virus, comme le virus de la grippe, sont constitués effectivement de *plusieurs* molécules d'ARN formant chacune un messager différent, le tout étant assemblé dans une structure complexe associant un exemplaire de chacun des ARN messagers à des protéines virales particulières. On a là, en un sens, un véritable système autocatalytique constitué et d'ARN et de protéines, car les ARN messagers encapsidés, au moins pour certains d'entre eux, spécifient la synthèse des protéines qui les encapsident. Ce système nécessite, bien sûr, l'existence de la machinerie générale non spécifique, de la synthèse, des protéines. Il n'en reste pas moins qu'il existe aujourd'hui des systèmes couplés composés d'acides nucléiques et de protéines associés de façon complémentaire et tels que la séquence du premier spécifie la séquence du second.

D'une façon sans doute moins claire, mais, semble-t-il, statistiquement très significative, on trouve aujourd'hui que le ribosome, élément essentiel de la machinerie de la traduction, est composé d'ARN et de protéines et que, bien que l'ARN ribosomique ne joue pas le rôle d'ARN messager, il comporte des séquences nucléotidiques très voisines de celles correspondant au message de certaines protéines ribosomiques. On peut imaginer qu'il dérive par conséquent d'un messager primitif spécifiant ces protéines : la première machinerie de traduction serait composée d'une association entre ARN messagers et protéines complémentaires spécifiés par eux-mêmes et formant un ribosome primitif, support de cette première traduction.

Cette hypothèse est très certainement moins hardie qu'il ne pourrait paraître. En effet, les messagers *actuels* des protéines ribosomiques comportent, en certains points, des séquences pratiquement *identiques* à celles que l'on trouve dans l'ARN ribosomique final et ces séquences sont, en certaines circonstances, le siège de l'association d'une des protéines spécifiées par ce même messager, comme l'a élégamment montré M. Nomura. Ces séquences servent aujourd'hui à un remarquable mécanisme d'autorégulation qui permet le dosage exact de la synthèse des protéines ribosomiques en fonction de la quantité d'ARN ribosomiques présents dans la cellule. Tant qu'il existe des sites libres sur les ARN ribosomiques pour fixer telle ou telle protéine ribosomique, le site correspondant sur l'ARN messager reste libre et la synthèse des protéines qu'il spécifie continue. Mais dès que tous les sites ribosomiques sont occupés, la protéine libre vient se fixer sur le messager et en arrête aussitôt la traduction...

IV

DE L'ŒUF À LA POULE

1. La symétrie brisée

Nous sommes partis d'une description globale du système vivant — « la poule » — pour tenter d'en découvrir les éléments et les règles d'organisation. Cela nous a conduits à mêler l'histoire des idées qui ont façonné la biologie d'aujourd'hui (dite « moléculaire ») et l'histoire des origines de la vie elle-même. Partis d'un point du cercle — qui est le premier, l'œuf ou la poule ? —, nous allons tenter de le résoudre en déplaçant la question : c'est à partir d'une origine, arbitrairement choisie dans les temps reculés de la naissance de la Terre, que nous allons construire ce cercle actuellement visible.

Au commencement était un mélange que les Anciens appelaient « chaos », que les Anglo-Saxons nomment la « soupe originelle », et qui était constitué d'une atmosphère, d'eau et de roches. Les réactions chimiques qui se produisaient dans ce mélange étaient essentiellement symétriques et réversibles. Mais, contrairement à une idée malheureusement fort répandue, cette homogénéité du système était parfaitement *instable*. En effet, les diverses interactions possibles entre les molécules qui diffusaient sur la Terre ne pouvaient pas laisser le système dans son état initial, car, au gré des explorations où toutes sortes de combinaisons étaient tentées, certaines plus stables se sont formées. Ainsi, de l'homogène apparent est né l'hétérogène. On a vu que cela a permis la formation de compartiments, vésicules primitifs qui furent les ancêtres des cellules. On a vu, de même, que l'isotropie du mélange de molécules à l'architecture asymétrique comme celle des acides aminés (gauches ou droits) ne pouvait pas subsister indéfiniment : il aurait fallu pour cela qu'un petit diable astucieux vienne transformer un isomère en son symétrique à chaque fois qu'une perturbation locale de la concentration des deux isomères aurait conduit à un écart significatif.

Ainsi se sont formées des classes de molécules séparées en compartiments dissymétriques. Les choses auraient pu en rester là, mais la nature chimique des molécules organiques rassemblées introduisait une deuxième raison d'instabilité : à la température de la surface terrestre, elles sont réactives et peuvent se combiner entre elles. L'exploration des architectures complexes d'atomes de carbone, d'azote, d'oxygène, d'hydrogène et de phosphore a pu ainsi se produire pendant des millions d'années. Une première conséquence en a été, on l'a vu, l'apparition de structures aux propriétés catalytiques de plus en plus efficaces et fines. Et c'est là qu'est apparue la propriété essentielle qui est à la base de la vie : la complémentarité entre structures.

La catalyse est l'accélération d'une réaction chimique due à l'abaissement de l' « énergie d'activation » qu'il faut franchir pour que deux molécules réagissent. En première approximation, il suffit d'un positionnement approprié des réactifs les uns par rapport aux autres pour atteindre ce résultat. C'est pour cette raison qu'on donne souvent l'image d'une serrure au catalyseur, les réactifs constituant la clé correspondante qui doit s'emboîter avec précision pour jouer son rôle. L'analogie entre famille de clés et processus de codage est fréquemment utilisée et elle permet de comprendre comment le code génétique se trouve dériver des règles de complémentarité qui ont donné naissance à la catalyse.

Or le code génétique est, on va le voir, la règle centrale qui a permis l'existence de la vie. En effet, toutes les possibilités originales du vivant dérivent de l'existence de deux classes distinctes de molécules — la brisure de symétrie initiale y conduit presque nécessairement — associée à l'existence d'une règle de correspondance — le code génétique — qui permet de spécifier entièrement une classe par l'autre.

2. Codage et boucles étranges

Ce que permet en effet le codage est de considérer l'une des classes — l'ADN en l'occurrence — à la fois comme *matrice* (le « moule intérieur » de Buffon) qui détermine entièrement la structure de l'autre classe — les protéines —, et comme *substrat* soumis à l'action catalytique de la deuxième classe.

Le mathématicien Gödel, dans les années 1930, s'est précisément intéressé aux propriétés particulières des systèmes de codage en les illustrant dans le domaine de l'arithmétique. Il a ainsi montré qu'il n'y a rien de « magique » dans le fait qu'un système puisse se boucler sur lui-même au point de pouvoir énoncer, à l'intérieur même du système, des propositions sur la nature du système lui-même [1].

1. Ce que démontre le théorème de Gödel est simplement que parmi les propositions qu'un système (de la théorie des nombres) peut énoncer sur lui-même, il en existe au moins une (appelée proposition de Gödel) dont la justification ne peut être donnée par le système lui-même (elle est « invérifiable », « irréfutable » ou « indécidable »). Un certain nombre de philosophes ont cru voir là la preuve de l'originalité spécifique de l'homme, puisqu'il peut (Gödel est un homme !) énoncer des propositions de Gödel et savoir ou non si elles sont valides. L'homme comme « automate » aurait donc une aptitude originale à sortir de lui-même au point de n'être pas soumis aux contraintes du théorème de Gödel. Il s'agit, bien sûr, d'un sophisme assez primitif qui repose sur l'idée que le fait de savoir construire pour chaque

On reconnaît là l'une de ces « boucles étranges », comme les appelle Douglas Hofstadter, qui sont caractéristiques des propriétés les plus évoluées des êtres vivants — la conscience en particulier — mais qui apparaissent à la naissance même de la vie :

> « C'est une propriété inhérente à l'intelligence que de pouvoir sortir de la tâche qu'elle est en train d'accomplir et de considérer ce qu'elle vient de faire ; elle recherche toujours — et trouve souvent — des figures organisées [68]. »

En un sens, c'est en sortant de lui-même pour y rentrer que le système prébiotique a conduit au système vivant : un acide nucléique spécifie une protéine par un mécanisme de codage qui utilise le couple acide nucléique/protéine pour produire la protéine, et c'est cette machinerie qui permet à des protéines de faire la synthèse des acides nucléiques qui les spécifient... Ce qui est fondamental ici, c'est que c'est sans doute *une propriété intrinsèque de certains processus de codage de permettre l'existence de telles boucles étranges.*

On sait que l'objet du théorème de Gödel, si souvent utilisé à tort pour « démontrer » l'originalité unique de l'intelligence humaine par rapport à l'intelligence artificielle seulement fondée sur la logique formelle, est précisément de montrer qu'il est possible d'établir une proposition de la théorie des nombres (arithmétique) qui soit aussi une proposition *à propos de* la théorie des nombres, et qui par conséquent sorte d'elle-même. L'idée centrale qui permet d'établir cette dualité est celle d'utiliser un *code.* Ce code consiste à utiliser des nombres comme symboles permettant de *représenter* des proposi-

---

exemple de proposition de Gödel un métasystème dans lequel la proposition a un sens est généralisable *à l'infini*. Or, précisément, ce passage à l'infini n'est pas possible, ni pour une machine, ni pour l'homme ! Et ce n'est que par une extrême immodestie (et une dangereuse illusion) que l'on peut avoir recours à ce sophisme.

tions élémentaires de la théorie des nombres. Ce codage permet alors de parvenir à un double sens : toute proposition de la théorie des nombres est, après usage du code, transformée en un *nombre* et peut donc être comprise à deux niveaux différents, soit comme une simple proposition de la théorie des nombres, soit comme une proposition sur les propositions de la théorie des nombres.

Douglas Hofstadter a cherché à montrer comment l'enchaînement qui se trouve à la base de la biologie moléculaire, à savoir le codage ADN → ARN → protéine, peut être compris comme générateur de boucles étranges à la manière du théorème de Gödel, et par conséquent être à la base de propriétés du système vivant qui nous apparaissent parfois comme paradoxales. Pour cela, il construit une « typogénétique » à partir de quatre lettres (analogues aux bases de l'ADN) et quinze types de commandes (analogues aux acides aminés), et une règle de correspondance (un code génétique simplifié formé de doublets au lieu de triplets) formée de suites de deux lettres (il y en a 16), qui associe des commandes à ces doublets, ainsi qu'un signal de ponctuation (pour le 16ᵉ doublet). Il introduit de plus une règle permettant la mise en place d'une « structure tertiaire » des « typo-enzymes » constitués par les suites ordonnées de commandes. Cette règle, essentielle, est destinée à donner une « forme » aux typoenzymes et à représenter les modalités de l'association entre un typoenzyme et la matrice des bases qui le spécifient par le biais du code de la typogénétique. Avec ces seuls principes, Hofstadter propose un système entièrement auto-reproducteur composé d'un typo ADN et de quelques typoenzymes. En outre, ce système possède la propriété, si des contraintes supplémentaires lui sont ajoutées, de pouvoir évoluer vers des systèmes plus complexes.

Puis, Hofstadter va plus loin : il construit un système de typogénétique entièrement analogue au système de la théorie des nombres sous-jacent au théorème de Gödel, ce qui lui permet de mettre en évidence une remarquable analogie entre les lois connues de la biologie moléculaire et les propositions de Gödel. Il s'agit là de beaucoup plus que d'un simple exercice de style :

> « L'une des ressemblances les plus intéressantes entre les deux aspects de cette représentation (le code génétique selon le dogme central de la biologie moléculaire et le code numérique à la base du théorème de Gödel) est la façon par laquelle des " boucles " de complexité arbitrairement grande peuvent naître au niveau le plus élevé dans les deux cas : (en biologie), il s'agit de protéines qui agissent sur des protéines qui agissent sur des protéines et ainsi de suite, à l'infini, et (en logique) de proposition sur des propositions sur des propositions de la méta TTN (Théorie typographique des Nombres), et ainsi de suite à l'infini. »

L'analogue formel du théorème de Gödel en biologie serait la démonstration de l'existence d'un fragment d'ADN qui, exprimé selon les règles de réécriture propres à la biologie, détruirait le système : c'est précisément le cas de l'ADN viral ! Hofstadter montre ainsi, par analogie, que les règles du code génétique sont suffisantes pour produire un système concret capable de former un empilement de « boucles étranges » et donc de s'exprimer à son propre propos[2].

Le code génétique apparaît ainsi au centre du phénomène vivant non seulement parce qu'il implique un passage entre deux structures matérielles : une structure de conservation de l'hérédité (l'ADN) et une structure effectrice des fonctions de la vie (la protéine), mais surtout parce que la suite des règles de réécriture qui le

2. On remarquera ici que l'existence même d'une première boucle étrange rend plausible celle de bien d'autres boucles à chaque nouveau niveau d'intégration du système. Les prétendus « paradoxes » de la conscience n'en sont qu'un cas particulier.

composent permet au système qui les possède d'agir sur lui-même. La particularité d'un code est à la fois de permettre la transposition d'un texte en un autre, *et* de permettre par cette transposition que le texte final soit un texte dont le sens concerne le sens du texte transposé : au moins dans certains cas, la protéine comporte une signification *au niveau de l'ADN*. C'est en ce sens que le code génétique — qui n'est, dans la transposition ADN → ADN, qu'autoréplicatif — peut devenir *autoréférent*.

La séquence des bases d'un ADN peut être la *matrice* qui permettra la synthèse d'une protéine, mais ce peut être aussi seulement une *donnée brute*, une suite de bases [3], éventuel substrat de toutes sortes d'enzymes. Lors de la réplication, les brins sont traités comme de simples données ; lors de l'expression (qui conduit à l'autoréférence), ils sont traités comme matrice.

On sait que, dans un programme, il existe souvent des données brutes dont le rôle est simplement le calage du programme dans un contexte approprié, ou le calibrage d'étalons nécessaires à l'expression quantitative du programme. De même, il existe des « commentaires » qui ne jouent aucun rôle fondamental, mais qui servent seulement de ponctuation générale pour délimiter les grands domaines du programme. On peut s'interroger sur une analogie possible au niveau de l'ADN, et certaines séquences de nucléotides, dont la signification comme matrice semble exclue, pourraient jouer ce rôle. On a en particulier découvert récemment des « pseudogènes », c'est-à-dire des suites de nucléotides très fortement apparentées à tel ou tel gène (n'en différant qu'en quelques positions) mais dont la traduction est impossible, soit à cause de l'existence de nombreux codons de ponctuation (fin de traduction) au sein même du cadre de

3. C'est d'ailleurs presque toujours le cas pour un brin de l'ADN ou son complémentaire, car, sauf exception, les deux brins ne jouent pas simultanément le rôle de matrice.

lecture, soit à cause de la délétion ou de l'insertion de bases qui détruisent localement ce cadre. Ces pseudo-gènes pourraient jouer le rôle de ces phrases étalons ou de ces commentaires qui ponctuent un programme et en facilitent la relecture.

D'une manière générale, on peut donc remarquer que l'ADN joue toujours le rôle d'un créateur de « boucles étranges », puisqu'il peut à la fois être *matrice* et être *donnée*. On peut aussi remarquer ici la naïveté extrême des « applications » — nombreuses chez ceux qui ignorent les mathématiques, la biologie, ou les deux —, d'une bien hypothétique « théorie » de l'information. La suite des nucléotides portés par l'ADN peut être traitée comme un message linéaire dont on serait alors à même de *calculer* l'information et, bien évidemment, l'information d'un brin serait égale à l'information de l'autre (puisqu'on ne considère ici que la probabilité d'apparition d'une base en un point donné de la séquence) ; mais, si cela est vrai lorsqu'on considère la fonction de *donnée de l'ADN*, cela est totalement inadéquat lorsqu'on considère la fonction *matrice* (le code génétique est dissymétrique...), ne serait-ce que parce que le plus souvent un *seul brin* de l'ADN est transcrit puis traduit.

Il est donc nécessaire de revenir sur les fonctions générales du code et, en particulier, sur son rôle discriminateur qui permet, au niveau de l'expression génétique, le choix entre une séquence-donnée et une séquence-matrice, choix générateur de ces boucles étranges qui sont caractéristiques de la vie.

3. Intrication et ponctuation

Comme je l'ai montré plus haut, les questions d'origine sont nombreuses et le monde scientifique est encore loin d'avoir adopté un consensus. Bien que la tendance anthropocentrique domine — à savoir l'idée que les cellules eucaryotes sont les plus évoluées —, rien ne permet d'écarter qu'elles portent, au moins dans une fraction de leurs mécanismes d'expression génétique, des traces encore visibles de l'évolution des êtres qui ont été les premières cellules. Le code génétique semble universel chez les bactéries, il paraît bien adapté à une lecture très rapide des ARN messagers, et surtout très fidèle. Chez les eucaryotes[4], on peut s'interroger. La traduction, *dans le cytoplasme* des ARN messagers, est aussi rapide et aussi fidèle que celle des procaryotes. Elle se déroule grâce à un code génétique dont les règles — sinon les fréquences d'utilisation des différents codons — sont identiques à celles que l'on trouve chez les procaryotes. Mais dans les organites présents dans le cytoplasme (mitochondries, par exemple), il en va différemment et il existe par ailleurs dans la cellule (mais dans un compartiment cellulaire non encore identifié) au moins une classe d'ARN de transfert capable de spécifier l'acide aminé sérine lorsque se présente le codon UGA, qui normalement est un codon signal de fin de traduction.

Il est peu de réflexions cohérentes dans lesquelles on imagine un rôle particulier de cette apparence de variation dans le tableau du code génétique. L'objet de la présente section va consister à développer l'une de ces réflexions. Il s'agit là encore de pure spéculation, et peu d'éléments indiscutables permettent d'asseoir cette théorie, mais ses conséquences paraissent si remarquables qu'il me semble qu'elle mérite d'être développée.

Les êtres unicellulaires que sont les bactéries expriment leur patrimoine génétique grâce à une suite de réécritures fidèles de fragments de l'ADN délimités par une « ponctuation » (indiquant le début et la fin des zones

4. Les cellules à noyau individualisé, cellules animales ou végétales, et certains microorganismes comme les levures, se distinguent des microbes les plus courants, les bactéries, qui n'ont pas de noyau (procaryotes).

à répliquer, à transcrire ou à traduire) selon des règles encore très partiellement comprises. Chez les cellules à noyau, caractérisées par l'existence de nombreux compartiments séparés par des *frontières* physiques, une étape de réécriture essentielle permet de moduler l'alimentation du cytoplasme en messager susceptible d'être traduit à partir des produits de transcription qui se trouvent dans le noyau. Cette étape correspond à une série d'excisions de longues séquences présentes dans le transcrit nucléaire — les introns — et d'épissages de fragments restants — les exons, seuls susceptibles d'être traduits (dans le cytoplasme). En apparence, les introns semblent être plutôt des intrus dont une mécanique raffinée cherche à se débarrasser, et S. Ohno, par exemple, résume ainsi sa vision du génome des eucaryotes :

> « Le génome bactérien qui contient au plus environ 1.3 10^7paires de bases de l'ADN, est petit et compact et ne contient que peu de séquences " inutiles ". Il s'ensuit que deux gènes bactériens peuvent se trouver à très grande proximité l'un de l'autre et être séparés par un écart de 20 bases environ, et ces gènes associés sont, en général, transcrits ensemble sous la forme d'un ARN messager polycistronique. Dans ces conditions favorables, il peut arriver que la traduction de la séquence de l'écart entre les gènes conduise à la fusion des deux chaînes polypeptidiques en une seule ; il suffit pour cela du changement par mutation du codon de fin de traduction en quelque chose de tout à fait ordinaire, et de l'élimination d'une ou deux bases inutiles de façon à éviter un changement de cadre de lecture en passant d'un gène au suivant. L'altération par mutation du codon de départ du deuxième gène n'est même pas nécessaire.
>
> En stricte opposition, il apparaît que le génome des vertébrés en général, et des mammifères en particulier, qui contient environ 3.2 10^9 paires de bases, est extrêmement peu compact. Les séquences dépourvues de signification, qui ne contiennent aucun message hédéritaire, dépassent très largement en nombre les séquences

codantes. En conséquence, les séquences codantes individuelles (gènes) sont très espacées les unes des autres. Par exemple, les chaînes β et δ de l'hémoglobine humaine sont génétiquement aussi proches que peuvent l'être deux paires de gènes, car des recombinaisons inégales entre les deux arrivent parfois, à une fréquence détectable, et conduisent aux globines hybrides du type βδ (Lepore) ou δβ (antiLepore). Près de cette paire de gènes β et δ se trouve un doublet de gènes apparu encore plus récemment, γ^{ala} et γ^{gly}. La largeur de l'espace entre β et δ a été estimée, suivant les auteurs, à entre 4 500 et 7 000 paires de bases, et entre γ^{ala} et γ^{gly}, à 3 000 paires de bases. Et comme la traduction au travers d'une aussi longue séquence semble improbable, il n'y avait pas d'autre possibilité pour parvenir à une fusion des séquences adjacentes, au niveau post-transcriptionnel, que de créer un système enzymatique apte à retenir spécifiquement les transcrits intergéniques (séquences d'insertion) des transcrits nucléaires polycistroniques [69]. »

Cette façon de voir est assez générale et l'on trouve, dans la plupart des articles de synthèse qui résument les conceptions actuelles [par exemple 70, 71], l'idée que les introns sont des vestiges inutiles qui se propagent par leur simple capacité à se reproduire. L'idée, fréquente chez les chercheurs qui ont défini les bases génétiques des comportements sociaux — les sociobiologistes — qu'il existe une sorte de « lutte pour la vie » au sein même du génome entre des gènes qui cherchent à survivre et à supplanter les autres, s'est répandue même en biologie moléculaire. On a ainsi vu deux articles simultanés parus dans la revue *Nature* [72, 73] où l'on décrit l'existence de fragments d' « ADN égoïstes » qui n'ont pour seul objet que d'assurer leur propre reproduction et ainsi de subsister, depuis la plus haute antiquité — peut-être depuis l'origine même de la vie — au sein des génomes les plus variés. Là pourrait résider, par exemple, la raison d'être de certains introns.

Cette idée est assez naïve et primitive, et elle véhicule

des concepts porteurs d'idéologies pour le moins discutables. Elle comporte pourtant un élément probablement important, au moins dans les tout premiers stades du développement du vivant, sinon jusqu'à nos jours, à savoir que l'aptitude à se reproduire peut permettre la survie d'un fragment d'acide nucléique *même s'il n'a aucune autre fonction.* Ce caractère, en apparence assez anodin, pourrait être à l'origine de la création de nouvelles formes et un facteur important d'évolution. Il est à la base de théories de l'évolution dans lesquelles on fait l'hypothèse que la duplication — ou la multiplication — des gènes est à l'origine de la diversité actuellement rencontrée. Dans *Evolution by gene duplication,* S. Ohno montre le pouvoir évolutif d'un couple de gènes identiques : une copie peut rester inaltérée et conserver sa fonction primitive tandis que l'autre, pratiquement libre de toute contrainte, et faible fardeau pour la cellule (car l'ADN n'en représente qu'une fraction très restreinte au niveau du métabolisme général), peut évoluer et donner des produits qui seront autant de « variations autour d'un thème » [74]. Ainsi, par essais et erreurs, les copies du gène initial (qui reste conservé) pourront conduire à un nouveau produit permettant par exemple une adaptation de la cellule qui les porte à des circonstances précédemment peu propices.

Mais, pour en revenir aux introns, rien n'autorise à exclure qu'ils aient une fonction ! Mieux, le raisonnement de S. Ohno s'applique ici merveilleusement. Même si, initialement, il s'agissait de fragments d' « ADN égoïste », il apparaît que leur aptitude à varier doit être beaucoup plus grande que celle des exons — qui, eux, spécifient un produit nécessaire au développement cellulaire — et certains variants peuvent par conséquent avoir, par essais et erreurs, conduit à une fonction adaptative. Et cela serait d'autant plus vrai que leur potentiel de variation « exploratoire » est plus grand.

En quelles circonstances peut-on imaginer une fonction

de telles « séquences insérées » ? Dans un article paru en 1974 — c'est-à-dire avant la découverte des introns —, j'ai eu précisément l'occasion de discuter ce point :

> « Nous avons rencontré, à chacun des niveaux de transformation de l'information héréditaire, la notion fondamentale de ponctuation. Les règles correspondantes sont peu ou mal connues à l'heure actuelle, ce qui oblige à la spéculation sur la forme et sur le rôle de la ponctuation. On pourrait distinguer trois niveaux : une ponctuation principale, qui règle le début et la fin des unités à transformer, une ponctuation secondaire,[5] régie par des règles voisines de celles de la ponctuation principale mais hiérarchiquement dominée par elle, et enfin, une ponctuation tertiaire qui serait essentiellement un processus d'*intrication* des niveaux superposés à l'apparence substitutrice des règles de réécriture. »

Et il était tentant de définir comment pourrait se réaliser cette étape fondamentale de la complexité de l'expression génétique, l'*intrication :*

> « Ce dernier niveau des règles de ponctuation est plus difficile à étudier dans des systèmes expérimentaux, car il met en jeu l'ensemble de l'organisation et non plus seulement un point particulier de celle-ci. Nous ne considérerons que le cas de la traduction où le mécanisme de l'intrication des niveaux est le plus clair. Si l'on considère simplement le code génétique comme une règle de substitution, on constate une redondance assez importante de signaux; pourtant, lorsque l'on regarde les différents ARN de transfert, cette redondance est beaucoup moins visible. Il s'ensuit que la traduction d'un codon donné va non seulement spécifier un acide aminé, mais aussi moduler la concentration de l'ARN de transfert correspondant, en fonction de la fréquence locale du codon qu'il déchiffre. Un messager très riche en un certain codon va entraîner une forte concentration locale

5. Analogue aux parenthèses, aux virgules ou aux tirets, par exemple.

> de l'ARN de transfert qui le déchiffre et diminuer cette concentration ailleurs, ce qui, par conséquent, va ralentir la synthèse des protéines là où le taux de cet ARN n'est pas suffisant. Cette intrication entre la correspondance codon-acide aminé et codon-ARN de transfert permet la création d'une véritable architecture cellulaire, due à la compartimentation créée par la modulation du taux local des ARN de transfert [75]. »

Un autre mécanisme permettant aussi une intrication des divers niveaux de l'expression génétique est l'usage approprié d'une *ponctuation secondaire*. En particulier,

> « le fait d'introduire, grâce à une ponctuation secondaire au niveau de la traduction (mais cela pourrait aussi être vrai *au niveau de la transcription)*, une possibilité d'insertion de fragments de taille variable dans la synthèse des protéines, avec la possibilité de créer des *systèmes irréversibles*, est un mécanisme d'intrication envisageable. »

On va en voir une illustration détaillée, mettant en particulier en jeu l'existence de compartiments cellulaires utilisant *différents* codes génétiques.

4. Le double code : genèse des êtres pluricellulaires

Jusqu'à maintenant, je n'ai fait que présenter l'état du savoir sur le code génétique et son histoire suivant les grandes lignes du consensus admis par la communauté des biologistes, avec ses variantes locales et ses discussions. Comme on a pu le constater, il s'agit d'un état de la question qui correspond à une branche de la science en pleine évolution, en pleine construction. La biologie moléculaire n'a pas un demi-siècle, la découverte du code génétique a vingt ans à peine, et il est donc légitime de s'interroger sur les développements futurs des concepts ainsi élaborés. J'ai cherché à montrer que la très récente découverte d'une faille dans l'universalité absolue des règles du code génétique pouvait avoir des conséquences importantes, et je vais maintenant développer ces conséquences à partir des réflexions élaborées par le généticien P. Slonimski et moi-même. Je tiens donc à souligner ici que nous sortons du consensus et qu'il s'agit simplement d'un regard nouveau sur un ensemble de morceaux du savoir de la biologie. Bien que nous ne nous écartions pas du paradigme central de la biologie moléculaire (à savoir le flux des réécritures ADN → ARN → protéine), nous interprétons de façon inhabituelle certains aspects de ce flux, et plus particulièrement l'existence d'au moins deux classes de codes génétiques physiquement séparées, au sein d'une même cellule eucaryote, par une compartimentation appropriée.

Deux approches complémentaires sont à l'origine de cette façon de voir : d'une part, la question de la genèse de la diversité des anticorps ; d'autre part, l'originalité de l'expression génétique dans les mitochondries (petits organites intracellulaires, partiellement autonomes du point de vue génétique, et responsables de la respiration des cellules eucaryotes).

a) *La genèse de la diversité des anticorps*

Presque tous les êtres pluricellulaires sont capables, lorsque leur milieu intérieur est contaminé par une substance étrangère (appelée antigène) d'assez haut poids moléculaire (PM > 10 000 daltons), de reconnaître cette substance, aussi artificielle soit-elle, et de l'éliminer : c'est le phénomène de la réponse immunitaire. On sait aujourd'hui que cette reconnaissance est due à une classe de protéines particulières, les *immunoglobulines* (connues aussi sous le nom générique d'anticorps) qui ont la propriété de s'associer *spécifiquement* à la molécule étrangère. La genèse des anticorps fascine par sa mise en place rapide (quelques jours) et par l'extraordinaire adéquation qui permet la production d'un anticorps spécifique de n'importe quel antigène. Un grand nombre de théories ont été invoquées pour expliquer la génération de la diversité des anticorps, le problème central étant de savoir si celle-ci est entièrement préformée au niveau de l'organisation des gènes ou si elle peut être modulée au niveau de l'expression de ces gènes.

L'histoire des sciences est, on l'a déjà entrevu, le siège d'une opposition fondamentale entre deux systèmes explicatifs contraires : il existe des *théories instructives*, qui expliquent les faits expérimentaux au moyen d'agents moteurs agissant comme causes premières et directrices des phénomènes, et des *théories sélectives* où la notion de contingence, qui exprime l'existence de causes sans finalité *a priori*, donne un rôle en apparence fortuit aux agents sélectifs qui sont à la source des phénomènes. L'histoire de l'immunologie n'échappe pas à cette opposition et les premières théories construites par Pauling, où il était proposé que l'antigène façonne la forme d'une classe de molécules très malléables (les immunoglobulines), étaient typiquement instructives. Plus récemment, des théories sélectives sont venues remplacer ces théories à l'aspect de constructions un peu trop *ad hoc*. Mais il a fallu rapidement se rendre à l'évidence : les théories invoquées supposent implicitement l'existence d'un répertoire de diversité très inférieur au nombre de cellules immunocompétentes[6] d'un organisme, car il faut qu'il y ait *préexistence* de l'anticorps approprié à l'agression par n'importe quel antigène.

Or, cela soulève un problème en apparence insurmontable : on admet généralement qu'une souris est capable de faire la synthèse d'au moins 10^8 anticorps de spécificités différentes, alors qu'elle possède au plus 10^7 cellules immunocompétentes accessibles immédiatement. On devrait donc trouver dans au moins 9 cas sur 10 qu'une souris ne répond pas à une agression par un antigène

6. Capables de faire la synthèse d'immunoglobulines.

donné, faute d'avoir une cellule produisant l'anticorps spéficique. C'est, évidemment, l'opposé qu'on observe. Il faut donc amender les hypothèses et ou bien admettre que le répertoire réel est en fait très faible (de l'ordre de dix mille spécificités au lieu de cent millions), ce que très peu d'auteurs admettent[7], ou bien penser que l'antigène intervient dans la réponse.

C'est ainsi que j'ai proposé que la réponse avait lieu en *deux* étapes. Dans une première étape[8], l'antigène serait reconnu — le plus souvent faiblement — par les anticorps portés par la membrane de certaines des cellules immunocompétentes. Ce premier contact déclencherait alors, de façon concomitante avec le déclenchement de la multiplication des cellules concernées, une deuxième réponse. Cette deuxième réponse serait alors *épigénétique*, c'est-à-dire qu'elle concernerait non plus le génome lui-même (ou seulement en dernier lieu), mais son expression. Et ainsi, pour des raisons purement théoriques, j'ai été amené à postuler que cette réponse épigénétique correspondrait à la synthèse de *variants* de la molécule d'anticorps qui avait initialement reconnu l'antigène. Cela ouvrait donc le champ des hypothèses sur les mécanismes moléculaires possibles permettant la synthèse de tels variants...

Mais voyons d'abord l'autre face des réflexions qui ont conduit à un nouveau modèle de l'expression génétique.

b) *Les gènes morcelés des mitochondries*

L'autre volet des approches qui ont mené aux hypothèses qui seront décrites plus bas concerne l'expression génétique des mitochondries. Ces organites intracel-

7. Certains le font cependant, et leur pensée est donc parfaitement cohérente. Rien ne démontre d'ailleurs qu'ils n'aient pas raison.

8. Au cours de laquelle s'effectue la discrimination soi/non-soi, qui permet au système de reconnaître ce qui lui est étranger et ce qui ne l'est pas.

lulaires, bien différenciés et compartimentés au moyen d'une double membrane au sein du cytoplasme, ont déjà été plusieurs fois mentionnés. Ils sont responsables de la respiration cellulaire et possèdent un ADN de petite taille spécifiant la synthèse de plusieurs sous-unités de protéines essentielles à la respiration (entre autres le cytochrome *b* et la cytochrome oxydase), ainsi — et c'est là un aspect tout à fait remarquable — qu'une machinerie autonome permettant la synthèse des protéines spécifiées par cet ADN. Mieux, cette machinerie est tout à fait particulière, car elle correspond à un code génétique presque entièrement « dégénéré », c'est-à-dire à un code essentiellement fondé sur la spécificité de reconnaissance des *deux premières bases* de chaque codon. Il y a cette fois peu d'ARN de transfert différents et les codons voisins AUA et AUG codent pour la méthionine (et non l'isoleucine et la méthionine respectivement, comme dans le cytoplasme), de même que les codes UGA et UGG codent pour le tryptophane (ce qui implique qu'UGA n'est plus un codon de terminaison de la traduction, comme il l'est dans le cytoplasme). Et la mitochondrie possède aussi des ribosomes particuliers qui permettent le fonctionnement de cette machinerie de traduction.

Mais les mitochondries — tout au moins celles de la levure — possèdent une autre bizarrerie. Lorsqu'on étudie les mutations des gènes de la cytochrome oxydase (*oxi3*) ou du cytochrome b (*box*), on observe qu'elles sont groupées en familles distinctes assez éloignées les unes des autres, comme si les gènes étaient composés de domaines distincts au lieu d'être répartis tout au long du gène, comme c'est habituellement le cas. Cela n'était interprété que comme une curiosité génétique jusqu'à ce qu'en 1977, on découvre simultanément dans plusieurs gènes eucaryotes que la longueur de l'ADN codant pour un gène donné peut être beaucoup plus grande que celle de l'ARN messager correspondant, et que tout se passe comme si ce messager était le résultat d'une opération de maturation qui, à partir d'un ARN pré-messager correspondant au gène dans son entier, et à la suite d'excisions de longs fragments et de l'épissage des morceaux restants, conduisait à l'ARN messager. Il devint très vite clair que là était la raison du morcellement apparent des gènes mitochondriaux et qu'ils étaient donc composés de segments codant pour des fragments de la protéine (exons) interrompus par des fragments ne codant pas pour cette protéine, et à la fonction inconnue (introns).

Nombre d'hypothèses ont alors été faites pour tenter de donner — ou ne pas donner — de fonctions aux introns. Mais les études du généticien P. Slonimski avaient conduit à isoler un certain nombre de mutations dans le gène *box* dont la localisation est, sans ambiguïté, dans un intron. Ces mutations conduisaient à l'absence de synthèse d'un cytochrome *b* actif. L'explication la plus simple, dans le cas où l'on trouve que l'effet de ces mutations ne peut pas être compensé par la présence d'un gène sauvage à côté du gène muté[9], est que la mutation implique tout bonnement un défaut du mécanisme d'excision ou d'épissage (et que l'intron ne peut donc plus être enlevé). Mais la découverte la plus spectaculaire a été que certaines mutations situées dans les introns sont *récessives*, c'est-à-dire qu'elles peuvent être sans effet en présence d'un gène possédant l'intron non muté. Cela

9. On dit que ces mutations sont *cis* dominantes (c'est-à-dire agissent sur le gène lui-même sans que la présence d'un gène sauvage puisse complémenter la mutation). La complémentation correspond au fait qu'une fonction défective d'une mitochondrie peut être compensée par la même fonction apportée par une autre mitochondrie : par exemple, un mutant A *box* (défectif en cytochrome *b*) croisé avec un mutant B *oxi3* (défectif en cytochrome oxydase) verra sa respiration rétablie, car le mutant A apporte un gène *oxi3* fonctionnel (et donc la cytochrome oxydase) et B un gène *box* fonctionnel (et donc le cytochrome *b*), ce qui rétablit la chaîne respiratoire. On dit alors que ces mutations sont *trans-récessives* car elles sont complémentables par le gène normal dont le produit agit de façon diffusible (ce qu'on indique par le préfixe *trans*).

implique immédiatement que l'intron code pour un produit diffusible dont la présence est nécessaire au mécanisme d'excision/épissage.

De nombreuses hypothèses ont été élaborées à la suite de la découverte de l'effet de ces mutations, et beaucoup d'auteurs ont pensé que le produit diffusible était constitué de segments d'ARN provenant de l'intron. Ceux-ci, jouant le rôle d'adaptateurs, permettraient l'accolement (dans l'espace) de deux exons éloignés, et laisseraient à une enzyme appropriée le soin d'exciser l'intron et d'épisser les exons devenus contigus. Mais l'analyse de la séquence des nucléotides des introns mutés a permis l'élaboration d'une hypothèse beaucoup plus extraordinaire, et qui rejoignait l'une des hypothèses émises pour expliquer la régulation épigénétique de la genèse de la diversité des anticorps. On a en effet trouvé que certains introns possédaient une suite de nucléotides qui pouvait constituer, parmi les six cadres de lecture possible (définis par le code génétique : trois sur un brin de l'ADN, trois sur l'anti-brin), une et une seule « phase ouverte ». C'est-à-dire une et une seule phase ne possédant aucun codon spécifiant la terminaison de la traduction (ici UAA ou UAG). Par exemple :

Copie d'un brin : Phase ouverte

cadre 1 → AGC'TTA'TGC'TAC'CCA'GTA'GCA'TTT'AAC'

mais 2 → A'GCT'TAT'GCT'ACC'CAG' TAG Phase fermée

ou 3 → AG'CTT'ATG'CTA'CCC'AGT'AGC'ATT' TAA

Copie du brin complémentaire (lecture en sens opposé) : Phase fermée

4 ← AAT 'ACG'ATG'GGT'CAT'CGT'AAA'TTG

5 ← GAT 'GGG'TCA'TCG'TAA'ATT'G

6 ← AAT 'TG

où seule la phase (1) du premier brin est sans codon de terminaison, alors que les phases (2) et (3) du même brin, ou (4), (5), (6) de l'anti-brin, possèdent au moins un codon de terminaison. Cela signifiait que cette phase ouverte était potentiellement traduisible sous la forme d'une protéine (C. Jacq, J. Lazowska, P. Slonimski, 1980).

Cette hypothèse fut confortée lorsqu'on s'aperçut que dans un certain nombre de cas, les mutants d'introns correspondaient en l'apparition d'un *codon de terminaison* (UAA ou UAG) dans cette unique phase ouverte. Les résultats de la génétique prouvaient presque l'existence d'une protéine traduite par la séquence de certains introns. Il restait à établir l'existence de telles protéines dont le rôle serait fondamental (puisque associé directement à l'expression des gènes morcelés), mais dont la concentration serait toujours très faible, car de telles protéines auraient la curieuse propriété autorégulatrice de détruire leur propre messager (à la suite de l'excision des introns, qu'elles catalysent !).

5. Genèse et épigenèse

Ces deux phénomènes, épigenèse et existence de gènes morcelés, sans apparentement évident, ont été réunis en une même hypothèse explicative servant à rendre compte de la différenciation cellulaire et de la morphogenèse qui lui correspond. Il est essentiel, pour le comprendre, de revenir aux fondements conceptuels qui sont à la base même de la biologie moléculaire et dont on a vu, au cours des pages qui précèdent, le développement jusqu'à la naissance de l'hypothèse du code génétique.

A la suite d'une série de révolutions conceptuelles, la méthode analytique a triomphé en biologie et elle a permis de définir un *niveau pertinent minimum* à partir duquel il devenait adéquat de chercher à comprendre la nature des lois qui gouvernent la vie. Ce niveau est le niveau moléculaire. Il est le plus souvent inutile de chercher à vouloir analyser plus avant, car les composants ultimes de la matière prennent alors un comportement statistique que l'on peut considérer comme aléatoire dans les conditions physiques où la vie se déroule. Au niveau moléculaire, il existe une classe d'objets fondamentaux : les macromolécules. L'importance de celles-ci est essentiellement due au fait que, grâce à une combinatoire à la richesse infinie, elles peuvent définir une variété infinie de *formes géométriques*[10]. Les macromolécules sont à la base de la morphogenèse.

Mais l'analyse a permis de définir une autre propriété remarquable des êtres vivants, à savoir que tout système vivant est le résultat de la conjonction de *plusieurs* niveaux d'intégration, délimités par des *frontières*. On trouve ainsi, par ordre croissant, les macromolécules (entourées d'une gangue d'eau), les cellules (entourées d'une membrane à la perméabilité sélective), les organes (constitués de cellules identiques et entourés par des cellules spécialisées formant barrière) et enfin l'organisme (entouré par une peau qui constitue à la fois une frontière et un organe spécialisé dans les échanges entre l'individu et son environnement). Chacun de ces différents niveaux peut interagir avec les niveaux qui lui sont inférieurs ou supérieurs par le biais d'effecteurs appropriés (souvent des petites molécules) qui assurent la régulation homéostatique des parties au sein de l'ensemble et, bien sûr, de l'organisme tout entier.

C'est l'existence de frontières qui définit l'individualité biologique et qui permet de concevoir un organisme comme la combinaison — le plus souvent très complexe — d'éléments plus simples (organes et cellules). La question qui se pose alors est de comprendre la relation

10. Cette variété est due à la combinaison de formes géométriques plus simples. On a vu comment l'*hélice* est l'une de ces formes primitives.

qui existe entre les mécanismes de l'hérédité et la genèse d'un organisme. Cette question ne se pose pas pour les cellules les plus simples, souvent dépourvues de noyau et obéissant à des règles de multiplication par division d'une cellule-mère en deux cellules-filles : dans ce cas particulier, la morphogenèse se restreint à la cellule elle-même et l'individualité biologique est toujours transitoire. Une bactérie se divise ou meurt, elle ne change pratiquement pas de forme et elle ne vieillit pas : la descendance se confond dans l'ascendance.

Ainsi l'existence d'un organisme pose une question plus profonde que l'existence même de la vie. Il y a développement diachronique de caractères héréditaires qui donnent naissance à des cellules différentes, à une morphologie particulière et à une organisation complexe. Au-delà, ce développement conduit à la formation d'une individualité qui, *collectivement*, associe des cellules pourtant bien différenciées et souvent autonomes en un *tout* unique pour lequel il est possible de définir le *soi* et de le séparer de l'étranger ou *non-soi*. En ce sens, ce n'est peut-être pas par hasard que le système immunitaire, si remarquablement spécialisé dans la reconnaissance des corps étrangers, est apparu presque dès la genèse des êtres pluricellulaires [77], et c'est sans doute une nécessité intrinsèque qui fait qu'à l'aptitude à la différenciation corresponde l'existence inévitable du vieillissement et de la mort.

Curieusement, il n'existe aujourd'hui, au-delà de la simple ébauche, pratiquement pas de théorie plausible de la différenciation cellulaire, de même qu'il n'existe pas de théorie adéquate du vieillissement. Et parmi les maladies qui nous touchent le plus, le cancer reste [11] une énigme particulièrement douloureuse, justement parce qu'il

11. Malgré la découverte récente de nombreux « gènes du cancer » dont on ne sait encore que très peu de chose, notamment sur leurs mécanismes d'action.

s'agit d'une sorte de revanche de la jeunesse contre le vieillissement et de l'indifférencié contre le différencié. Il est ainsi naturel de penser que l'ensemble de ces questions ouvertes de la biologie viennent, au moins pour partie, de ce qu'on ignore les caractéristiques d'une réponse qui leur serait commune. Il est alors légitime de s'interroger sur ce que l'on sait déjà de l'expression génétique des êtres vivants indifférenciés que sont les bactéries pour rechercher, parmi les éléments structuraux, morphologiques ou dynamiques qui séparent les cellules différenciées de ces êtres éternellement jeunes, les éléments d'une réponse adéquate.

Voici à quoi l'on est conduit :

Le flux de l'information génétique chez les bactéries se restreint aux transformations ADN → ARN → protéine. Les protéines sont les effecteurs généraux de la cellule et réalisent toutes les étapes du métabolisme, des synthèses macromoléculaires et des échanges avec le milieu extérieur. L'ADN, quant à lui, est essentiellement voué à sa reproduction en une copie identique. Le rôle de l'ARN est essentiellement régulateur : comme messager intermédiaire entre la structure de chacun des milliers de gènes qui composent l'ADN et la protéine, il a une très brève durée de vie et sa synthèse est déclenchée et arrêtée très rapidement au gré des perturbations de l'environnement. Ainsi, une bactérie est capable de s'adapter en quelques instants à des environnements extrêmement changeants : comme elle ne dispose que d'une maigre protection vis-à-vis de l'extérieur (son enveloppe complexe mais assez fragile), elle doit pouvoir presque instantanément se satisfaire d'exigences contradictoires. Il existe cependant — très probablement — un mécanisme de régulation général qui permet la *coordination* des différentes synthèses au sein de la bactérie, et il est très probable que l'enveloppe bactérienne, par son *caractère intrinsèquement global* (elle entoure, par définition, la bactérie), participe directement à cette coordination. On peut ainsi penser qu'il existe, parmi les différents métabolites dont le flux varie en fonction des apports de l'environnement, certaines molécules dont le rôle est de réguler les flux métaboliques généraux *et* les synthèses macromoléculaires (et par conséquent aussi, au moins indirectement, la multiplication cellulaire). Et il est plausible qu'une cible au moins de ces molécules sera l'enveloppe. Ainsi la variation de la concentration intracellulaire d'une telle molécule pourra adapter le flux d'entrée des sources de carbone à leur consommation et, par là — en raison même de l'organisation originale du système de transport des sources de carbone [78] —, à la vitesse des synthèses macromoléculaires en modulant directement la traduction (ARN → protéine) ou la transcription (ADN → ARN). Un réseau restreint de molécules régulatrices, connectées à des récepteurs aux fonctions essentielles (perméation, transcription, traduction) permet ainsi, avec une grande économie de moyens et grâce à une organisation hiérarchique appropriée, de contrôler globalement l'expression génétique chez les bactéries.

Qu'en est-il chez les êtres multicellulaires ? Il est raisonnable d'imaginer que des contrôles voisins de ceux qui viennent d'être évoqués existent là aussi, mais il est nécessaire aussi qu'il existe une coordination globale. De plus, il est nécessaire qu'au cours de l'embryogénèse, un même patrimoine génétique, celui de l'œuf fécondé, puisse donner lieu à une différenciation non seulement extrême, mais stable : au cours de la vie d'un individu, les cellules-souches du sang donneront des globules rouges et des globules blancs, alors que les cellules-souches de la peau donneront des cellules de l'épiderme.

Une différence morphologique essentielle existe d'emblée entre ces cellules capables de différenciation et les bactéries : elles possèdent un noyau alors que les secondes n'en possèdent pas. Les cellules à noyau (pour cette raison nommées eucaryotes) abritent de plus des petits organites autonomes (mitochondries, et, dans le cas des végétaux, chloroplastes) qui possèdent leur propre matériel génétique autoreproductible et qui sont responsables du métabolisme énergétique de la cellule.

Ainsi les cellules eucaryotes sont déjà, en elles-mêmes, organisées en une hiérarchie complexe, visible au niveau de la morphologie et suggérant l'existence de niveaux d'intégration supplémentaires par rapport à ce qui se passe chez la bactérie. Or j'ai déjà mentionné que les mécanismes de l'expression génétique eux-mêmes possèdent un niveau supplémentaire chez les eucaryotes par rapport aux procaryotes. Le flux de l'information du programme génétique est le même ADN → ARN → protéine, mais l'étape ARN se divise en deux. Au sein du noyau (et c'est donc certainement là une de ses raisons d'être), il y a transcription de l'ADN en ARN, avec toutes les régulations appropriées (pour la plupart encore inconnues aujourd'hui, bien qu'on ait tendance — à tort sans doute — à les assimiler à toutes celles que l'on connaît déjà chez les procaryotes). Et, *au niveau de l'enveloppe nucléaire,* l'ARN pré-messager contenu dans le noyau est modifié (excision des introns) avant d'être transporté dans le cytoplasme de la cellule où il pourra jouer son rôle de messager. Cette étape est rigoureusement indispensable pour que le messager puisse parvenir au cytoplasme.

On entrevoit donc ici qu'une étape régulatrice majeure, spéciale aux cellules eucaryotes, pourrait dériver d'un rôle particulier de l'enveloppe nucléaire.

Or il se trouve qu'une enveloppe possède, en soi-même, un comportement héréditaire original si les éléments qui la composent ne sont pas *détruits* au cours de sa division, lorsqu'elle donne lieu à deux enveloppes-filles. Si, par exemple, une enveloppe contient à l'état initial un millier d'exemplaires d'une molécule régulatrice, il faudra au moins *dix générations*[12] sans nouvelle synthèse de

12. $1000 \simeq 2^{10}$.

ces molécules pour que se perde totalement la mémoire de l'état initial de l'enveloppe. Si, par ailleurs, un événement initial permet la synthèse d'une telle famille de molécules, il suffira d'un très faible niveau d'autocatalyse (c'est-à-dire de spécification de la synthèse de ces molécules par ces molécules elles-mêmes) pour que cette « mémoire » se perpétue indéfiniment : il peut ainsi se manifester une *hérédité épigénétique*, perpétuée par l'existence d'un réseau d'interactions entre les molécules d'une enveloppe, qui soit distincte de l'*hérédité génétique* (celle qui est directement transmise par la réplication à l'identique de la molécule d'ADN).

L'hypothèse actuelle la plus élaborée tendant à rendre compte, au niveau moléculaire, de la différenciation cellulaire, a précisément cherché à associer en un même phénomène l'existence d'une enveloppe nucléaire, la nature « morcelée » des gènes des cellules eucaryotes et la translocation, concomitante de la maturation de l'ARN pré-messager en ARN messager au niveau de l'enveloppe nucléaire :

> « La découverte des gènes morcelés dans le noyau des eucaryotes supérieurs pose un problème qui se présente sous deux aspects complémentaires. D'une part, des milliers de gènes morcelés différents existent dans un même noyau et la question se pose de savoir comment la machinerie enzymatique d'épissage sélectionne le produit primaire de la transcription d'un gène donné. C'est le problème du *choix*. D'autre part, des gènes morcelés sont transcrits en de larges molécules d'ARN pré-messager contenant à la fois les séquences introniques et exoniques et constituant une part importante de l'ARN hétérogène nucléaire. Par contre, l'ARN messager produit par l'épissage se trouve dans le cytoplasme ; d'où le problème du *transport* au-delà de la membrane nucléaire de l'ARN messager et de la rétention, en deçà de celle-ci, de l'ARN pré-messager.
>
> Dans un travail précédent [*l'Identification de phases ouvertes*], nous avons décrit les résultats expérimentaux

qui suggèrent fortement qu'un intron du gène mitochondrial *cob-box* de la levure, code pour une protéine, l' " ARN maturase ", impliquée sélectivement dans l'épissage de ce même intron. En partant de cette idée, nous avons élaboré un modèle plus général. Son but est d'expliquer *conjointement* les deux aspects du problème, celui du *choix* et celui du *transport*.

Notre postulat est qu'il existerait deux classes de protéines que nous désignerons par *eu*-protéines et *m*-protéines. Les deux classes se distingueraient par une utilisation différente de certains codons du code génétique lors de leur biosynthèse, et par le lieu de cette biosynthèse. La classe des *eu*-protéines inclut toutes les protéines des procaryotes et toutes les protéines synthétisées par les ribosomes cytoplasmiques chez les eucaryotes, autrement dit la quasi-totalité des protéines connues. Le codon UGA est un codon de terminaison lors de leur biosynthèse. Nous postulons que, par contre, dans la biosynthèse des *m*-protéines, le codon UGA signifierait tryptophane. La biosynthèse des *m*-protéines aurait lieu à l'*intérieur du noyau* des eucaryotes et dans les mitochondries. Les *m*-protéines, de par leur structure, auraient deux fonctions spécifiques : elles assureraient le choix de l'intron à épisser à partir duquel elles seraient traduites (fonction ARN maturase), et elles permettraient le transfert du noyau vers le cytoplasme de l'ARN messager issu de cet épissage (fonction " transport "). Elles rempliraient ainsi le rôle de *protéines messagères* [79]. »

Une fois comprises ces définitions, il devient nécessaire de les rattacher à la caractéristique la plus frappante des organismes dérivés des cellules eucaryotes, à savoir la différenciation cellulaire. Cela suppose au préalable la compréhension d'une caractéristique particulière des mécanismes de l'hérédité, à savoir la stabilité opigénétique de l'expression des gènes.

Mais l'hérédité en soi, dès le niveau des organismes les plus simples, est un concept flou, précisément à cause du rôle que joue le milieu extérieur à l'individu. En effet, ce n'est que par une simplification abusive qu'il est possible de décrire l'expression génétique en termes de transferts définis par des règles de réécriture appropriées du type :

expression génétique
ADN → ARN → protéine
↓ *hérédité*
ADN

Il se trouve en effet que la réécriture ADN → ADN ne peut avoir lieu que dans un système *déjà exprimé* (la cellule-mère, ou l'organisme maternel). On définira donc comme héréditaire l'aptitude d'un individu à transmettre ses caractères exprimés (son phénotype) par le biais d'une structure appropriée (son génotype, mais aussi d'autres structures, on va le voir) à sa descendance.

Ce qu'on peut nommer l'*hérédité génétique* correspond alors à la transmission héréditaire de la structure de l'ADN. Mais il est possible de montrer qu'il existe un autre type d'hérédité, médié par la transmission d'une structure différente de l'ADN (et qui existe même chez les bactéries) et qu'on peut appeler l'*hérédité épigénétique*. C'est ce type héréditaire qui, par le biais du concept de phénocopie (c'est-à-dire de copie phénotypique stable de l'état d'un parent à sa descendance [cf. 80]), a pu, de façon erronée, faire croire à l'existence d'une héritabilité (*génétique!* donc transmise par l'ADN) de caractères acquis [cf. 81].

En voici, en deux mots, un exemple qui reprend le système lactose évoqué au début de cet ouvrage. Le colibacille est capable de se reproduire en utilisant comme source d'énergie le sucre lactose. Pour ce faire, il dispose de deux protéines particulières, une protéine servant à faire entrer le lactose dans la cellule, une lactose perméase, codée par un gène *lacY*, et une protéine servant à dégrader le lactose en sucres plus simples, la β-galactosidase, codée par un gène *lacZ*. L'expression des gènes *lacY* et *lacZ* est conditionnelle et adaptative. Elle est induite seulement lorsque le lactose est présent dans l'environnement. Cet inducteur permet la mise en route de la synthèse d'un ARN messager qui, après traduction en protéines, donne la β-galactosidase, cytoplasmique, et la perméase qui va se loger dans l'enveloppe de la cellule. Suivant l'état de l'environnement, on peut donc distinguer, pour un génotype identique, plusieurs types de cellules : en présence de lactose (ou d'un inducteur « gratuit », c'est-à-dire non métabolisé par la cellule, I), les cellules contiennent toutes de la β-galactosidase et de la perméase (et sont donc aptes à fermenter instantanément le lactose) ; en l'absence d'inducteur, elles sont dépourvues de ces protéines. Les chercheurs travaillant sur ce système se sont alors demandé si l'on pouvait altérer le phénotype de ces cellules de façon héréditairement stable *sans* altérer l'ADN ; ou encore, serait-il possible que ces cellules conservent la *mémoire* d'un événement initial, de génération en génération, *sans* modification de l'ADN (ce qui ressemblerait à s'y méprendre à l'héritabilité d'un caractère acquis) ?

Ils ont alors réalisé l'expérience suivante : une population génétiquement homogène du colibacille a été séparée en deux groupes A et B. Le groupe A a été soumis pendant quelques minutes à une concentration élevée d'inducteur I du système lactose, puis, séparément, les groupes A et B ont été suspendus dans un milieu identique, contenant une très faible concentration de l'inducteur. Et, après de très nombreuses générations, on a révélé le phénotype du groupe A et le phénotype du groupe B en regardant leur aptitude à fermenter le lactose. Même après 30 générations, le groupe A est instantanément apte à fermenter le lactose, chaque cellule possède de la β-galactosidase et de la perméase, le groupe B est dépourvu de ces protéines [82]. Ainsi, le groupe A transmet héréditairement un phénotype que le groupe B ne transmet pas, et il est possible (par exemple en resuspendant les deux groupes dans un milieu totalement dépourvu d'inducteur I) de montrer que la structure génétique des groupes A et B est identique.

Que s'est-il passé ? Lors de l'événement initial, les cellules du groupe A ont permis l'induction transitoire de la perméase, dont les molécules se sont placées dans l'enveloppe. Lorsque ces cellules se sont retrouvées dans un milieu contenant une faible concentration de l'inducteur, la perméase déjà présente dans leur enveloppe a permis à l'inducteur de se concentrer à l'intérieur de la cellule et, par conséquent, de *perpétuer l'induction.* Dans les cellules du groupe B, dépourvues de perméase, l'inducteur n'a pu atteindre une concentration intracellulaire suffisante pour déclencher l'induction. Ainsi, c'est par l'état de *l'enveloppe cellulaire* que s'est perpétuée, de façon héréditaire, la mémoire.

Or la différenciation cellulaire est bien un phénomène héréditaire, mais *épigénétique :* on sait, dans nombre de cas, faire retourner des cellules différenciées ou même cancéreuses à un état non différencié, par exemple en les insérant au sein d'un embryon à un stade très primitif. On doit donc admettre qu'outre la transcription de l'ADN, se transmettent de génération en génération les conditions particulières d'un état de son expression.

En reprenant les concepts énoncés plus haut, nous pourrons formuler un premier postulat qui sera que cette régulation est le fait de protéines situées dans l'enveloppe nucléaire. Notre deuxième postulat sera que ces protéines sont responsables de l'excision et de l'épissage de certains ARN nucléaires en ARN messagers fonctionnels ; et le troisième postulat sera que ces protéines sont le résultat de l'expression, au niveau du noyau de la cellule, de certains des introns portés par les ARN nucléaires prémessagers. On supposera de plus que ces protéines régulatrices, appelées *m*-protéines (pour protéines *m*essagères ou protéines de *m*aturation), forment au niveau de l'enveloppe nucléaire un réseau d'interactions qui ne leur permet d'occuper qu'un nombre limité de sites. Enfin, ce réseau sera supposé tel que, par complémentarité structurale, les *m*-protéines déjà présentes ne permettent qu'à certaines classes d'autres *m*-protéines de se placer au sein de l'enveloppe.

Sous ces conditions, on voit que les *m*-protéines sont des régulateurs de l'expression génétique chez les eucaryotes : en l'absence d'une *m*-protéine nécessaire à l'étape d'excision/épissage, un ARN nucléaire, même déjà transcrit, ne pourra pas devenir un ARN messager. Le gène correspondant ne pourra donc pas être exprimé. De plus, du fait que les *m*-protéines sont le produit de la traduction des *introns,* elles participent, par elles-mêmes ou via une action réciproque du produit d'un gène sur un autre, à la *régulation de leur propre synthèse.* On peut aisément voir là la base d'une hérédité épigénétique. En effet, si un signal approprié déclenche la transcription d'un gène, il faut encore que la (ou les) *m*-protéines nécessaires à la translocation du messager correspondant soient présentes dans l'enveloppe nucléaire. Et une « mémoire » de cette présence pourra exister si — et seulement si — la structure du réseau des *m*-protéines se conserve de génération en génération. Mais pour qu'il y ait effectivement une expression différenciée, il suffit qu'il y ait plusieurs réseaux stables possibles incompatibles entre eux. Cela sera réalisé, par exemple, si le nombre des sites possibles disponibles pour la liaison des *m*-protéines au niveau de l'enveloppe est sensiblement *plus petit que le nombre des gènes* [83].

Cette observation a de nombreuses conséquences inattendues. D'une part, à chaque réseau de *m*-protéines correspond une réalisation particulière du programme génétique : on a là typiquement le cas de la différenciation cellulaire en autant de types cellulaires différents que de réseaux stables possibles. On peut remarquer ici que du fait de la structure en réseau, l'expression de deux gènes peut être incompatible *simultanément,* et des cellules différenciées de façon identique pourraient, par exemple, exprimer soit un gène soit l'autre. Cela implique dans la descendance d'une cellule initiale l'existence de *zones* comportant une expression homogène d'un type donné voisinant avec des zones comportant l'autre type (comme le sont les zébrures de la peau du tigre). Ensuite, comme cette hérédité de la différenciation est *épigénétique* et due à un nombre *limité* de molécules régulatrices (prises individuellement), elle est instable au cours du temps.

En effet, à chaque division cellulaire, l'enveloppe nucléaire comporte une moitié de sites vierges qui vont être occupés par de nouvelles *m*-protéines en fonction de l'état du réseau pré-existant. Et, si la moindre altération de ce réseau est amorcée, elle tendra à s'accroître au fur et à mesure des multiplications. Plus exactement, certaines classes de *m*-protéines tendront à envahir peu à peu les sites disponibles, tandis que d'autres disparaîtront. Or on peut définir dans toute cellule deux classes de gènes : des gènes dont l'expression tend à permettre et favoriser la multiplication cellulaire, et des gènes dont l'expression correspond à des « marqueurs » particuliers de la différenciation (comme la synthèse de telle ou telle protéine, trouvée spécifiquement dans les cellules de tel ou tel type). Par conséquent, au fur et à mesure des différenciations, on se trouve en face de l'alternative : ou bien ce sont les *m*-protéines correspondant à la première classe qui dominent (aux dépens de la seconde), et l'on se trouvera en face de cellules qui ont perdu certains de leurs caractères de différenciation et tendent à se multiplier indéfiniment (c'est le cas de la tumeur), ou bien ce sont les *m*-protéines correspondant à la seconde classe qui dominent et le potentiel de division de la cellule va peu à peu diminuer et disparaître (c'est le vieillissement et la mort de la classe cellulaire correspondante).

Voilà donc, schématiquement, comment il est possible de concevoir, en termes moléculaires, les contraintes de la différenciation cellulaire, par le biais d'une hérédité épigénétique dont le support est l'enveloppe nucléaire. On y voit que la conséquence inéluctable du caractère épigénétique de la différenciation est le vieillissement et la mort, avec, comme seule alternative, la tumeur partiellement différenciée.

Il existe cependant une façon d'échapper, au moins pour un temps, à cette alternative : la cellule peut, lors de certaines divisions, augmenter fortement la surface de son enveloppe nucléaire, ce qui revient à la mettre dans une situation voisine de son état initial. C'est effectivement ce qui arrive chez certains protozoaires vieillissants qui se refont ainsi une nouvelle jeunesse. C'est peut-être ce qui arrive aussi chez les amphibiens dont les membres peuvent se régénérer après amputations. Mais il ne s'agit pas là du cas général des organismes différenciés. L'existence d'une propagation de l'espèce au moyen de cellules spécialisées (les gamètes) rend d'ailleurs inutile et même nuisible la perpétuation des individus !

Il est bien certain que l'explication qui vient d'être proposée — ne serait-ce que parce qu'elle est très récente (elle est encore en cours d'élaboration, conceptuellement et expérimentalement) —, ne peut rendre compte de l'ensemble de la morphogénèse. On en a vu toutefois un exemple : de quelques cellules initiales peuvent dériver des zones homogènes qui auront les unes avec les autres des frontières bien délimitées. Si, en outre, les vitesses de croissance des cellules de chacune de ces zones sont légèrement distinctes, ou possèdent une quelconque anisotropie, on obtiendra des figures variées dont les peaux des animaux donnent des exemples de toutes sortes : zébrures, ocelles, taches. Bien entendu, ces figures peuvent exister au niveau de *volumes* et non pas seulement de surfaces, avec comme type premier l'ancêtre de tout organe ou de tout organisme : une classe de cellules centrales entourées d'une classe différente de cellules formant une peau. Si l'on y regarde de près, toute morphogénèse dérive de cette situation initiale par des déformations venant des différences — qui peuvent être très grandes — entre les vitesses de croissance. Il convient enfin d'y superposer une forme primordiale qui existe surtout lorsque les vitesses de croissance ne permettent qu'un bourgeonnement polaire, en un nombre limité de points de chaque cellule : celle d'un réseau arborescent.

Cela donne à la *dynamique* de l'expression génétique une dimension d'importance majeure (on peut imaginer des régulations en cascade) et relier l'état de la différenciation à un développement temporel : on retrouve là l'une des préoccupations essentielles des paléontologistes qui, travaillant au niveau *macroscopique*, insistent, comme J. Gould, sur l'*hétérochronie* des différentes échelles de temps qui président à la mise en forme d'un individu [84]. Il se pourrait, par ce biais, que la méthode analytique trouve enfin l'une de ses justifications dans son aptitude à rendre compte, au moyen d'une description *locale*, de phénomènes *globaux* comme la morphogénèse.

6. Phylogénèse

Il reste encore à tenter de rendre compte de l'existence, de l'origine et de la fonction initiale des introns. On a vu comment il était plausible qu'une coévolution ait conduit à la genèse de structures complémentaires acide nucléique/protéine, l'un spécifiant l'autre tout en conservant des interactions stables (c'est le cas, par exemple, des acides nucléiques spécifiant la synthèse des protéines de capside avec lesquelles ils interagissent). Une évolution de ce type aurait pu conduire par exemple aux ARN ribosomiques, possédant au stade ancestral la capacité de spécifier la synthèse des protéines ribosomiques. Aux premiers stades, les gènes étaient *dispersés* et non reliés en une molécule unique (cela est encore le cas chez certains virus, comme le virus de la grippe) et l'une des caractéristiques de l'évolution a été de les réunir en une seule molécule.

Mais l'expression précise de chacun des « gènes » ainsi constitués va requérir un mécanisme général de séparation physique de ces longues molécules. On attend donc deux conséquences évolutives de cette observation : d'une part, il existera un complexe enzymatique capable d'effectuer la « maturation » des molécules longues en reconnaissant certains signaux de « ponctuation » marquant le début et la fin des unités génétiques ; d'autre part, on peut attendre, en l'absence de signaux généraux, que chaque unité génétique définisse le système enzymatique capable d'en assurer l'excision. Ces deux systèmes sont certainement liés phylogénétiquement et l'on peut imaginer que le premier a dérivé et évolué parallèlement au second. Dans un premier temps — on l'a déjà remarqué —, la *spécificité* ne pouvait être rigoureusement assurée et c'est sans doute une machinerie générale qui devait assurer la maturation, avec une précision plus ou moins bonne. Dans un deuxième temps, alors que la précision s'affinait, il devenait nécessaire que chaque unité génétique possède son propre système de maturation, ce qui assurait par ailleurs son autonomie génétique.

A ce stade, il apparaît que le système est très instable : en effet, l'existence d'une activité catalytique permettant la maturation (séparation d'un fragment d'acide nucléique en deux) implique l'existence symétrique d'une activité catalytique en sens inverse (en raison de la réversibilité des réactions enzymatiques[13]). On doit alors penser que tout système possesseur d'une enzyme d'excision-maturation appropriée va évoluer aisément vers un système possédant aussi l'aptitude à l'*insertion*. Ainsi, un gène primitif sera un fragment d'acide nucléique porteur

13. C'est d'ailleurs ainsi qu'on peut considérer la réaction de maturation comme directement dérivée de la réaction de fusion des gènes.

d'un petit nombre de zones spécifiant des fonctions catalytiques précises et un système permettant l'excision et l'insertion du fragment en question dans d'autres acides nucléiques. Initialement, ce système sera fait d'acides ribonucléiques [14], mais il pourra subsister ensuite au sein des acides désoxyribonucléiques (sous réserve de l'existence d'une machinerie de transcription appropriée).

Ce raisonnement simple conduit à remarquer qu'il existe en effet, encore aujourd'hui, des unités génétiques construites selon ce schéma (on les appelle des *transposons*, car elles ont la capacité de se transposer d'un endroit à l'autre de l'ADN des chromosomes) et à nous interroger sur leurs relations possibles avec les introns. Plus précisément, ne peut-on penser que les introns sont les traces actuelles d'une évolution d'unités génétiques primitives analogues aux transposons [15] ? Et d'abord, la remarque pertinente de W. Gilbert montrant que les gènes morcelés comportent en fait des unités codant pour des *domaines fonctionnels* de protéines (exons) séparés par des introns n'indique-t-elle pas précisément qu'il s'agissait initialement d'unités génétiques analogues à des transposons ? L'avantage sélectif majeur d'un système de ce genre apparaît immédiatement : par essais et erreurs (dus aux transpositions spontanées), deux domaines protéiques fonctionnels peuvent être amenés au voisinage l'un de l'autre, et s'il existe alors un mécanisme approprié d'excision des « transposons » qui les ont amenés à se trouver proches l'un de l'autre, il pourra se constituer une seule protéine faite de deux domaines... Un tel mécanisme aurait la propriété d'accélérer de façon immense la

14. T. Cech et ses collègues de Boulder, au Colorado, viennent de montrer qu'un intron, présent dans l'ARN ribosomique, a la particularité de s'exciser *tout seul*. Cela confirme ces affirmations en démontrant qu'aujourd'hui, un ARN a des propriétés qui ont pu avoir une importance majeure à l'origine de la vie [55].

15. La découverte de Cech va dans ce sens.

vitesse de l'évolution et de contribuer ainsi à éclaircir des paradoxes de la remarquable adaptation enzymatique qui semble exister chez la plupart des êtres vivants [16].

16. Un raisonnement fréquemment rencontré, mis en avant pour la première fois par le physicien E. Wigner, voudrait en effet que la vie soit un phénomène physique *impossible* en l'absence d'une intervention extérieure (divine, par exemple). Ce raisonnement est que la probabilité d'existence d'une unité autoréplicative est si faible qu'elle n'est pas concevable physiquement. Son raisonnement, rapporté — puis réfuté — par M. Eigen, est le suivant :

> « Si l'on suppose qu'un " état du vivant ", de même que les états correspondants de ses éléments et de ses produits métaboliques, sont donnés en totalité, au sens de la mécanique quantique, et peut donc être décrit par des vecteurs d'état dans un espace de Hilbert, le processus de reproduction — c'est-à-dire l'interaction de l'organisme avec ses éléments conduisant à la duplication de l'organisme — peut s'exprimer sous la forme d'une transformation mettant en jeu une " matrice de collision " S. Si l'on suppose que S est une matrice dont les éléments sont obtenus au hasard, alors il apparaît que le nombre des équations qui représentent la transformation dépasse très largement le nombre des inconnues, c'est-à-dire les composants des vecteurs — ce dépassement étant de l'ordre de grandeur de N^2R, à comparer à $(N + R + NR)$ pour des grands nombres N et R arbitraires. Et, en réalité, pour un choix réaliste quelconque, N et R sont en effet des nombres tellement grands que — comme Wigner le remarque correctement — " ce serait un miracle " si les équations de transformation étaient satisfaites par les inconnues (affirmation qui reste valable même si de nombreux états possibles représentent l'organisme vivant). Mais l'ensemble de cette augmentation repose sur l'hypothèse que S est pour l'essentiel une matrice d'éléments pris au hasard et que l'interaction avec l'environnement n'est pas le résultat d'une " instruction ", ce qui implique que tout état donné est infiniment improbable si on le compare au nombre immense des états possibles.
>
> Ainsi, ce résultat peut conduire à la conclusion que tout état de la matière un peu élaboré, du type de celui que nous appelons aujourd'hui " vivant ", ne peut pas provenir d'un assemblage aléatoire. La présence d'une instruction au niveau moléculaire, qui implique que la matrice S de la transformation doit être une forme très particulière, demande une adaptation appropriée de la mécanique statistique aux conditions et aux limites particulières dues au processus de sélection et d'évolution, mais n'indique pas nécessairement " que les lois actuelles et les concepts de la mécanique quantique devront subir des modifications avant de pouvoir être appliqués au problème de la vie ". »

La réfutation élégamment développée par M. Eigen montre que ce raisonnement est spécieux, car il suppose qu'on soit arrivé *en une seule étape* dans l'état actuel du vivant. Le perfectionnement d'un système légèrement autoréplicatif rend au contraire cette évolution possible,

Si cette hypothèse est adéquate, on peut prédire l'existence, dans les séquences actuelles des introns, d'éléments communs avec les transposons connus, ou, tout au moins, d'un parallèle évolutif entre les séquences introniques et les séquences transposables. En outre, dans la mesure où l'autoreconnaissance des séquences par les protéines qu'elles spécifient dériverait d'un même ancêtre que les séquences qui ont conduit aux ARN ribosomiques, on peut espérer trouver quelque point commun entre ces dernières et certains introns.

Les séquences transposables ont été bien étudiées, principalement chez les bactéries. Il est possible à l'heure actuelle d'en déduire une image évolutive (figure p. 215) dont les caractéristiques sont les suivantes :

La séquence primitive spécifie la synthèse d'une protéine (transposase) qui a la propriété de reconnaître certaines caractéristiques de la séquence codante et d'en permettre l'excision et l'insertion en des points plus ou moins arbitraires d'autres séquences d'acide nucléique. On remarque aussitôt que si *plusieurs* séquences d'insertion se trouvent présentes dans un même organisme, la protéine spécifiée par l'une d'entre elles suffit à permettre la transposition de n'importe laquelle. Il s'agit donc d'un cas particulier de *n*-plication d'unités génétiques, et le raisonnement de S. Ohno, qui en prédit la divergence évolutive, s'applique donc.

Comment va se faire cette divergence ? On doit remarquer qu'il existe deux contraintes particulières dans le

---

sinon plausible. En effet, les probabilités à considérer sont systématiquement des probabilités *conditionnelles :* étant donné le système dans l'état n, quelle est la probabilité de l'obtenir dans l'état $n + 1$? Il faut toutefois noter que si le problème est aisément résolu pour *une* protéine, l'évolution simultanée des 1 000 à 100 000 protéines de tout être vivant est beaucoup plus problématique et demande une autre justification. C'est ce qui rend particulièrement féconde l'hypothèse de l'évolution par duplication des gènes proposée par S. Ohno et, pensons-nous, l'évolution par séquences de transposition.

système : d'abord l'existence d'une structure de reconnaissance de l'acide nucléique, reconnu comme *substrat* de l'enzyme ; ensuite, l'existence d'un produit diffusible exerçant son effet en *trans* (c'est-à-dire éventuellement loin du lieu de sa synthèse). Ces deux contraintes correspondent d'ailleurs à la caractéristique commune, déjà mentionnée, de tous les acides nucléiques qui sont à la fois *donnée* et *matrice*. Ces deux contraintes peuvent évoluer séparément, du moins tant que la séquence conserve l'ensemble des deux fonctions. En particulier, elle peut perdre l'aptitude à faire la synthèse d'un produit efficace en *trans* (par exemple, en diminuant le taux d'expression de ce produit et en incorporant au mécanisme de reconnaissance certaines contraintes — le dispositif de traduction, par exemple — venant du système d'expression lui-même). On trouvera alors un système de transposition dont l'efficacité principale aura lieu en *cis* (c'est-à-dire *in situ* ou par le produit *in statu nascendi*).

C'est effectivement ce qu'on observe dans certains cas, par exemple dans les séquences transposases du transposon Tn5. Supposer une évolution ultérieure implique qu'il existe simultanément plusieurs séquences de transposition, de telle manière que l'un d'entre elles puisse fournir aux autres la transposase diffusible en *trans*. Après l'évolution vers un effet *cis*, le système va perdre l'*activité* transposase tout en conservant la structure de *substrat* de la transposase. On a vu que la machinerie d'expression pouvait faire partie du mécanisme d'excision-insertion, et le premier stade sera donc l'introduction, vers la *fin* du gène de la transposase, d'un codon de terminaison de la traduction par exemple : la séquence en question ne pourra plus produire de transposase active, mais elle pourra utiliser une transposase diffusible, ainsi que la machinerie responsable de son expression, pour permettre la transposition. Ce cas est — lui aussi — connu : il s'agit de la deuxième séquence de transposition du

Evolution des séquences d'insertion (IS)
frontières des transposons (ADN)

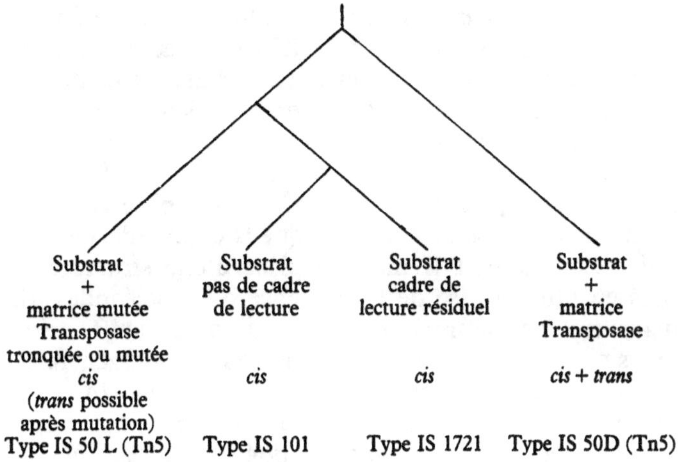

Evolution des introns (ARN)

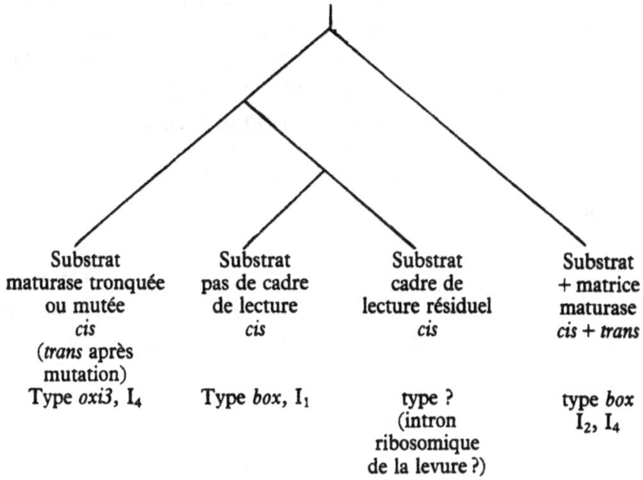

transposon Tn5, par exemple. Au stade suivant, l'évolution conduit à un élément transposable qui est reconnu comme *substrat pur*. On ne trouve plus trace cette fois — ou seulement une trace très altérée — de la capacité codante existant chez ses ancêtres. Mais, au contraire, l'évolution a conduit à une séquence nucléotidique particulière définissant avec grande précision la qualité de *substrat d'une transposase générale*. Ce cas est lui aussi connu (voir figure p. 215). Ainsi peut-on observer deux évolutions en sens inverse : lorsque la qualité de substrat s'affine et requiert la mise en place d'une structure de plus en plus précise de la séquence des nucléotides (de manière à permettre la formation d'une structure tridimensionnelle bien reconnue par la transposase générale), la qualité de matrice s'efface peu à peu. Un stade intermédiaire important est sans doute la prise en compte par le mécanisme de transposition du mécanisme de synthèse de la transposase (effet *cis*), effet que nous allons retrouver maintenant dans le cas des introns.

Les transposons sont des unités génétiques constituées d'ADN. C'est pourquoi un effet *cis* du produit de la traduction d'un gène porté par cet ADN est assez difficile à comprendre, car on conçoit relativement difficilement un effet *local* (c'est-à-dire non diffusible) du produit de la *traduction*, sauf à imaginer un couplage strict entre l'expression génétique (transcription et traduction sont en général couplées) et la *réplication*[17]. Les choses sont plus simples dans le cas des introns dont l'excision a lieu au stade *de l'ARN*. Le raisonnement fait plus haut s'applique intégralement et on est ainsi en droit de trouver quatre classes d'introns distingués par leur fonction *substrat* et leur fonction *matrice*. Au stade initial, on trouve donc qu'un intron spécifie la synthèse d'une ARN

17. On peut aussi imaginer une participation à la catalyse de la séquence de l'ADN : le produit de la traduction ne pourra être fonctionnel qu'en présence d'une séquence d'ADN correcte.

maturase (*m*-protéine) active en *trans* et déterminant la *spécificité* du mécanisme d'excision/épissage. A ce stade, en raison de la très grande finesse permise dans la spécification par la mise en jeu d'une protéine (la maturase), les contraintes comme *substrat* sont assez faibles et ne concernent sans doute qu'une fraction de l'intron.

Un aspect nouveau doit cependant être souligné ici : l'excision d'un intron, suivi de l'épissage des deux exons adjacents (en amont et en aval de l'intron), suppose qu'ensuite l'ARN ainsi formé sera traduit en une protéine fonctionnelle. Cela implique qu'au niveau de la jonction des exons, la *phase de lecture* (les codons sont lus par des ARN de transfert et correspondent à des groupes de trois bases) *soit conservée.* Une façon simple de contraindre cette conservation est d'imaginer que la machinerie de traduction elle-même (le ribosome) soit *impliquée dans l'épissage.* On observe donc la présence de trois éléments nécessaires au mécanisme : le couple matrice/substrat et la machinerie de traduction. Un stade immédiat de l'évolution va être, en présence d'une machinerie générale d'excision/épissage, d'affiner peu à peu la qualité *substrat* de l'intron en perdant sa qualité de matrice. Un premier stade apparaîtra lorsque la *m*-protéine aura un effet purement *cis* ; au stade suivant, quelques éléments de la machinerie de traduction seront seuls conservés et on n'observera plus qu'une phase de lecture partiellement ouverte (codons de fin de traduction dans la région terminale de la *m*-protéine ancestrale) ; enfin, toute phase de lecture disparaîtra et l'intron aura une structure précise permettant une reconnaissance tridimensionnelle pour l'ARN maturase générale (agissant en *trans !*).

Il est peut-être permis d'attendre que cette structure conserve quelque propriété de reconnaissance envers des éléments de la machinerie de traduction, soit qu'elle conserve des sites d'attachement pour le ribosome, soit au contraire qu'elle ressemble assez à un ARN ribosomique pour être reconnue par des protéines ribosomiques et conduire à une « maturation » analogue à celle que l'on connaît chez ces ARN. Ces quatre cas de figure sont formellement homologues de ceux qui ont été décrits pour les transposases. Il existe encore peu de données biochimiques claires sur la structure des introns[18], et seuls des arguments génétiques indiquent la présence effective de *m*-protéines. Pourtant, à partir des nombreux mutants accumulés dans le gène du cytochrome b et de la cytochrome oxydase de la mitochondrie de levure, on est en droit de concevoir que ces quatre classes existent effectivement et qu'elles correspondent bien à l'arbre évolutif décrit (figure p. 215). En particulier, le quatrième intron du cytochrome b spécifie la synthèse d'une protéine agissant en *trans* sur le deuxième intron de la cytochrome oxydase. Cet intron, quant à lui, peut, à la suite d'une simple mutation, permettre la synthèse d'une protéine active comme maturase de sa propre excision, ce qui indiquerait un état de la séquence très voisin, mais déjà partiellement divergent, de la séquence ancestrale. Enfin, quant au rôle de *substrat*, des analyses statistiques de la stabilité de structures secondaires des séquences introniques de la mitochondrie ont montré l'existence d'une figure caractéristique, convenant parfaitement à l'hypothèse d'un rôle de substrat commun d'une maturase générale.

Ainsi, de même que les unités transposables, les introns seraient les traces actuelles d'un très ancien système d'expression génétique dans lequel des unités auraient eu la possibilité de s'exprimer individuellement en s'insérant dans des contextes variés. Cela aurait permis une *exploration* systématique de tous les environnements possibles et aurait conduit aux différents systèmes vivants que nous connaissons aujourd'hui. En particulier, deux systèmes évolutifs distincts se seraient séparés :

18. En dehors du modèle récemment décrit par Cech.

Dans l'un, ayant conduit à la plupart des micro-organismes, les séquences d'insertion auraient disparu de l'intérieur de la plupart des unités génétiques, pour ne subsister qu'entre certaines de ces unités. Ces séquences d'insertion (IS) représenteraient la trace de cette histoire évolutive et les unités transposables (transposons) qui sont encadrées par des IS seraient la spécialisation génétique actuelle.

On peut s'attendre à ce que, malgré la vitesse d'évolution extrêmement rapide des bactéries — vitesse qui leur a permis de constituer des unités génétiques entières sans séquences ancestrales intervenant à l'intérieur des gènes —, il reste chez certaines espèces archaïques (bactéries méthanogènes, par exemple) quelques « séquences d'insertion ».

Dans l'autre système évolutif, caractérisé par la multiplication des frontières, et en particulier par la présence d'une enveloppe nucléaire séparant le matériel génétique du cytoplasme, les séquences seraient souvent restées présentes et leur fonction se serait alors spécialisée, comme on l'a proposé plus haut, dans la régulation de l'expression génétique. En particulier, le mécanisme d'excision/épissage serait la trace d'un mécanisme très ancien ayant conduit à la formation des unités génétiques réunies en un seul ADN, comme nous les connaissons aujourd'hui. Plusieurs spécialisations de ce mécanisme ancestral ont alors dû apparaître en dehors des mécanismes de transposition et d'excision/épissage, comme par exemple les processus de maturation, essentiels lorsque de très nombreuses copies d'un même gène doivent être exprimées simultanément (ARN ribosomiques, ARN de transfert) et doivent l'être avec un minimum d'erreurs[19]. De plus, il est possible que

19. La maturation n'a pas lieu lorsque le produit exprimé est erroné, et cela évite l'incorporation d'une molécule altérée au niveau d'un effecteur essentiel pour l'expression génétique, comme le sont les ribosomes et les ARN de transfert.

certains mécanismes spécifiques qui semblent mettre en jeu une recombinaison suivie d'une excision au niveau de l'ADN (comme c'est le cas pour certains gènes d'immunoglobulines) dérivent du mécanisme d'excision/épissage des introns, et utilisent peut-être comme matrice l'ARN épissé.

Il est même possible, sinon raisonnable, d'aller plus avant. On l'a vu, le flux actuel de l'information génétique, réécrite au moyen du code génétique ADN→ ARN→protéine, reflète à l'envers une histoire évolutive du type protéine→protéine-ARN→ARN→ADN. Le reste actuel de l'étape protéine-ARN subsiste sans doute dans les machineries de transcription et de réplication, dans le système d'excision/épissage, ainsi peut-être que dans certaines enzymes à cofacteur nucléotidique. Ce sont des machineries *non spécifiques*, en ce sens que ce n'est pas la séquence exacte d'une protéine qui spécifie celle de l'acide nucléique[20].

Il existe une raison *intrinsèque* qui limite au maximum le flux actuel dans le sens protéine→ARN et le réduit à zéro : il faut pour cela passer d'une structure à 3 dimensions (trois degrés de liberté dans les coordonnées d'espace) à une structure à une seule dimension (tout au plus 2, si l'on prend en compte la genèse de structures autocomplémentaires, permettant de faire des doubles hélices internes). Or, cette restriction des coordonnées d'espace impliquerait une *diminution spontanée de l'entropie du système* dans des proportions très considérables. Aussi à moins de compenser cette diminution par des apports énergétiques gigantesques (et donc très improbables), une telle synthèse, contraire au deuxième principe de la thermodynamique, ne pourra-t-elle avoir lieu.

20. Tout au plus la correspondance protéine → acide nucléique pourrait-elle exister pour des séquences très courtes, comme c'est le cas des nucléotidyl-transférases qui ajoutent les trois nucléotides -C,C,A à l'extrémité 3′ de certains ARN de transfert.

Remarquons ici que ce simple raisonnement montre que l'hypothèse lamarckienne du retour depuis le produit final d'un gène (la protéine) vers le gène lui-même (l'acide nucléique) est physiquement impossible et qu'il ne peut pas y avoir, à ce niveau, d'héritabilité d'un caractère acquis[21]. Mais, bien au contraire, il apparaît que ce raisonnement *permet* le passage de l'ARN à l'ADN : en effet, à ce niveau, il n'y a pas de changement qualitatif du nombre des dimensions du code : le code ADN → ARN est symétrique du code ARN → ADN et, de plus, les dimensions spatiales resteront identiques (1 dimension). Il est donc parfaitement légitime et hautement plausible que le système ARN → ADN existe aujourd'hui. On connaît d'ailleurs des enzymes, les « transcriptases inverses », qui utilisent une matrice d'ARN pour le copier sous forme d'ADN (et c'est là le mécanisme d'insertion de certains virus à ARN au sein du génome de l'hôte).

Mieux, il est plausible de penser qu'aujourd'hui encore, dans le cas général et non dans le seul cas particulier des virus, les transcriptases inverses existent et ont en effet la fonction de copier de l'ARN en ADN. Mais quels ARN ? Plusieurs hypothèses peuvent être faites : certains ARN pourraient circuler dans le sang des organismes supérieurs et, arrivés au contact de cellules-cibles, être internalisés dans les cellules, transportés jusqu'au noyau et là, après avoir été transcrits en *ADN*, incorporés en un lieu spécifique du génome où ils pourraient alors avoir un effet sur le contrôle de l'expression de tel ou tel gène ; ensuite, on peut s'interroger sur le devenir, au sein du noyau, de certains ARN introniques *après leur excision ;* il a en effet été montré qu'au moins

21. Sauf, bien entendu, si une quantité d'énergie appropriée était mise en jeu. La boucle « créée » par le langage a mis l'homme dans la position de créer une évolution de type lamarckien en agissant directement sur les gènes...

dans certaines circonstances, ils se trouvent sous la forme stable d'ARN circulaires [55], et il est alors imaginable qu'ils soient transcrits en ADN par la transcriptase inverse et, à nouveau, intégrés en tel ou tel point du génome aux fins de contrôle de l'expression génétique. De même, les ARN ayant subi une maturation pourrait se retrouver insérés dans l'ADN : ce pourrait être l'origine de certains pseudogènes dont les introns ont en apparence disparu. On peut imaginer trouver ainsi la raison d'être de certaines séquences qui se transposent spontanément, découvertes chez les végétaux par Mc Clintock il y a plus de vingt-cinq ans, et ce serait alors un moyen nouveau de réguler l'expression des gènes des cellules supérieures.

Nous arrêterons là ces réflexions sur le rôle possible des séquences intervenant au milieu de certains gènes, mais, comme on s'en rend compte, de très nombreuses possibilités d'affinement des règles de l'expression génétique, jusque-là insoupçonnées, sont ouvertes. Le « dogme central » de la biologie moléculaire n'est que peu ou pas modifié par ces nouvelles possibilités, mais les ouvertures visibles sur la question de l'évolution des espèces, du vieillissement ou de la transformation maligne, indiquent que de nombreux schémas expérimentaux devraient aujourd'hui avoir leur place pour mettre à l'épreuve ces différentes hypothèses.

V
GÉNÉRALISATION DES CODES

Depuis la mise au point de la machine de Jacquard pour la fabrication reproductible de dessins textiles, le rôle possible des mécanismes de codage s'est imposé à la réflexion théorique et philosophique. Non que le codage n'ait été utilisé depuis les temps les plus reculés — la phonétique ou l'écriture en sont des preuves —, mais, utilisé spontanément et inconsciemment, le codage n'avait pas fait l'objet d'une formalisation ou d'une théorie.

On a vu comment D. Hofstadter met en évidence le rôle primordial d'un code dans les possibilités mêmes de la réflexion, et comment il transpose les résultats des travaux logiques de Gödel à la logique interne de la génétique. L'ensemble flou des concepts associés au terme de code recouvre certainement l'un des aspects majeurs de la création du savoir contemporain. Il n'est pas possible ici de mettre en évidence les diverses facettes que recouvre ce terme, mais il faut cependant rappeler combien la réflexion sur le langage et le symbolique a apporté dans ce domaine. Il est habituel de souligner l'usage fréquent de deux termes souvent associés à la notion de code : l'information (prise selon le « sens commun », c'est-à-dire une sorte d'« enveloppe » de sens apparentés), et la rétroaction (concept unique de la cybernétique, repris par la kyrielle des mots préfixés par *auto-* ou par l'envahissant *self-*). On oublie en général que ce sont des *règles de transformation* — associées à un code explicite ou implicite — qui donnent alors leur *sens* à ces termes (*termini a quo* et *termini ad quem*). Et comme ces règles de transformation sont d'abord perçues comme le fruit et la cause des langages parlés et écrits, l'extension des concepts qui s'y rattachent se trouve très profondément tributaire de la culture où ils se sont développés.

Ainsi les succès et la création même de la biologie moléculaire viennent d'une adéquation remarquable entre la structure *linéaire* d'une molécule, l'ADN, et la structure linéaire des écritures occidentales. Il s'ensuit une conception « *atomique* » de la génétique où, comme s'enchaînent les mots, s'enchaînent les gènes, perles insécables de l'hérédité, au point que certains ont pu les considérer comme isolés et en compétition les uns avec les autres. On a vu l'intérêt de cette vue particulière qui conduit à proposer un mécanisme de l'expression génétique, mais on a vu aussi que cela se fait au prix de la perte de propriétés fondamentales liées à l'*intrication* des niveaux divers de l'expression génétique et à la prise en compte des *lieux spatiaux* de cette expression.

L'usage d'une écriture à idéogrammes n'aurait sans doute pas été un contexte propice à la découverte du code génétique : le problème des *phases de lecture*, en particulier, lui est totalement étranger. Ce système de codage est pourtant lui aussi parfaitement adéquat au réel, puisqu'il s'est trouvé sans aucune difficulté répandu chez un quart de l'humanité. Il révèle certainement d'autres aspects des mécanismes de codage qui nous sont étrangers et, en particulier, une aptitude à sortir plus facilement de la contrainte étroite du simple enchaînement linéaire.

Il n'est pas dans mes intentions de proposer ici d'autres types et usages de codes variés, mais de mettre en garde contre l'identification trop fréquente entre un code et une simple règle de substitution, au moment où nous aurons à nous interroger sur les codes possibles du système nerveux. L'abus irréfléchi de cette notion simpliste a conduit beaucoup d'auteurs à identifier l'information — et l'information génétique en particulier — à une suite de messages linéaires, plus ou moins troublés par un « bruit » dû aux nécessaires erreurs de recopiage, que l'on peut *quantifier* (*sic*) selon la probabilité d'apparition des différents éléments le long de leur enchaînement linéaire. Comme le rappelle justement R. Thom, ce raisonnement simpliste conduirait à considérer que les ordres « entrez » et « sortez » ont la même information parce qu'ils ont le même nombre de lettres [85]. De façon plus grave, il y apparaîtrait que deux enchaînements équiprobables ont le même contenu informatif, ce qui atteint un ridicule caricatural. Ces abus montrent combien l'ethnocentrisme de nos cultures, trop fières de leurs succès positivistes, peut conduire à des impasses. Et cela est malheureusement encore alourdi par d'inopportuns appels à l'argument d'autorité (celle d'une science particulière, la thermodynamique) au moyen d'un saut analogique particulièrement dangereux : l'identification entre le contenu informatif d'un message linéaire (et *donc* — *sic* — du patrimoine héréditaire, par exemple) et l' « entropie » (comme si, d'ailleurs, il existait une « entropie » en soi). On a vu plus haut d'autres abus du placage de concepts thermodynamiques sur certains aspects du réel. Dans le cas présent, ces concepts appliqués au système nerveux central sont particulièrement dangereux, parce qu'ils véhiculent une idéologie de l'*ordre* aux connotations politiques ou morales qui peuvent altérer gravement notre vision de ce système.

En dehors des aspects soulignés ci-dessus, le terme de « codage » recouvre des groupes de significations particulièrement dissemblables. En particulier, le rôle du *temps* distingue deux aspects fondamentalement différents. Une règle formelle de substitution peut être considérée comme *synchronique*, ce qui revient à dire qu'elle est indépendante du temps, ou que si le temps intervient, ce n'est qu'à l'état de paramètre permettant l'application de substitution. Il est d'usage — très certainement à tort — de considérer le *code génétique* comme répondant à un codage de ce type, parce qu'on admet que la règle de la substitution qui fait passer d'un triplet de nucléotides à un acide aminé est rigoureusement indépendante du temps. Nous avons vu qu'au moins dans le cas de certains codons spécifiant la fin de la traduction (UGA en particulier), il ne peut s'agir que d'une simplification, puisqu'un certain nombre de ces codons, situés dans un contexte approprié, peuvent, au cours du temps, soit être traduits, soit spécifier la fin de la traduction. Et il est fort probable qu'apparaîtront peu à peu d'autres exemples de ce type au sein même du mécanisme de la traduction (c'est-à-dire une certaine ambiguïté apparente), au fur et à mesure que se préciseront nos connaissances. Il n'en reste pas moins qu'en première approximation, le code génétique se comporte bien comme un code du même type que celui qu'utilisent les services de codage du « Chiffre » dans les services secrets.

Mais si la métaphore du code — au sens de « code secret » — reste tout à fait raisonnable dans le cas du code génétique, cela n'est certainement plus vrai lorsqu'on cherche à représenter les processus de transformation qui permettent la mise en place, le transfert et les représentations de l' « information » (selon le sens commun) au niveau du système nerveux central. Ce système, qui se comporte comme un automate (au sens mathématique), produit effectivement des transformations entre perceptions et actes, par exemple, et cela selon des règles en apparence bien précises. Il est légitime, par conséquent, de vouloir rechercher s'il existe un codage des perceptions en éléments internes au système, mais il apparaît alors à l'évidence que le *temps* fait partie intégrante du processus de codage. En effet, les séquences temporelles d'événements, les retards (les coïncidences en sont un cas particulier), en un mot la structure temporelle des

« multimessages » qui, sous la forme électrochimique de l'influx nerveux, parcourent les réseaux des neurones, paraissent être des éléments déterminants du traitement de l'information au niveau du système nerveux. Ensuite, la connaissance que nous avons acquise du fonctionnement de ce réseau ne semble pas permettre aisément d'imaginer des mécanismes de codage ou de décodage au sens de « règle de substitution ». Enfin, l'influence de toutes sortes de perturbations — qui, en première approximation, ne jouaient aucun rôle dans le code génétique — semble très importante (on les classe souvent sous le concept inadéquat de « bruit »).

C'est sans doute la théorie de la communication due à Shannon qui a le plus contribué à asseoir l'idée qu'il devait exister des mécanismes de codage dans le système nerveux. Cette théorie mathématique, habituellement appelée « théorie de l'information », imagine un automate simple muni d'une entrée et d'une sortie. A l'entrée, un processus de codage *temporel* transforme une suite de symboles (un message) ; à la sortie, l'état interne de l'automate est interprété par une transformation inverse qui émet alors une suite de symboles. Ce mécanisme de codage, qui dépend donc fondamentalement de l'état interne de l'automate, peut dépendre non seulement de l'état instantané de l'entrée, mais aussi éventuellement de l'histoire passée de l'automate (il peut avoir une *mémoire*). Cela permit à Shannon de prendre en compte essentiellement cinq sous-systèmes : la commande d'entrée, le système de transmission (responsable du processus de codage), des sources de bruit, le système de réception (responsable du décodage) et la destination de sortie. Et bien que ce système paraisse tout à fait caricatural au vu de ce qu'on sait du système nerveux central, une certaine vogue a voulu en développer les plus ultimes conséquences pour « expliquer » le cerveau. On peut pourtant rappeler ce que disaient Moore, Perkel et Segundo en 1966 :

> « Au mieux, en fait, les concepts et les élucubrations de la théorie de l'information ne sont que des métaphores lorsqu'on les applique au système nerveux, et l'adéquation douteuse de ces métaphores gît au cœur de cette difficulté. (A savoir l'observation désormais bien établie que les enseignements que les spécialistes du système nerveux ont pu tirer de la théorie de l'information sont ridiculement faibles). Il est ainsi important de prêter grande attention lorsqu'on identifie les entités formelles définies par la théorie de l'information (e.g. la source, l'alphabet de la source, le canal, etc.) avec les réalités rencontrées au cours de l'investigation neurophysiologique (...). Le processus de décodage a impliqué habituellement une tentative, de la part de l'expérimentateur, d'inférer l'identité d'un stimulus à partir de l'observation d'une réponse donnée d'un neurone, au moyen d'un calcul de probabilité (...). Ces expériences n'impliquent pas que les hypothèses et les méthodes utilisées par les expérimentateurs dans leur effort pour décoder aient la moindre ressemblance avec les processus employés par le système nerveux lui-même » [86].

L'idée de codage sous-jacente à la théorie de la communication distingue un système d'entrée où une transformation de signaux en impulsions électriques ou optiques (un codage) permet ensuite la propagation au sein d'un système transducteur, et où une transformation inverse des impulsions électriques en signaux appropriés (un décodage) permet la mise en place d'un langage « compréhensible » pour le récepteur. Ce codage-décodage n'est qu'une règle de substitution dans laquelle le temps ne joue qu'un rôle de *paramètre* permettant de dérouler les signaux et leurs transformés les uns après les autres. Il en va tout autrement au sein du système nerveux central. S'il semble en première approximation adéquat de convenir d'un codage phonétique ou graphique associant des objets ou des concepts à des signaux acoustiques ou visuels, ce codage résulte d'un mécanisme de *construction* qui associe mémoire et apprentissage à la mise en place du code lui-même. Chacun peut apprécier qu'au cours de la vie individuelle, le sens des mots se modifie, ce qui implique une évolution diachronique du code correspondant...

D'une façon générale, l'usage du terme « code » dans le système nerveux est abusif, et recouvre en fait de nombreuses acceptions de ce mot. On y trouve le terme informatique, qui est plus ou moins synonyme de *programme* (le code des instructions opératoires), ou les *codes de référence* (macrocommandes, par exemple), ou enfin — et l'analogie avec un éventuel code nerveux est là plus pertinente — les *codes linéaires* servant à la transmission et à la mémorisation (adresses). Et si l'on peut espérer décrypter un code informatique, cela semble un assez vain espoir dans le cas du système nerveux. Reste cependant de cette analogie qu'il est possible de mettre en évidence un certain nombre de règles de transmission de l'influx nerveux qui ont, par certains aspects, une ressemblance certaine avec les codes informatiques.

On peut distinguer le *signifié*, son *interprétation* en ondes électrochimiques que sont les influx nerveux selon une règle spécifique, la *transmission* du produit de cette interprétation, puis une *interprétation inverse* en un *signifiant* approprié qui peut agir comme effecteur d'autres systèmes de transformations. Dans ce contexte, le signifié est n'importe quel objet de représentation (spatio-temporel) : il s'agit souvent de signaux physiques organisés (photons, phonons, etc.). Son interprétation est le processus de « codage » proprement dit qui, par intégration de variations de potentiel membranaires au niveau des neurones récepteurs, crée les conditions propres à l'engendrement des *potentiels d'action* qui se propagent sous forme d'impulsions le long des axomes et provoquent la libération de neuromédiateurs. Ces derniers sont les relais qui permettent la stimulation ou l'inhibition des cellules nerveuses efférentes ou des cellules effectrices. La transmission se fait ainsi par une séquence du type : potentiels d'action → neurotransmetteur → potentiels d'action → neurotransmetteurs..., selon une organisation spatiale analogue à un graphe *orienté*. L'interprétation finale est due à l'intégration de signaux multiples provenant des neurones afférents et à la commande de cellules effectrices appropriées.

Un tel schéma représente bien une partie de l'activité des réseaux nerveux : on peut y découvrir des régularités (fréquence des potentiels d'action, groupements par paquets serrés, suivis de longs silences, etc.) et ainsi développer l'analogie entre cerveau et ordinateur. De très nombreux auteurs se sont orientés dans cette voie et ont pu expliquer quelques-unes des propriétés de la mémoire à court terme, mais il est rapidement apparu que cette analogie cybernétique est beaucoup trop pauvre pour décrire la complexité du système nerveux. Cela consacre une certaine faillite de l'idée de code dans le système nerveux.

Pour ne pas laisser le lecteur sur cette impression d'échec, il convient de donner quelques-uns des éléments qui ont permis d'entrevoir une autre manière de concevoir le fonctionnement des systèmes nerveux, sans recourir au concept de code, mais plutôt au concept, lui aussi très ancien, de *trace* [87].

Est-il nécessaire en effet de recourir à un code pour tenter d'expliquer la mémoire, par exemple ? On a bien vu un auteur présenter, à partir d'expériences douteuses, mais abondamment relayées par les médias — et même par l'UNESCO ! —, une théorie de la mémoire dont les objets étaient codés sous forme de protéines ou d'acides nucléiques, spécifiques de chaque objet à mémoriser [88]. Or il existe immédiatement une observation qui rend hautement improbable un tel code : comment un individu pourrait-il replacer *dans le temps* la mémoire d'un objet donné ? Il serait nécessaire d'ajouter au codage de l'objet le codage d'une « horloge » de référence lui permettant de savoir qu'il l'a vu une fois, deux fois, souvent ou avant-hier-en-allant-au-bureau ! Or l'observation que la période de mise en place et de développement du système nerveux est celle où l'on acquiert le plus facilement et le plus vite le plus grand nombre d'apprentissages, vient indiquer que cette mise en place *topographique* du système nerveux pourrait jouer un rôle majeur dans la mémoire et dans l'apprentissage.

L'idée n'est pas neuve, elle était presque explicitement présente dans l'*Esquisse d'une psychologie scientifique*, que Freud fit paraître en 1895, de même que dans les travaux du grand neuroanatomiste Ramon y Cajal ; elle se retrouve développée plus précisément par Hebb en 1949 ou par Jacobson en 1969 [87]. Elle a été enfin formalisée depuis 1973 par J. P. Changeux, P. Courrège et moi-même [89]. Il s'agit essentiellement d'associer la mémoire à la mise en place particulière de la *connectivité* du réseau nerveux, de telle manière que mémoire et apprentissage résultent non seulement d'une dynamique particulière des ondes électrochimiques qui parcourent le système, mais aussi — et surtout — de son organisation géométrique.

Le système nerveux se prête en effet admirablement à une telle *empreinte* physique. Il est constitué de cellules spécialisées, les neurones, qui ont la propriété de se connecter les unes aux autres (ainsi qu'aux cellules réceptrices et effectrices spécialisées des organes sensori-moteurs) par le biais des structures particulières que sont les synapses. Les neurones sont des cellules dissymétriques composées d'un corps cellulaire (contenant le noyau) où parviennent des familles d'arborisations très ramifiées, des dendrites, et qui se prolongent en un filament, le plus souvent très long, l'axone, terminé par une arborisation servant à relier le neurone aux dendrites d'autres neurones. L'influx nerveux est constitué d'une onde électrochimique (potentiel d'action) qui parcourt l'axone sous forme d'impulsions de durée très brève. Lorsqu'une impulsion arrive à la terminaison de l'axone au niveau d'une synapse, elle commande la libération d'une substance chimique spécifique, un *neuromédiateur*. Cette substance diffuse dans la fente synaptique qui sépare la terminaison axonale de la zone réceptrice d'une dendrite du neurone postérieur. Elle entre alors en contact avec un *récepteur* spécifique de la membrane de ce neurone, et cela a pour effet de stabiliser une conformation particulière du récepteur et de molécules associées, conformation permettant la perméabilité spécifique à des ions au travers de la membrane. La conséquence immédiate en est une variation du potentiel électrochimique membranaire, propagée en fonction de la structure géométrique du neurone postérieur et permettant, après intégration de tous les éléments du même type (un neurone reçoit en moyenne dix mille synapses), de déclencher un potentiel d'action dans ce neurone. Une synapse est ainsi constituée de trois parties : la partie *présynaptique* de la terminaison axonale, qui contient le dispositif de libération du neuromédiateur et le contrôle de sa synthèse, la *fente synaptique*, qui doit traverser le médiateur pour parvenir à la *membrane postsynaptique* du neurone postérieur. C'est donc la synapse qui introduit la *dissymétrie* dans le fonctionnement du neurone : si un potentiel d'action peut se propager dans un sens ou dans l'autre, le neuromédiateur va toujours de la partie présynaptique du neurone antérieur vers la partie postsynaptique du neurone postérieur.

On conçoit donc le rôle privilégié de la synapse dans la mise en place et le fonctionnement du système nerveux. Il semble, chez l'adulte, que la plupart des synapses est stables et que, pour beaucoup d'entre elles, elles subsistent tout au long de la vie individuelle. Chez les êtres les plus primitifs, certains invertébrés en particulier, il apparaît en outre que la genèse de chaque synapse soit une conséquence précise du programme génétique. A un nombre fini de cellules nerveuses correspondent exactement un nombre précis et une position précise pour chaque synapse, et seules des modifications héréditaires, des mutations, viendront altérer une géométrie rigoureusement perpétuée de génération en génération. Au vu des quelque 10^{14} synapses du cerveau de l'homme, il apparaît à l'évidence qu'à moins d'imaginer une structure totalement répétitive (ce qui n'est absolument pas le cas), il est impossible que chacune des synapses soit spécifiée par une « instruction » du « programme génétique ». Et, en effet, si l'anatomie grossière du cerveau reste inchangée d'un individu à l'autre (y compris les délais nécessaires à sa mise en place), il n'en est pas de même de sa structure fine. Ni le moment exact ni la position exacte de la mise en place de chaque synapse ne sont strictement spécifiés par les contraintes de l'hérédité. Il est alors loisible d'imaginer que par un mécanisme analogue à la *stabilisation fonctionnelle* — à l'œuvre, selon Schmalhausen, au cours de l'évolution des espèces —, un arrangement particulier de la géométrie synaptique puisse se former au cours du développement individuel.

Dans un essai de formalisation de ce processus, nous avons imaginé que chaque synapse évolue entre quatre états qualitativement distincts selon le graphe $V \rightarrow L \begin{smallmatrix} \nearrow R \\ \rightleftharpoons S \end{smallmatrix}$. Le passage de l'état virtuel (V) à un état labile (L) correspond au phénomène de *croissance* du réseau nerveux ; une fois formée, une synapse labile (qui peut émettre le neurotransmetteur) va soit se stabiliser (S) et rester apte à transmettre l'influx nerveux pour un temps plus ou moins long (qui peut atteindre la durée de vie de l'individu), soit régresser (R) et perdre son aptitude de transmission. Des contraintes, *fixées par le programme génétique*, vont déterminer les règles de l'évolution d'une synapse d'après le fonctionnement *local* du réseau (c'est-à-dire en fonction de l'état de la synapse, des influx nerveux qu'elle reçoit, ainsi que de l'ensemble des influx que reçoit le neurone qui porte sa face postérieure). Nous avons alors montré qu'un réseau de neurones connectés suivant ces règles évolue en fonction des multimessages afférents et que, sous certaines conditions, il peut, au bout d'un temps fini, contrôler un comportement *global* doué de mémoire et faisant preuve d'une aptitude considérable à apprendre. On remarque alors qu'une particularité de ce modèle est la fixation d'une *empreinte* de l'environnement au sein du réseau, les multimessages *temporels* ayant servi à la spécification étant alors inscrits sous la forme de connexions stables (et de connexions ayant disparu) en une *topographie* particulière. S'il y a code nerveux, il ne s'agit pas de la genèse d'un objet particulier reflétant chaque objet ou événement de l'environnement, mais mise en place d'un *chemin* particulier parmi les innombrables chemins possibles du réseau nerveux. En particulier, d'un individu à l'autre, le chemin peut varier de façon considérable (et aussi chez un même individu à la suite d'une lésion cérébrale), même s'il spécifie le même objet ou le même événement. C'est ce qui explique la très grande *délocalisation* de la mémoire et son aspect insaisissable. Les seuls codages concernent l'entrée et la sortie du système lorsqu'il s'agit de transformer des suites de potentiels d'action en actions motrices ou des photons ou des phonons, par exemple, en potentiels d'action. Ces figures temporelles sont alors transformées au sein du réseau en figures géométriques qui, à leur tour, produisent des figures temporelles coordonnées, par exemple, en actions efficaces. En ce sens, l'automate cérébral transforme sans cesse ce qui lui parvient et *décide,* par sa géométrie intrinsèque (qui est fonction de son histoire passée), de ce qui est pertinent et de ce qui ne l'est pas, de ce qu'il traite comme un bruit et de ce qu'il traite comme un événement.

On ne pourra donc jamais « déchiffrer », au lieu d'une électrode implantée dans un cerveau, le message qui la parcourt, et l'analogie avec les systèmes téléphoniques est ainsi réduite aux mécanismes les plus élémentaires du codage/décodage-entrée/sortie. De même, on ne trouvera pas d'analogie linguistique d'un code nerveux permettant une correspondance entre objet et événements et structure dynamique d'une portion de cerveau. Le langage, cependant, naît du cerveau. Il possède des règles de transformation formalisables dont N. Chomsky a donné de nombreux exemples. On peut donc espérer atteindre au niveau de contraintes élémentaires — et *innées* — de la structure nerveuse, en trouver quelques traces. Mais, alors que cet aspect paraissait réalisable il y a quelques années (par exemple, lors d'une réunion à Endicott House en 1973, au cours de laquelle Chomsky proposa l'existence d'un degré zéro de compétence linguistique, inscrit dans la structure cérébrale), aucune découverte notable n'est venue l'appuyer, et bien que les arguments en faveur de l'inné soient les plus convaincants, il n'est peut-être pas possible d'écarter totalement toute idée de *constructions* des structures linguistiques [1].

La mise en évidence du code génétique a suscité une kyrielle d'analogies, fondées sur la magie des chiffres de ce code (quatre bases, des triplets de bases, et vingt acides aminés). On a mentionné plus haut le merveilleux exercice de style qui a conduit D. Hofstadter à identifier le code génétique au code inventé par Gödel pour analyser

1. Des travaux récents, mais qui demanderaient à être confirmés, nuancent cependant ce pessimisme. A la suite d'une étude de dossiers d'enfants sourds-muets, Mme M. J. Serazin a fait une observation inattendue : les enfants sourds de parents sourds présentent statistiquement un développement sensori-moteur beaucoup plus normal et précoce que le développement d'enfants sourds nés de parents normaux. Et cela est vrai non seulement pour le système auditif, mais aussi pour le système visuel. Une interprétation de ce résultat serait que le langage (gestuel) acquis chez les enfants nés de parents sourds plus précocement que chez les enfants de parents normaux (qui sont démunis dans une situation de ce genre) a une fonction stabilisatrice d'une grande partie de l'organisation cérébrale, et en particulier d'une interaction entre le cortex visuel et les centres auditifs. Le langage jouerait donc un peu le rôle d'un organe nécessaire au bon développement des êtres humains [90].

les propriétés intrinsèques de la théorie des nombres. Cette analogie avait d'ailleurs le mérite, on s'en souvient, de montrer comment un codage permet la genèse de ces « boucles étranges » si caractéristiques de la vie. Des linguistes comme R. Jacobson ont voulu voir dans la terminologie employée par les créateurs de la biologie moléculaire le signe d'une adéquation interne entre certaines structures linguistiques et le code génétique, et j'ai moi-même étendu le rôle de la ponctuation secondaire (virgules, tirets, parenthèses) à l'expression génétique, et ainsi prédit l'existence de séquences d'interruption pour moduler le sens de tel ou tel gène. Des historiens enfin comme C. Morazé se sont essayés à décrire des règles du développement historique selon des combinaisons analogues aux règles du code génétique. Il est clair que, dans la plupart des cas, l'analogie est au mieux superficielle et qu'elle ne révèle rien de plus profond que l'usage classificatoire des combinaisons de petits nombres (1, 2, 3, 4...) ; aussi ne développerons-nous pas les exemples correspondants. Il convient pourtant de prêter attention à toutes ces analogies dont certains aspects pourraient, en retour, apporter des éléments nouveaux à la compréhension du code génétique.

VI

ÉPILOGUE [1]

L'âme, le corps, la matière, l'organique et l'inorganique sont riches de connotations millénaires qui, reçues d'Aristote et de ses prédécesseurs, ont été revues, réécrites, enseignées, pensées par la scolastique du Moyen Age. Guillaume d'Occam, malgré les aspects presque hérésiarques de sa pensée critique et de son raisonnement subjectiviste à la recherche d'universaux susceptibles d'objectiver le sujet, marque l'apogée d'une réflexion dont, héritiers sans mémoire, nous aurions tort d'oublier la prégnance : à voir les déviations contemporaines dont la fragile Science est l'objet, il paraît urgent de se souvenir de ce sur quoi elle est fondée.

Pourquoi ? Comment ? Quoi ? Trois façons d'appréhender le réel : à chacune de ces questions correspond une épistémologie et chacune de ces épistémologies diffère par sa relation au réel. La recherche de l'explication ultime suppose, en répondant à la première question, qu'il existe en effet une raison à toute chose. La découverte de cette raison est suffisante pour tarir la soif du savoir et la scolastique apparaît alors comme une quête contingente : savoir que Dieu *est* devrait suffire, et c'est d'ailleurs cela qu'affirment, à l'instar des anciens pro-

1. Cet épilogue reprend en grande partie la synthèse « Organico/Inorganico » de l'*Enciclopedia Einaudi*.

phètes, bien de nos contemporains, qu'ils se disent savants ou philosophes. C'est que la quête scolastique voudrait aussi répondre à la seconde question ; elle se rend compte que se satisfaire de l'existence de Dieu est une tautologie qui ne peut apprendre rien d'autre sur le réel que ce qu'Il en révèle, et que Ses silences troublants laissent penser qu'il est du devoir de l'homme de chercher à comprendre par lui-même le comment des choses. Voilà l'origine du *mécanisme* où le réel apparaît comme une machine bien ou mal huilée, où l'on sépare l'âme et la matière, la première permettant d'animer, la seconde la faisant passer de l'état froid et immobile des roches cristallines à l'état chaud et malléable de la matière vivante. Dieu s'éloigne alors, Il n'est plus que le grand horloger qui, régulièrement, remonte les mécaniques ou au gré de sa puissance les détruit. Mais, avec le *comment*, le ver est dans le fruit, le réel ne parle plus de lui-même, il faut l'interroger et il répond encore.

Cependant, qui donc interroge ? L'homme, l'animal, élément lui-même de ce réel. Voilà donc une étrange situation où l'on se trouve juge et partie. Et voilà la raison d'un retour, modeste, aux sources. Quelle est la question pertinente ? N'est-ce pas simplement la survie ? Mais la survie n'est-elle pas simplement *l'adéquation* au réel ? Ce qui importe alors, c'est de produire des heuristiques, des moyens de devancer le réel, de le forcer à être.

La dernière question : *quoi ?*, réalise notre position d'acteurs du monde, elle retrouve la tradition qui a créé la Science, elle comprend que nous sommes faiseurs de modèles. Et il n'est pas indifférent qu'on puisse trouver son origine chez un poète-philosophe pour qui le langage était le moyen d'atteindre, par la question et la *devinette*, le réel. Xénophane de Colophon, à la suite de la physique ionienne et avant l'école d'Elée, résume l'heuristique la plus féconde qui ait existé jusqu'à nos jours : comme le réel ne parle pas, nous ne pouvons qu'*anticiper* sur son comportement. La méthode scientifique sera donc la façon organisée de deviner, en fonction du savoir déjà acquis — il s'agit d'une méthode générative —, comment le réel va se comporter et quels sont ses objets. Nous ne pourrons jamais connaître la vérité, mais seulement produire des modèles. Et, à chaque fois, ce sera là où les modèles auront des prédictions *inadéquates* au réel qu'il nous sera possible d'en forger de nouveaux et, ainsi, d'affirmer notre connaissance. Nous progresserons par essais et erreurs et de la confrontation de modèles opposés naîtra peu à peu la lumière.

L'objet ultime de ce projet est très certainement anthropocentrique : l'homme veut se comprendre lui-même et tout expliquer, y compris les procès matériels (ou, d'aucuns veulent encore le croire, immatériels) qui constituent sa *conscience*.

Deux approches vont concurremment lutter pour cette fin explicative ultime : le *Tout,* seul, a une réalité explicative — ou bien, au contraire, la dissection et l'*Analyse* des parties du Tout pourront, seules, tout expliquer. Assez curieusement, ces deux approches sont presque toujours profondément mêlées, et c'est peut-être chez Teilhard de Chardin — qui fut fort à l'honneur en son temps — qu'on aperçoit le mieux comment Tout et Parties se fondent en un seul et, petit à petit, par une suite de « degrés d'être » que n'aurait pas reniés la scolastique, permettent le passage de l'inorganique à l'organique. Les parcelles d' « être » (ou d' « âme ») qui se trouvent dans chaque grain de matière se composent entre elles à chaque nouvelle association de ces grains et constituent, au gré fantaisiste de leurs associations, des objets qualitativement différents, en ce qu'ils possèdent de plus en plus d'être et vont vers le point Oméga qui n'est autre que Dieu lui-même. On retrouve là le problème — qui reste énigmatique — de la *Forme* de la matière. Il reste vrai aujourd'hui que la théorie atomique, avec toutes les difficultés inhérentes à sa discontinuité intrinsèque et à sa tendance inéchappable à conduire sans cesse à des sections d'insécables atomes, produit essentiellement, par une combinatoire aux lois complexes mais bien définies, des Formes, dynamiques et spatiales. En un sens, le temps représente le *paramètre* qui permet à la matière de se déployer dans toutes les formes possibles, et ce qui va faire l'originalité de la vie sera un *choix* parmi ces formes.

La frontière — il s'agit là d'un concept essentiel — entre l'organique et l'inorganique, entre l'inerte et le vivant, est essentiellement définie par... un ensemble de frontières. On sait combien il est difficile de définir le vivant par rapport au non-vivant : toute propriété un peu spécifique a pu servir de base : mouvement, aptitude à se reproduire, métabolisme ; aucune ne suffit à elle seule. Le vivant se définit par l'intégration de plusieurs niveaux ayant une relation autonome, associés selon des règles encore très incomplètement comprises. Un niveau essentiel a permis la définition d'une nouvelle science, la biologie moléculaire, et, en même temps, a arrêté la réduction à l'infini que la méthode analytique faisait subir aux êtres vivants. Ce niveau est celui des molécules, ou plus exactement d'une famille originale de molécules, formées d'un très grand nombre d'atomes, les *macro*molécules. On pourrait croire qu'il y a là un artifice et qu'il n'y a pas de solution de continuité entre les molécules formées d'un petit nombre d'atomes et les macromolécules. En fait, il n'en est rien. Ce ne sont pas, en effet, n'importe quels atomes qui conduisent aux macromolécules du vivant, ce sont les atomes de la chimie du carbone, de l'hydrogène, de l'oxygène et de l'azote principalement. Ces atomes constituent la chimie des corps « organiques », précisément parce qu'en raison de leurs propriétés intrinsèques ils sont seuls à pouvoir assurer la formation de macromolécules stables. Mais, de plus, si la forme a un rôle prédominant, ce ne sont pas n'importe quels assemblages macromoléculaires qui pourront servir de niveau minimal à l'expression de la vie : la mise en forme, *dans l'eau*, des protéines requiert

— si l'on ne demande pas l'existence préalable d'une divinité presciente — un enchaînement d'au moins 50 à 100 acides aminés. Les formes pertinentes *plus petites* ne pourront qu'être *découvertes* au fur et à mesure que, par essais et erreurs, le monde de la vie explore le monde minéral. En ce sens, il existe bien une échelle macromoléculaire minimale qui exprime le premier niveau pertinent du vivant.

Le deuxième niveau essentiel du vivant est le niveau cellulaire, délimité par une frontière physique, la membrane. Cette frontière définit à la fois un intérieur et un extérieur et règle les échanges métaboliques de la cellule. Il s'agit de coupler, par le biais de sa physique aujourd'hui bien décrite, le phénomène général de l'osmose — essentiellement porteur de la diffusion des molécules depuis les endroits où elles se trouvent le plus concentrées vers les lieux où elles sont moins concentrées — à la perméabilité sélective permettant à la cellule de *choisir* dans son environnement.

Au niveau du formalisme, on voit très bien que le niveau cellulaire correspond à peu près exactement à la frontière qui existe entre la description *macro*scopique et la description *micro*scopique. Au niveau inférieur, il peut être encore nécessaire de considérer les molécules *isolément*, même si parfois on peut encore en faire un traitement statistique. A ce niveau, d'ailleurs, la statistique pertinente est la statistique de Poisson, qui se fait remarquer par la très grande ampleur des fluctuations qui la dominent. Au niveau supérieur, les lois plus générales, continues, de la diffusion et de la thermodynamique sont à l'œuvre. C'est cette position privilégiée du vivant qui conduit aux très nombreux abus de langage où l'on voit apparaître, par le biais d'idéologies plus ou moins douteuses (ou dangereuses), un discours pseudothermodynamique sur la vie et son organisation. Il faut retenir de notre façon actuelle de décrire la matière vivante, d'une part que les concepts habituels de la thermodynamique peuvent fort bien être inapplicables — car un trop petit nombre d'objets individualisés peuvent avoir à être pris en compte — et, d'autre part que, contrairement à une idée assez répandue, le système vivant *n'est pas* loin de l'équilibre thermodynamique.

En quoi les macromolécules représentent-elles le niveau pertinent minimal ? En ce que le jeu des formes qu'elles produisent, par la mise en place de règles de complémentarité — souvent du type clef/serrure, mais aussi selon des règles plus complexes où la *dynamique* de la forme peut intervenir —, permet des associations privilégiées entre des molécules qui diffusent au voisinage. Ces associations conduisent alors à la formation de molécules plus stables, selon les contraintes *locales* (et non globales !) de la thermodynamique. En un mot, l'un des caractères essentiels des macromolécules, et plus particulièrement des protéines, est d'être des *catalyseurs spécifiques*. Et c'est là qu'apparaît toute l'originalité du vivant : le nombre des combinaisons possibles entre molécules est tel qu'il peut être considéré comme infiniment grand, et, parmi ces combinaisons, un nombre beaucoup plus petit, mais néanmoins encore incalculable, correspond à des points d'équilibres locaux thermodynamiquement *équivalents*. En simplifiant, on peut considérer qu'un très grand nombre de possibilités de combinaisons équivalentes, très voisines les unes des autres d'un point de vue énergétique, et aussi du point initial, s'offriraient aux mélanges moléculaires présents dans les cellules. Mais, bien que ces combinaisons nombreuses soient possibles, et même probables sur un temps infini, elles ne peuvent avoir lieu sur un temps court en raison de barrières d'énergie d'activation trop importantes devant les fluctuations de température qui se produisent là où se déroule la vie. C'est là qu'interviennent les catalyseurs que sont les enzymes : en associant, dans une certaine configuration spatiale, pour un moment, certains des composants du mélange, ils abaissent et l'énergie et l'entropie d'activation d'une réaction parmi une infinité d'autres. Cette réaction devient donc hautement probable. Pour chaque type d'enzyme, une réaction de ce type a lieu, et chaque réaction se déroule avec sa vitesse propre. Il s'ensuit que la composition du milieu change et que se stabilise un réseau de synthèses moléculaires — cela constitue le métabolisme cellulaire et l'ensemble des synthèses permettant l'expression génétique — par le biais du tri sélectif effectué par les règles de complémentarité. Le vivant fixe ainsi une image particulière dans un champ immense de réactions possibles. Ce n'est pas leur *distance* par rapport à l'équilibre qui les distingue, mais la *vitesse* à laquelle ces réactions évoluent vers l'équilibre.

Le vivant se trouve être ainsi le lieu priviligié d'un retour organisé vers l'état d'équilibre. Les vitesses relatives de ce retour définissent une combinatoire aux possibilités infinies par le développement continuel de molécules qui peuvent s'associer en un temps court grâce à la catalyse enzymatique. Le métabolisme ainsi créé est un réseau infiniment complexe dans lequel l'environnement va sculpter une image particulière qui représentera, le temps d'un régime stationnaire, une certaine figure de la vie. Cette forme, abstraite en ce sens qu'elle n'est pas définie à travers des frontières physiques par la dynamique du flux métabolique, stabilise les frontières physiques définies par le niveau macromoléculaire, la cellule, l'organe et l'individu tout entier. C'est cette contrainte du flux métabolique, cette fuite en avant vers l'équilibre proche mais inatteignable — en raison des branchements infinis qui se présentent sans cesse à la synthèse d'une nouvelle molécule, et aussi des très nombreuses boucles rétroactives (l'*autocatalyse* chère à Jacques Monod) qui font se confondre les entrées et les sorties du système — qui permet le *renouvellement* constant des composants du système en lui conservant sans cesse sa forme globale.

Ainsi l'ADN est réparé lorsque des accidents en modifient la structure, les macromolécules détruites sont remplacées, les cellules tuées voient des descendants de leurs voisines prendre leur place. Mais cela ne peut qu'être temporaire. La réparation n'est pas infiniment parfaite et un jour, nécessairement, l'individu meurt. La fuite en avant vers l'équilibre se ralentit alors et, si d'autres êtres vivants ne viennent s'en repaître, le cadavre se fossilise et retourne très lentement, cette fois, en l'absence d'un fonctionnement catalytique, vers un état d'équilibre différent, proche du calme froid du monde inorganique.

La vie est un jeu d'échanges et ce n'est pas seulement le type des échanges et leur lieu, mais encore leur vitesse, qui est caractéristique du monde organique par rapport au monde inorganique. On a coutume de remarquer qu'un être vivant est un système ouvert, et qu'il absorbe sans cesse de l'énergie dispersée par le monde extérieur. Et la Terre en effet reçoit du soleil une énergie abondante et régulière. Mais, à l'opposé, une planète comme Vénus est aussi un système ouvert qui reçoit au moins autant d'énergie que la Terre, sans pourtant qu'aucune forme de vie ne s'y déroule. C'est que les frontières qui définissent les échanges de la vie sont sélectives : et elles effectuent un tri dans tout ce que peut apporter l'environnement, et elles laissent fuir certains composés qu'elles ont élaborés. Là encore, cependant, une frontière sélective est loin de suffire à définir la vie, encore qu'il s'agisse d'un des aspects les plus importants — et pourtant bien souvent négligés — du vivant. C'est, par exemple, l'existence d'une frontière qui pourra permettre à un virus d'être, pour un court moment, un être vivant capable de croître et de se multiplier.

Le virus est à la limite entre le vivant et le non-vivant. Il ne peut se reproduire seul, il a besoin d'un être vivant — une cellule — pour le faire. Mais il peut se reproduire au sein d'une cellule *morte*. Le virus prend à la cellule une partie de sa machinerie biosynthétique, mais surtout il lui prend sa frontière, sa membrane, qui est à la fois un obstacle à franchir à l'entrée (pour infecter la cellule) et à la sortie (pour se répandre, une fois multiplié, dans le milieu extérieur). C'est ce qui explique que tous les virus, même les plus simples, outre les fonctions nécessaires pour définir leur propre multiplication et pour diriger la synthèse de la coque qui protège leur matériel génétique, possèdent une fonction propre à définir des interactions avec l'enveloppe de leur hôte. Ces fonctions sont souvent peu, mal ou pas comprises, et elles sont complexes. Elles sont parfois très astucieuses, comme dans le cas du minuscule parasite du colibacille, le bactériophage Qβ. Ce virus possède un matériel génétique élémentaire définissant trois gènes principaux : un gène de réplication, un gène permettant la maturation et l'encapsidation du matériel génétique, et un gène définissant la protéine de la coque. Or on sait depuis longtemps que l'expression de ce dernier gène est anormale : quelques pour-cent de la protéine de la coque sont synthétisés avec une « queue » supplémentaire. Et cette queue, dont on a pu montrer que la présence est nécessaire à la multiplication des virus, est fortement hydrophobe. Cela revient à dire que plutôt que d'être soluble dans l'eau, elle serait soluble dans les molécules organiques particulières, les lipides, qui constituent la membrane de la cellule hôte. Grâce à son affinité pour la membrane et sa ressemblance avec la protéine de coque, cette protéine hybride sert sans doute à permettre au virus de quitter la cellule.

Cet exemple illustre la ligne de démarcation qui définit le vivant : un matériel génétique qui fixe, par le biais d'une (auto)catalyse appropriée, la synthèse des catalyseurs eux-mêmes, une enveloppe qui règle l'organisation dans l'espace — et dans le temps — de l'expression génétique, un réseau métabolique, enfin, qui définit les flux moléculaires qui parcourent le système en son sein et sur sa frontière. L'utilisation du milieu extérieur, et des molécules et sources d'énergie qui s'y trouvent, va conduire l'être vivant à doubler chacun de ces systèmes caractéristiques. Et, si l'on tend aujourd'hui à privilégier le seul doublement du matériel génétique, c'est à la suite d'un abus de langage issu de l'extraordinaire publicité qui a marqué la découverte de la double hélice d'ADN. C'est, de même, cet abus qui a conduit beaucoup de penseurs à se tourner vers d'autres approches, plus globalisantes ou plus réductrices, pour tenter d'expliquer par tel ou tel phénomène physique — on a mentionné l'abus du discours thermodynamique ou les succès des hypothèses issues de descriptions de l'osmose — les propriétés originales de la matière vivante.

Ce qui apparaît de plus en plus clairement aujourd'hui, c'est que cette originalité provient d'un constant aller et retour *entre plusieurs niveaux d'intégration délimités par une frontière* qui en règle les termes. On passe sans cesse du niveau des macromolécules au niveau cellulaire ou au niveau de l'organisme entier, s'il est pluricellulaire, et au cours de ce passage d'un niveau à l'autre apparaît une organisation qui est caractéristique de la vie. Comment cela se peut-il ? Un exemple, issu du métabolisme énergétique, permet de l'illustrer :

Un mammifère doit pouvoir agir rapidement dans des circonstances très variées et, pour cela, mobiliser de l'énergie en fonction des circonstances. Il lui faut d'abord, par un métabolisme de base, maintenir une certaine structure assez rigidement, et cela nécessite un certain *tonus musculaire*. Un système de petites molécules appelées hormones sert à réguler, en fonction de l'alimentation, le niveau du glucose dans le sang. Ce sucre est brûlé par la respiration en fournissant une certaine quantité d'énergie qui assure le tonus. Mais l'animal doit aussi faire des mouvements volontaires : il peut mobiliser alors un certain nombre de réserves stockées dans le muscle sous la forme de macromolécules (le glycogène) et une petite réserve immédiatement mobilisable (la créatine phosphate). La dégradation du glycogène est soumise à un contrôle nerveux : le *même signal* (l'ion calcium) qui sert à produire la contraction musculaire déclenche une cascade de réactions catalytiques qui aboutissent à la dégradation du glycogène (et à l'arrêt de sa synthèse) et à la production de l'énergie nécessaire à la contraction. Il faut parfois davantage encore, lorsque l'effort musculaire est nécessaire à la survie, par exemple : on observe alors une étape supplémentaire de la cascade qui permet d'amplifier encore le signal final et de mobiliser toutes les ressources disponibles. On voit là de nombreux aller et retour : le pancréas (un organe, par le biais de cellules dont l'action est coordonnée) synthétise l'insuline, hormone qui règle au niveau du foie (autre organe) la libération du glucose dans le sang. Une partie du cerveau permet la sécrétion d'une autre hormone, l'adrénaline, qui, au niveau des cellules musculaires, déclenche une cascade de réactions aboutissant à la production d'énergie (au niveau cellulaire, mais de façon coordonnée, car l'ensemble des cellules musculaires reçoit par le biais du flux sanguin le même signal hormonal). Le cerveau encore, par le biais des centres moteurs, envoie cette fois vers un muscle précis — donc plus *localement* que dans le cas précédent — un autre signal qui déclenchera une cascade analogue (elle a des éléments communs avec la cascade contrôlée par l'adrénaline). Et c'est bien sûr la contraction simultanée des macromolécules de myosine, associées aux macromolécules de l'actine, qui provoque l'effet *mécanique* de la contraction musculaire (il s'agit là d'un effet purement *additif;* les molécules de myosine sont alignées et forment des fibres, et comme elles se raccourcissent toutes — en se pliant autour d'un « coude » — en même temps, il en résulte un effet visible à l'échelle macroscopique).

Ainsi, le qualitatif se transforme en quantitatif et inversement, grâce au changement d'échelle qui se produit sans cesse par le biais des changements de niveau définis par les frontières caractéristiques du vivant. Une cascade enzymatique comme celles qui viennent d'être mentionnées correspond à la mise en forme d'un système *amplificateur* qui permet, localement, de changer rapidement de niveau : la concentration d'hormone qui déclenche le fonctionnement des premières molécules d'enzyme du premier niveau est très faible. Ces quelques molécules (très rares) ont une activité catalytique très efficace, elles vont chacune affecter en un temps très bref un millier de molécules d'enzyme du deuxième niveau, qui vont chacune faire de même avec des enzymes du troisième niveau, et ainsi de suite, jusqu'à atteindre les molécules directement responsables de la contraction. Trois niveaux suffisent à atteindre une amplification supérieure à un milliard, et cela de façon *coordonnée*. Ce qui était une petite *perturbation* du niveau microscopique devient alors rapidement un *phénomène macroscopique organisé*. Il n'y a rien de particulièrement mystérieux à cela, et il est bien inutile de vouloir faire appel à des propriétés *particulières* de la physique pour l'expliquer. Le propre de la catalyse sélective imposée par l'existence de certaines macromolécules a pour conséquence l'existence de tels phénomènes amplificateurs. Au-delà du niveau moléculaire, au-delà du niveau cellulaire, l'organisme entier peut ainsi définir un système physique doué d'un comportement cohérent. Mais il est bien clair qu'à le traiter seulement comme un automate dont on ne connaîtrait que le comportement, on ne pourrait rien expliquer, seulement prédire un comportement à venir à condition de fixer rigidement les contraintes du milieu extérieur. L'essentiel du vivant, cette inimitable aptitude à conserver l'homéostasie de l'organisme dans un environnement changeant, serait à jamais incompréhensible.

On ne peut décrire la vie comme un ensemble formé de boîtes noires dont on ne ferait que se rapporter l'histoire en recherchant les répétitions. Il convient de relier l'organique à l'inorganique, de comprendre en quoi les catalyses à l'œuvre au niveau moléculaire concernent l'élaboration de notre conscience. Ne serait-ce que pour aider et soulager lorsque la maladie s'en mêle. Les incantations ne suffisent plus. Et notre prétention à dominer le monde s'effondre lorsqu'une altération métabolique amène les tremblements parkinsoniens. Les neuromédiateurs qui parcourent notre réseau nerveux nous décident à la veille et au sommeil, et, motivant notre intérêt, ne peuvent plus nous être indifférents. Il est vain de vouloir rendre compte *seulement* de la pensée par des annotations sur les comportements, les émotions, l'attention ou la volonté.

On observe donc aujourd'hui une démarcation assez nette entre l'organique et l'inorganique, entre le vivant et le non-vivant, mais il ne peut en avoir été toujours ainsi : la vie dérive d'une matière plus simplement ou plus régulièrement organisée, faite d'un seul niveau, atomique ou moléculaire. Toute réflexion sur le vivant conduit donc immanquablement à la question de son origine (ou de ses origines). La pensée humaine a beaucoup fluctué à propos de cette question : les philosophes d'avant Socrate ont imaginé qu'il n'y avait pas solution de continuité entre la matière inerte et la matière vivante, et ils ont choisi tel ou tel élément (l'eau, souvent, et c'est une remarquable intuition) comme matière initiale source de vie. Longtemps, la génération spontanée est restée possible et naturelle. Elle était visible dans toutes les pourritures et Lamarck, dans sa *Philosophie Zoologique*, en fera l'un des éléments permettant les suites de transformations qui aboutissent aux plantes, aux animaux et à l'homme, ces transformations se continuant sans cesse et renaissant jusqu'à nos jours d'une transformation perpétuelle de la matière des corps inorganiques en celle des corps organiques.

Cette tradition a duré jusqu'au milieu du XIXe siècle et même presque jusqu'au début de ce siècle : Pierre Thuillier rappelle par exemple l'étrange histoire du Bathybius, « organisme » isolé des fonds marins et supposé être un ancêtre de toutes les formes de vie selon

Huxley ; Haeckel ce partisan militant de l'évolutionnisme avait voulu y voir la preuve décisive de l'existence d'une génération spontanée toujours à l'œuvre dans le fond des océans, et cela, à l'encontre des preuves du contraire, tout aussi décisives, apportées par Pasteur. On sait ce qu'il advint du *Bathybius Haeckelii :* malgré son aspect gélatineux et albuminoïde, il ne s'agit en fait que d'un précipité colloïdal de calcium qui, en effet, peut prendre des formes globales proches de formes cellulaires. Comme dans un autre exemple, lui aussi rapporté par P. Thuillier, et qui montre que les phénomènes de l'osmose peuvent donner lieu à des formes rappelant à s'y méprendre le vivant, il convient de se méfier du placage analogique des morphologies apparentées les unes sur les autres !

C'est Pasteur qui élimina l'idée de génération spontanée — essentiellement parce qu'il pensait qu'il existe une incommensurabilité radicale entre le vivant et l'inerte —, mais pour un temps seulement, car la découverte des macromolécules et la mise en place des concepts de la biologie moléculaire, parallèlement aux travaux de la génétique et aux analyses de plus en plus fines de la paléontologie, ont remis à l'honneur la question des origines en la faisant reculer de quelque 3,5 milliards d'années.

Comment la question se pose-t-elle aujourd'hui ?

On a longtemps pensé que la vie était un phénomène *improbable* et, dans son livre *le Hasard et la Nécessité*, Jacques Monod développe longuement le thème de cette improbabilité. Mais il faut bien comprendre que parler de la probabilité d'un événement dont on sait l'existence, mais que l'on ne connaît — pour l'heure — qu'en un unique exemplaire, n'a pas de sens. Il ne s'agit que d'un sentiment, d'une opinion (comme l'auraient noté les présocratiques), qui apprend plus sur celui qui la professe qu'il n'apporte d'enseignement sur sa réalité. Or, de nombreuses expériences sont venues à l'appui de la thèse opposée : les molécules organiques qui sont à la base de la genèse des êtres vivants ne sont pas rares dans l'univers, bien au contraire. Et il paraît aujourd'hui que tout système dans lequel on trouverait de l'eau, à l'état liquide, en abondance, pourrait être source d'une évolution analogue à celle qui a conduit à la vie.

Il est nécessaire, pour cela, qu'il y ait coévolution entre trois systèmes moléculaires différents : un système de petites molécules apparentées entre elles par de petites modifications de structure (isomérisations, additions et soustractions de quelques groupes d'atomes) et qui formera l'ancêtre du métabolisme ; une combinatoire de petites molécules produisant des édifices complexes, les macromolécules, leur permettant de définir des *architectures* stables aux très nombreuses formes (cette contrainte impose pratiquement la chimie du carbone) : ces molécules auront alors le plus souvent le rôle de catalyseurs spécifiques ; un ensemble, enfin, de molécules capables de s'agréger sous forme de membranes ou de micelles permettant de définir un intérieur et un extérieur en compartimentant le milieu : ces molécules seront l'ancêtre des membranes biologiques. Une telle coévolution paraît presque une nécessité dans un système où se trouvent présents des composés du carbone réduit (méthane et dérivés supérieurs) et de l'eau, car même si la concentration des dérivés carbonés est très faible, l'*augmentation* d'entropie qui correspond au caractère « hydrophobe » de ces molécules à squelette carboné les contraint à se rassembler à la surface de l'eau et sur le bord des lagunes, lorsqu'il existe des terres émergées.

Il se produit alors une compartimentation très efficace qui autorise une *exploration* continuelle des possibilités combinatoires des diverses molécules. Cette exploration amène rapidement la synthèse de macromolécules qui, précisément parce qu'elles sont composées d'un très grand nombre d'atomes, peuvent donner lieu à pratiquement n'importe quelle architecture — et par conséquent à développer n'importe quelle catalyse mettant en jeu des petites molécules —, ce qui aussitôt ajoute aux possibilités exploratoires du système. Ce qui est ici remarquable, c'est que les contraintes de la thermodynamique, en particulier celles du deuxième principe, consistent essentiellement à forcer le système, lorsqu'il tend vers l'équilibre, à explorer sans cesse de nouvelles possibilités. Cette exploration conduit sans cesse à la production de nouvelles formes et se trouve par conséquent être essentiellement *divergente*. On reconnaît, dès l'origine, un aspect particulièrement visible dans la phylogenèse des êtres vivants : celui d'un arbre aux branches sans cesse ramifiées.

Mais si l'exploration est systématique, il est bien clair que la durée de vie des formes produites est extraordinairement variable et que ne subsisteront que les formes les plus stables (dans un environnement donné) ; il y a ainsi stabilisation sélective, selon le mot de Schmalhausen, de certains chemins de préférence aux autres. La première étape du passage de l'inorganique à l'organique sera donc de définir les deux premiers niveaux d'intégration du vivant : la synthèse de macromolécules et la compartimentation par une membrane. Il n'y a pas encore, à ce stade, de véritable reproduction du système et les échanges se font entre vésicules par fusions et scissions répétées au gré de l'agitation des eaux.

Une deuxième étape est nécessaire pour conduire au vivant tel qu'on l'entend — c'est-à-dire au-delà des propriétés élémentaires définies lors de la première étape (à savoir catalyse spécifique, définition d'un métabolisme et échanges entre l'intérieur et l'extérieur au gré des forces osmotiques) : il faut assurer une quelconque reproduction conforme et, pour cela, pouvoir séparer entre les *effecteurs* du système et un ensemble qui puisse conserver la *mémoire* de son passé. Cette étape n'a pu avoir lieu qu'après une longue divergence de l'évolution des macromolécules. Il fallait en effet *deux* classes de macromolécules, chimiquement bien distinctes, mais interagissant entre elles, pour séparer ces deux fonctions. En outre, la mémoire suppose pour sa transmission l'existence de deux structures *complémentaires et de même nature*. On sait ce qu'il en est chez les êtres vivants : la molécule d'ADN est constituée d'une double hélice autocomplémentaire. C'est l'invention d'une macromolécule au caractère essentiellement *linéaire* plutôt que tridimensionnel (comme c'est le cas des protéines) qui a permis cette ingénieuse solution. Elle avait pour contrepartie la difficulté d'avoir à mettre en place un système de réécriture qui fît passer de l'arrangement linéaire des maillons élémentaires de l'ADN à l'arrangement tridimensionnel des protéines. C'est la mise en place d'une machinerie formant un *code génétique* qui l'a permis.

S'il est possible aujourd'hui de proposer quelques explications à l'apparition du code génétique tel qu'il existe chez le vivant que nous connaissons, nous ne savons pas encore imaginer d'autres systèmes plausibles qui auraient résolu le même problème et, en ce sens, le vivant que nous connaissons reste unique et, de ce fait, improbable. Il n'en reste pas moins que les clefs apportées par l'usage des postulats de la physico-chimie apportent un éclairage nouveau et profondément explicatif de la nature de la vie, et cela, malgré la confusion savamment entretenue par de nombreux idéologues qui cherchent sans cesse à placer le vivant dans un monde différent, qu'il soit matériel ou immatériel.

LE SERPENT ARC-EN-CIEL

L'homme s'est depuis longtemps rendu compte de l'extraordinaire richesse qui pouvait être tirée de la réflexion. Le miroir permet d'agir et de corriger, le retour sur soi permet d'affiner la réflexion et de la rendre plus productive. On trouve ainsi partout l'image du serpent qui se mord la queue, Ouroboros grec ou serpent Arc-en-Ciel du pays Fon. Mais ce n'est que récemment qu'est apparue l'universalité non pas seulement de cette représentation, mais de cette structure, comme fondant la vie.

On a longtemps cherché une originalité absolue à la vie en en séparant la matière organique du substrat minéral : il a bien vite fallu comprendre qu'il n'y a pas de différence de nature entre le monde inerte de l'inorganique et la dynamique du vivant. Où trouver alors l'originalité ? L'objet de ce texte a été de tenter de montrer que s'il existe une loi propre à la Vie, et lui conférant ses propriétés originales, c'est sans doute autour du concept de code génétique qu'il faut la rechercher.

En effet, le code génétique est une règle de correspondance entre deux classes de macromolécules — les acides nucléiques et les protéines — qui permet la genèse d'un Ouroboros ou d'un serpent Arc-en-Ciel. Les acides nucléiques spécifient entièrement les protéines, mais ils sont aussi des substrats sur lesquels agissent les protéines.

Cette possibilité réflexive n'est pas seulement statique — ou stationnaire —, elle permet aussi l'évolution du système vivant. Et cette évolution est ce qui permet de résoudre le deuxième ordre réflexif, celui de l'ascendance à la descendance : l'œuf et la poule. *Car il est possible de choisir un commencement : la brisure de la symétrie d'un mélange homogène conduit à la formation de classes matérielles distinctes, puis la mise en correspondance de ces classes crée le code réflexif qui mène aux êtres vivants d'aujourd'hui. Une deuxième dissymétrie fait passer du couple fusion-scission des cellules initiales à la croissance et à l'agrégation : une cellule devient plusieurs et forme un volume, puis ce volume ségrège une cellule unique, point de départ d'une nouvelle croissance, et ainsi de suite. L'évolution suivante associe les individus entre eux en un système social au sein duquel, cette fois, le langage joue le rôle du codage réflexif où la société parle à propos d'elle-même et agit sur elle-même.*

Nous sommes parvenus à la fermeture de cette boucle. L'homme n'agit pas seulement sur son destin économique, politique ou social ; pour la première fois dans l'histoire, un être vivant agit sur son propre patrimoine génétique. Voilà qui illustre à nouveau comment un code permet de transformer une matrice en donnée manipulable. Mais quel sera le produit à venir de ce nouveau serpent Arc-en-Ciel ?

LEXIQUE

Autant que faire se peut, les différents termes du « jargon » des biologistes ont été écartés ou définis lors de leur première apparition dans le texte. Ils ne peuvent évidemment être redéfinis tout au long, et c'est la raison d'être de ce lexique qui pourra servir à se rafraîchir la mémoire en cas d'oubli d'une définition.

Acide : Donneur de proton (H^+).

Acides aminés : Classe de composés organiques qui comportent au moins un groupe carboxylique ($-COOH$) et un groupe aminé ($-NH_2$). Lorsque ces deux groupes sont associés sur le même atome de carbone, il s'agit d'acides aminés alpha : $RCH(NH_2)COOH$. Les protéines sont construites par un enchaînement au moyen de liaisons peptidiques d'acides aminés alpha de vingt types différents.

Adénine : Résidu aromatique hétérocyclique (composé de carbone et d'azote), la base 6-aminopurine ($C_5H_5N_5$). C'est un constituant de base de l'ADN, de l'ARN et du donneur universel d'énergie l'ATP.

Adénosine triphosphate (ATP) : Le nucléotide qui sert de donneur d'énergie universel dans les cellules, grâce à l'hydrolyse de ses liaisons phosphate riches en énergie.

ADN : Acide désoxyribonucléique, classe d'acides nucléiques responsable de la transmission de l'hérédité et de son expression sous forme d'ARN et de protéines.

Aérobie : Apte à vivre en utilisant l'oxygène moléculaire (O_2).

Afférent : Centripète, transportant ou conduisant vers une région centrale.

Allèle : Etat spécifique d'un gène, déterminé par la structure précise de l'ADN correspondant. Un même gène, spécifiant une fonction donnée, peut avoir plusieurs allèles présents chez un même individu (hétérozygote) ou dans une population d'individus.

Amide : Dérivé organique de l'ammoniac dans lequel un atome d'hydrogène est remplacé par un groupe acyl :

$$NH_2 - \underset{\underset{O}{\|}}{C} - R.$$

La liaison peptidique entre deux acides aminés est un cas particulier d'amide.

Anabolisme : Synthèse par les cellules vivantes de molécules complexes à partir de molécules plus simples.

Anticodon : Suite de trois bases d'un ARN de transfert, placées dans une boucle de la structure bien accessible, et qui s'apparie avec trois bases (codon, voir ce mot) de l'ARN messager au cours de la traduction.

Anticorps : Protéine (immunoglobuline) constituée de quatre chaînes polypeptidiques distinctes : deux chaînes lourdes (identiques) et deux chaînes légères (identiques) associées par des liaisons covalentes entre acides aminés cystéine (disulfure). Un anticorps n'interagit spécifiquement qu'avec l'antigène qui en a provoqué la synthèse.

Antigène : Toute substance capable de provoquer la synthèse d'immunoglobulines spécifiques (anticorps).

ARN : Polymère (acide nucléique) de (ribo)nucléotides dont le sucre et le ribose et les bases sont l'adénine, la guanine, l'uracile et la cytosine. Ils peuvent avoir un rôle structural (ribosomes), être des adaptateurs du code génétique (ARN de transfert) ou les messagers intermédiaires entre les gènes et les protéines qu'ils spécifient.

ARN messager : Une fraction de l'ARN qui est intermédiaire entre le gène à exprimer et la protéine qu'il spécifie.

ARN ribosomiques : Acides ribonucléiques constituants structuraux des ribosomes.

ARN de transfert : Adaptateur entre l'ARN messager et la protéine ; à un triplet de bases (codon) du messager s'associe un anticodon de l'ARN de transfert qui porte l'acide aminé correspondant, suivant la règle du code génétique.

Base : Accepteur de proton.

Carbohydrates : Anciennement hydrates de carbone ; dérivé cétonique $\left(\begin{array}{c}-C-\\ \|\\ O\end{array}\right)$ ou aldéhydique $\left(-C\begin{array}{l}\diagup H\\ \diagdown\!\!\diagdown O\end{array}\right)$ d'un alcool. Ce sont des molécules qui servent principalement au stockage de réserves énergétiques dans la cellule, mais ce sont aussi des intermédiaires métaboliques fondamentaux.

Catabolisme : Dégradation des molécules complexes en molécules plus simples.

Catalyse : Augmentation de la vitesse d'une réaction (sans modification de la réaction elle-même) due à une substance — le catalyseur — qui n'est pas consommée dans la réaction.

Chaleur : Energie dispersée sous la forme de vibrations atomiques ou moléculaires et qui se transfert par conduction, convection ou radiation.

Cis : Préfixe indiquant que deux éléments d'une structure se trouvent topologiquement d'un même côté. C'est le cas par exemple de groupe d'atomes par rapport à un squelette carboné. En génétique ce préfixe indique que deux éléments agissent à un même niveau fonctionnel par effet de contiguité géométrique. Deux mutations situées en cis par rapport à d'autres mutations qui se trouvent en trans par exemple se trouvent dans le même gène.

Codon : Suite de trois bases de l'ARN messager qui, placée dans un cadre de lecture dont le début est fixé par le triplet AUG (ou exceptionnellement GUG, UUG ou AUU) spécifie un acide aminé selon la règle du code génétique (tableau p. 83).

Coenzyme : Molécule qui se combine à une protéine enzymatique et lui permet d'exercer son activité catalytique.

Complémentation : Apport d'une fonction manquante. Lorsque deux gènes sont présents, un gène sauvage et un gène muté, le produit du gène sauvage peut complémenter, dans certains cas, l'effet du gène muté, qui est alors récessif. La complémentation est ainsi un effet actif par diffusion, ou encore un effet *trans* (actif).

Cytoplasme : La substance du corps cellulaire, à l'exclusion du noyau.

Cytosine : Composant de base des acides nucléiques : oxyamine, pyrimidine, hétérocycle aromatique $C_4H_5N_3O$.

Dénaturation : Modification par des moyens physiques ou chimiques de la nature habituelle d'une molécule.

Dimère : Molécule formée de l'association de deux molécules (monomères) du même type.

Dissociation : Séparation par agitation thermique des éléments d'une structure complexe en éléments plus simples.

Distal : Le plus écarté d'un point pris comme référence (opposé : proximal).

Effecteur : Molécule, signal, tissu ou organe qui déclenche une réponse.

Efférent : Centrifuge, transportant hors d'un lieu de référence.

Energie : Capacité de produire un travail, une réaction chimique, de la chaleur.

Energie d'activation : Energie requise pour porter les molécules qui doivent réagir à des vitesses, ou à des niveaux d'énergie, suffisants pour détruire ou former des liaisons chimiques stables (dites covalentes). Un catalyseur sert en général à abaisser l'énergie d'activation. Un concept semblable met en jeu l'entropie d'activation où la position dans l'espace joue souvent le rôle majeur.

Entropie : Mesure de la partie de l'énergie qui, à une température donnée, ne peut pas produire de travail.

Enzyme : Protéine douée d'activité catalytique.

Epigénèse : Evolution individuelle fixée par interaction avec l'environnement. L'épigénèse se superpose à l'ontogénèse et inscrit chez l'individu les marques de son interaction avec un environnement précis. Au cours de ce phénomène le patrimoine génétique reste, en principe, inchangé.

Equilibre (thermodynamique) : Etat d'un système où les forces opposées en présence se compensent exactement. Dans une réaction chimique cela signifie que la réaction dans un sens compense exactement la réaction en sens opposé.

Eucaryote : Etre constitué de cellules au noyau bien formé. Les végétaux et les animaux sont des eucaryotes. Les cellules correspondantes ont un cytoplasme, séparé du noyau par une enveloppe nucléaire, et le cytoplasme contient des organites autonomes comme les mitochondries (responsables de la respiration cellulaire) ou, dans le cas des végétaux, les chloroplastes (responsables de la photosynthèse).

Exon : Séquence nucléotidique présente à la fois dans un gène, dans le transcrit nucléaire correspondant et dans l'ARN messager final.

Gène : Unité « atomique » du patrimoine héréditaire qui s'exprime dans une cellule (dans des conditions données) sous forme d'une fonction spécifique. En général le produit d'un gène est une protéine qui, le plus souvent, possède une activité catalytique (enzyme). Dans certains cas la fonction correspondant à un gène est absente à la suite d'une modification de sa structure par rapport au type (allèle non fonctionnel).

Génotype : Patrimoine héréditaire d'un individu, fixant les limites de son adaptation ou de sa survie dans un environnement donné.

Guanine : Hétérocyclique aromatique composant élémentaire des acides nucléiques 2-amino 5-oxypurine ($C_5H_5N_5O$).

Hélice alpha : Structure hélicoïdale prise par les enchaînements polypeptidiques, présente dans de nombreuses protéines. Dans cet enchaînement chaque groupe $-NH$ est associé par une liaison hydrogène à un groupe $>C=O$ à une distance séparée par trois acides aminés. Le pas de l'hélice correspond à un tour tous les 3, 6 acides aminés.

Hétérozygote : Chez les individus sexués, porteurs de paires de gènes, état particulier où deux allèles différents d'un même gène sont présents dans chaque cellule.

Homozygote : Chez les individus sexués, porteurs de gènes groupés par paires, état particulier où la paire de gènes est formée de deux allèles identiques.

Hormone : Molécule effectrice synthétisée localement dans un tissu ou un organe et dont la cible peut être éloignée.

Hydrolyse : Fragmentation d'une molécule par addition d'une molécule d'eau.

Hydrophile : Ayant de l'affinité pour l'eau.

Hydrophobe : Répulsif vis-à-vis de l'eau.

Intron : Séquence nucléotidique présente dans un gène et dans le transcrit nucléaire correspondant, mais absente de l'ARN messager final. L'intron est excisé par une machinerie spécialisée, au niveau de l'enveloppe nucléaire, et les exons adjacents sont mis bout à bout par épissage.

In vitro : Dans un environnement artificiel.

In vivo : Au sein d'une cellule, d'un organe, d'un organisme.

Ion : Atome ou molécule porteur de charges électriques par perte ou acquisition d'électrons surnuméraires.

Lipides : Acides gras, graisses neutres, stéroïdes, cires et phosphatides : un ensemble de molécules souvent très hydrophobes jouant le rôle de réserve, d'architectures de systèmes de protection ou d'hormones.

Mitochondrie : Organite cytoplasmique des cellules eucaryotes, comportant un chromosome qui se réplique de façon autonome et séparé du cytoplasme par une double enveloppe. Les mitochondries permettent la respiration cellulaire et la synthèse de l'énergie sous forme d'ATP.

Mutagénèse : Action de produire des mutations. De nombreux produits chimiques ont une action mutagène, de même que les rayonnements ionisants. Des virus ou des fragments d'ADN (transposons, séquences d'insertion) peuvent être mutagènes en s'insérant çà ou là dans un chromosome.

Mutation : Altération irréversible de la suite des bases d'un ADN. Une mutation peut être *ponctuelle* si une seule base est altérée. Elle est une *délétion* si une ou plusieurs bases manquent, une *insertion,* si une ou plusieurs bases sont ajoutées. Elle peut résulter d'une *translocation* si une suite de bases est transportée d'un endroit en un autre.

Nucléotide : Elément de base des acides nucléiques formé d'une base (purine ou pyrimidine) d'un sucre (ribose ou désoxyribose) et d'un phosphate.

Noyau : Structure entourée d'une double membrane et qui au cœur de la cellule eucaryote renferme le matériel génétique des chromosomes.

Ontogénèse : Genèse de l'individu depuis l'œuf jusqu'à l'état adulte. A l'ontogenèse correspondent les phénomènes de détermination embryonnaire (les règles qui fixent les chemins à suivre à partir de l'œuf) et de différenciation cellulaire.

Opérateur : Segment d'ADN qui règle l'activité de gènes adjacents en se combinant avec des molécules régulatrices : répresseurs ou activateurs.

Opéron : Ensemble de gènes exprimés de façon coordonnée et dont l'activité est contrôlée, au niveau de la transcription, par un opérateur.

Osmose : Mouvement spontané d'un solvant au travers d'une membrane semi-perméable de la solution contenant le moins de soluté vers la solution contenant le plus de soluté.

Peptide : Enchaînement de quelques acides aminés associés par liaison peptidique – CO – NH –.

Phénotype : Apparence spécifique caractéristique d'un individu. Le phénotype correspond à la manifestation du génotype dans un environnement donné. Un même génotype peut conduire à plusieurs phénotypes différents, suivant la nature de l'environnement.

Phosphorylation : Incorporation d'un groupe phosphate $-PO^{3-}$ au sein d'une molécule organique.

Phylogénèse : La séquence évolutive des espèces depuis les espèces les plus primitives ou l'origine de la vie jusqu'aux espèces actuelles.

Procaryote : Etre unicellulaire en général, dépourvu de noyau bien formé. L'ADN chromosomique y est libre dans le cytoplasme. La plupart des microbes sont des procaryotes.

Protéine : Macromolécule constituée d'un enchaînement linéaire d'acides aminés, replié en une structure complexe dans l'espace (structure tertiaire). Beaucoup de protéines sont douées d'activité catalytique (enzymes).

Proximal : Proche d'un point de référence (opposé : distal).

Purine : Classe d'hétérocycles aromatiques contenant de l'azote et du carbone, qui constituent les acides nucléiques (adénine et guanine). Symbole : R.

Pyrimidine : Classe d'hétérocycles aromatiques contenant de l'azote et du carbone, complémentaires des purines (uracile, thymine et cytosine). Symbole : Y.

Quaternaire (structure) : Organisation spatiale des sous-unités d'une protéine multimérique.

Récepteur : Molécule située à la surface d'une cellule et susceptible d'interagir avec un effecteur particulier, hormone ou neurotransmetteur par exemple.

Réplication : Copie conforme de l'ADN.

Répresseur : Protéine interagissant avec la séquence des bases d'un opérateur et empêchant la transcription des gènes adjacents.

Rétroaction : Action d'une partie de la sortie d'un système sur l'entrée du même système. Une rétroaction négative tend à stabiliser le système (homéostasie) alors qu'une rétroaction positive tend à accélérer les réactions qui s'y produisent (auto-catalyse).

Ribose : Sucre constituant des nucléotides des acides ribonucléiques

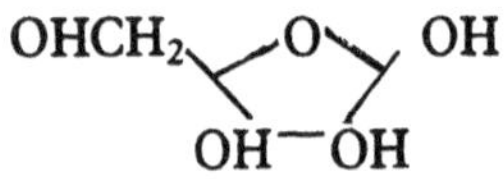

Ribosome : Edifice macromoléculaire complexe constitué de plusieurs ARN et d'un grand nombre de protéines associées. Les ribosomes sont le support de la synthèse des protéines : les messagers et les ARN de transfert s'y fixent.

Sauvage : Cet adjectif qualifie la nature génétique ordinairement présente dans la nature d'un organisme vivant. Une souche sauvage possède, en principe des allèles « normaux » de tous les gènes et elle s'oppose ainsi à une souche mutée. La souche sauvage est donc la souche type, ou la souche de référence.

Séquence (d'acides aminés, de nucléotides) : L'enchaînement à la suite les uns des autres des éléments de base d'une protéine ou d'un acide nucléique. La séquence s'appelle aussi la structure primaire de la macromolécule considérée.

Soma : Le corps cellulaire, la partie de la cellule ne contenant pas le matériel génétique selon Weismann.

Synapse : Zone de contact entre deux cellules nerveuses où se produit la conduction nerveuse sous la forme le plus souvent de la libération et de la réception d'un neurotransmetteur.

Thymine : Pyrimidine méthylée (5-méthyl uracile), l'une des quatre bases constituant l'ADN. Symbole : T.

Trans- : Préfixe indiquant l'orientation spatiale opposée par rapport à une zone de référence de deux groupes d'une molécule. En génétique, ce préfixe indique la position de deux éléments d'une structure de part et d'autre d'une frontière, il indique aussi un phénomène agissant à distance.

Traduction : Application du code génétique à un ARN messager qui permet par la règle de substitution correspondante, de spécifier une protéine, chaque triplet de base de l'ARN, placé dans un cadre de lecture approprié, spécifiant un acide aminé.

Transcription : Synthèse d'une copie d'ARN à partir d'un segment d'ADN.

Uracile : Base hétérocyclique aromatique constituant (pyrimidine) des ARN. Symbole : U.

BIOGRAPHIES

Le choix de faire référence à tel ou tel penseur, à tel ou tel expérimentateur est nécessairement très arbitraire, en particulier si l'on se réfère à l'histoire des idées. On n'a retenu ici que quelques jalons (ce qui n'est évidemment pas exempt de parti pris). En ce qui concerne l'histoire récente, la biologie moléculaire est une science si neuve que la plupart des protagonistes sont toujours en vie : il a paru sage de ne pas les fixer déjà au panthéon, et de ne retenir ici que les noms de certains de ceux qui ont quitté la scène et sont désormais la proie des historiens.

ANAXIMANDRE (v. 611-v. 546) : Philosophe ionien, disciple d'un des fondateurs de la philosophie, Thalès de Milet. L'illimité est la cause de toutes choses et la vie naît de l'eau.

ARISTOTE (384-322) : Disciple de Platon, précepteur d'Alexandre le Grand, créateur de la logique et d'un grand nombre de nos représentations scientifiques, esprit encyclopédique par qui la plupart des philosophes d'avant Socrate nous sont connus. Son influence sur la création du savoir dure encore.

AVERROÈS (Ibn-Rush) (1126-1198) : Musulman de Cordoue, il représente la filiation, par l'Islam, de notre savoir issu des Grecs. Dans son ouvrage principal, L'*incohérence de l'incohérence* (Tahafut al-tahafut), il montre par une riche théologie, comment l'homme peut être créateur du savoir. Peu après sa mort, la très riche science arabe devait succomber à l'intolérance d'un fanatisme étroit.

Oswald T. AVERY (1885-1955) : Bactériologiste américain, spécialisé dans l'étude des facteurs bactériens reconnus par le système immunitaire de l'hôte, il découvrit que l'ADN purifié porte la capacité de spécifier la synthèse de la capsule du pneumocoque, ce qui fut à la base de l'identification des gènes à des segments d'ADN.

Claude BERNARD (1813-1878) : Issu d'une famille de paysans de la région lyonnaise, il fut remarqué au cours de ses études de médecine à Paris par Magendie qui en fit son assistant. Il est sans conteste l'un des précurseurs de la biologie moléculaire, non seulement par la méthode, mais aussi par sa façon d'introduire la physico-chimie dans l'étude de la vie, au moyen d'une recherche des causes enchaînées selon un déterminisme qui veut rejeter à la fois le vitalisme et le matérialisme.

Ludwig BOLTZMANN (1844-1906) : Il fut le créateur de la mécanique statistique qui permet de réconcilier la thermodynamique créée entre autres par Carnot et Clausius et la théorie atomique. En particulier il put donner une forme mathématique à un concept macroscopique flou de la thermodynamique, le concept d'entropie. Son modèle, développé pour l'essentiel sur le cas particulier (abstrait) du gaz parfait conduit à identifier l'homogène avec le désordre. Cette vue étroite s'est longtemps développée et a encore un certain succès aujourd'hui.

Charles BONNET (1720-1793) : Né à Genève, juriste mais passionné par les Sciences Naturelles, il devint disciple de Réaumur et se consacra à l'étude des insectes. Bientôt, presque aveugle, il dut renoncer aux observations et consacra le reste de son existence à la réflexion théorique. Il découvrit la parthénogenèse et fut pour cette raison l'un des plus fervents apôtres de la théorie de la préformation.

Georges Louis Leclerc de BUFFON (1707-1788) : Conservateur du Jardin du Roi (le Jardin des Plantes) il se vouera à l'écriture d'une *Histoire Naturelle Générale*. Bien qu'il évitât de rechercher la cause et la parenté des formes vivantes, il fut un adversaire résolu de la théorie de la préformation qu'il remplace par l'idée d'un « moule intérieur » prescrivant le développement de façon épigénétique, grâce à la combinatoire appropriée d'éléments microscopiques.

Charles Robert DARWIN (1809-1882) : Petit-fils du médecin et naturaliste Erasme Darwin, il fut conduit vers des études médicales à Edimbourg qu'il abandonna temporairement pour la théologie à Cambridge. Mais son origine bourgeoise lui permit surtout de se livrer à la collection et à l'étude des insectes, des pierres et des fossiles. En 1831, il lui fut proposé d'être le naturaliste associé au voyage du HMS Beagle autour du monde. Ce voyage de cinq ans est à l'origine de sa réflexion sur l'origine des espèces. L'influence de Darwin sur la pensée contemporaine est considérable, et souvent gauchie par des interprétations abusives dues à des anachronismes conceptuels.

Max DELBRÜCK (1906-1981) : Physicien avant la guerre, il se consacra à la démonstration de l'identité génétique des bactéries et de leurs hôtes, les virus bactériophages.

René DESCARTES (1596-1650) : De famille aisée il put consacrer son existence à la recherche. Après avoir passé quelques années à Paris, il s'établit en Hollande afin d'exercer sa réflexion en dehors des pressions de l'Eglise catholique. Reprenant les découvertes de Harvey sur la circulation du sang il les généralisa en un modèle mécanique de l'homme fondé sur l'activité motrice des « esprits animaux ». Le lien entre le corps et l'âme se faisait par l'intermédiaire de la glande pinéale. Il introduisit un déterminisme strict dans l'étude des phénomènes physiques aussi bien que dans celle des êtres vivants. Il a laissé ouvert le problème qu'il a créé, à savoir la liaison entre l'esprit et le corps, cher aux Anglo-saxons d'aujourd'hui (*The Mind Body Problem*).

Hugo DE VRIES (1848-1935) : Naturaliste néerlandais il enseigna d'abord en Allemagne avant de retourner à Amsterdam. Ses travaux ont surtout porté sur la botanique et sa réflexion, issue de la théorie darwiniste, le conduisit à rechercher des changements héréditaires apparus au cours des générations. Son aptitude à obtenir des variations héréditaires stables le conduisit à proposer la théorie des mutations. Il redécouvrit par ailleurs Mendel et contribua ainsi à réconcilier les tenants de Mendel et de Darwin et à créer la génétique moderne.

Boris EPHRUSSI (1901-1979) : Généticien et embryologiste français d'origine russe, il fut l'un des premiers à mettre en évidence la correspondance qui existe entre un gène défini selon les lois de Mendel et Morgan et une activité enzymatique. En plus de ses remarquables études embryologiques sur la mouche drosophile il amorça l'ensemble des recherches sur la levure et le phénomène d'hérédité cytoplasmique dû aux organites (mitochondries) qui s'y perpétuent.

George Anthony GAMOW (1904-1978) : Physicien théoricien américain d'origine russe, il s'illustra dans l'étude des atomes aussi bien qu'en cosmologie. C'est dans ce domaine qu'il est particulièrement connu en raison de l'écriture de textes de vulgarisation très appréciés. Bien qu'anecdotique par rapport à l'ensemble de sa production, sa contribution à la découverte du code génétique est essentielle.

William HARVEY (1578-1657) : Médecin anglais, étudiant à Padoue en Italie, il exerça à Londres et fut professeur à Oxford. Il est surtout connu pour ses travaux d'anatomie et de physiologie (la circulation du sang) et sur la reproduction des animaux : tous les animaux, même ceux qui donnent naissance à des petits bien formés, y compris l'homme, proviennent d'un œuf. C'est à partir de cette théorie qu'il imagina un développement de l'œuf par *épigenèse*, vers un être adulte. Cette théorie, très directement inspirée d'Aristote, fut fortement combattue par les tenants de la préformation.

Joseph Gottlieb KOELREUTER (1733-1806) : Né à Salz en Würtemberg, il fut professeur de Botanique à Karlsruhe. Peu connu, c'est cependant l'un des précurseurs de Mendel à qui il fournit l'ensemble des techniques permettant la fécondation des plantes.

Jean Baptiste Pierre Antoine de Monet, plus connu sous le nom de J. B. de LAMARCK (1744-1829) est né en Picardie. Destiné à la prêtrise, puis à la mort de son père, au service de l'armée (où il s'illustra par son courage), il quitta bientôt le métier militaire pour raisons de santé et vécut plusieurs années une vie de bohème à Paris. C'est là qu'il se passionna pour les sciences naturelles et la botanique en particulier. La révolution lui offrit un poste de professeur de zoologie (étude des invertébrés) et il devint bientôt célèbre pour ses observations et son interprétation *transformiste* de la genèse des espèces. Sa *Philosophie zoologique* d'une richesse conceptuelle exceptionnelle est imprégnée de la théorie présocratique des quatre éléments (Lamarck ne se rallia pas sans peine aux découvertes de Lavoisier). Son ultra-modernisme, allié à son archaïsme explique bien des controverses qui sont nées autour de sa remarquable pensée.

Julien Offroy de LA METTRIE (1709-1751) : Médecin après avoir été étudiant en théologie, il publia deux essais considérés comme scandaleux, l'*Histoire Naturelle de l'Ame* et le *Traité de l'Homme Machine*. Ces collections d'aphorismes critiques mettent en cause des représentations religieuses de l'époque grâce à une représentation déterminante et mécaniste — très cartésienne — du vivant.

Trofime Denisovitch LYSSENKO (1898-1976) : Agronome soviétique, connu pour son influence malheureuse sur le développement de la génétique en URSS. Parti d'une observation réelle (la nécessité de passer par le froid pour faire germer certaines semences) il la généralisa en une théorie instructive de la biologie aux plus néfastes effets.

Johann MENDEL (1822-1884) : Né d'une famille de paysans allemands installés en Silésie autrichienne, il devient moine augustin à Brünn où il prit le nom de Gregor. Après avoir étudié à Vienne, il se livra à des études détaillées sur la descendance des plantes et proposa les « lois » génétiques qui portent son nom. Ses partisans se sont initialement opposés aux partisans de Darwin, alors que la biologie moléculaire représente aujourd'hui une conjonction des deux approches.

Jacques Lucien MONOD (1910-1976) : Né à Paris, il se tourna très tôt vers la biologie et vers la recherche. Après avoir passé un an avec T. H. Morgan aux Etats-Unis, il s'orienta vers l'étude de la croissance des microorganismes. Après avoir rejoint le service dirigé par A. Lwoff à l'Institut Pasteur, il développa les études sur le colibacille qui ont fait sa célébrité. Beaucoup d'aspects de sa très riche personnalité en ont fait l'un des biologistes les plus marquants de ce siècle, et son livre *Le Hasard et la Nécessité* a suscité et suscite encore de passionnantes controverses.

Thomas Hunt MORGAN (1866-1945) : Généticien américain, il est associé à Mendel, bien que son œuvre soit beaucoup plus récente que celle du premier, comme père de la génétique. Son approche intègre les découvertes de Mendel et de De Vries et permet de relier l'aspect formel de la génétique à son aspect concret dans la structure des chromosomes. Le modèle expérimental introduit par Morgan, la mouche du vinaigre (drosophile) est sans doute l'être différencié le mieux connu aujourd'hui. Les milliers de mutants accumulés par Morgan et ses élèves, comme Sturtevant sont des modèles remarquables pour l'étude de la détermination de l'œuf et de la différenciation cellulaire.

Louis PASTEUR (1822-1895) : Né à Dôle, il fut tôt attiré par l'enseignement et les sciences naturelles, professeur au lycée de Strasbourg puis à l'Université de Lille, il fut ensuite appelé à l'Ecole Normale Supérieure de Paris. Conscient de l'importance de l'application pour le bien de l'humanité des progrès du savoir, il fut très tôt intéressé par l'étude des maladies de la bière et du vin. Il fut ainsi le fondateur de la microbiologie et de l'immunologie. De même, sa foi catholique le conduisit à définitivement rejeter l'idée de la génération spontanée en mettant en évidence la *dissymétrie* fondamentale produite par la vie.

Ferdinand de SAUSSURE (1857-1913) : Fils du naturaliste Henri de Saussure, il étudia la linguistique à Leipzig et s'établit à Paris où il enseigna cette science à l'Ecole des Hautes Etudes. Le nationalisme français le contraignit à retourner à Genève faute de trouver un poste stable à Paris. Son cours, reconstitué par ses élèves après sa mort, préfigure la linguistique formelle contemporaine et a inspiré aussi bien l'anthropologie que la sociologie ou la psychanalyse.

Erwin SCHRÖDINGER (1887-1961) : Physicien autrichien, il développa les conséquences de la mécanique ondulatoire en les rendant compatibles avec la mécanique quantique. Sa réflexion sur les propriétés physiques de la matière le conduisit à s'interroger sur la vie dans un livre fameux *What is life?* dans lequel il conjecturait la nature du patrimoine génétique et son organisation sous la forme d'un « cristal apériodique ». Beaucoup de biologistes fondateurs de la biologie moléculaire se sont dits inspirés par son livre.

Hermann STAUDINGER (1881-1965) : Chimiste allemand spécialiste de la chimie des colloïdes, il découvrit bien des aspects de la polymérisation et forgea le concept de macromolécule.

Jean SWAMMERDAM (1637-1680) : Fils d'un apothicaire d'Amsterdam passionné de sciences naturelles, il devint un anatomiste expert en dissection et en préparation des cadavres, des insectes aux êtres humains. Malgré de très nombreuses épreuves, il put mener à bien un travail inégalé sur l'anatomie et les métamorphoses des insectes. Cela lui permit de proposer une théorie de l'embryologie très détaillée, et qui, sous la forme de la préformation, supplémenta aussitôt la théorie épigénétique de William Harvey.

Léo SZILARD (1898-1964) : Physicien américain d'origine hongroise, spécialisé en physique nucléaire. Il s'interrogea sur la nature formelle de l'information, et développa l'analogie entre information et entropie. Il montra que si l'on se restreint à l'exploitation de la *physique* d'un phénomène, il est possible, grâce à l'analogie entre entropie et information (valable dans ce cas) de faire des hypothèses d'optimisation sur les « parties manquantes » d'un signal. Son intérêt pour l'information le conduisit naturellement à s'interroger sur la biologie. Il participa à la création du modèle de régulation par répression de l'expression génétique et produisit un modèle « instructif » de l'immunologie.

August WEISMANN (1834-1914) : Né à Francfort-sur-le-Main, il devint professeur à l'Université de Fribourg. Spécialisé dans les problèmes de l'hérédité et de l'évolution il permit d'établir un lien entre la théorie sélective de Darwin et la transmission des caractères génétiques selon Mendel.

Norbert WIENER (1894-1964) : Chercheur américain, il développa l'idée de Maxwell de rétroaction (*feed back*) pour la prolonger (avec le cardiologue A. Rosenblueth) en une « cybernétique », qui devait être une théorie générale du contrôle et de l'automatique. Ses travaux ont contribué à répandre l'idée du maintien de l'homéostasie par rétroaction.

Friedrich WÖHLER (1800-1882) : Né près de Francfort-sur-le-Main, médecin puis chimiste il est surtout connu pour avoir identifié et synthétisé un grand nombre de molécules organiques, l'urée en particulier. On oublie pour cette raison une autre grande contribution : il fut le premier à proposer concrètement que l'énergie est indestructible, ce qui, en complément des travaux de Carnot, donna naissance à la thermodynamique.

NOTES BIBLIOGRAPHIQUES

[1] Averroes, *Tahafut al-Tahafut* ed. et trad. par S. Van Den Bergh (1954), Oxford University Press.
[2] A. Danchin (1980), *L'invasion du biologisme,* « Le Débat », *2*, 66.
[3] F. H. C. Crick (1982), *La Vie vient d'ailleurs,* Hachette Littérature.
[4] D. Premack (1977), *Intelligence in Ape and Man,* Halsted.
[5] R. Barthes (1964), *Eléments de Sémiologie,* in « Le Degré Zéro de l'Ecriture », Gonthier, 1970.
[6] F. Jacob (1970), *La logique du Vivant,* Gallimard.
[7] H. Diels, W. Kranz (1951), *Die Fragmente der Vorsokratiker,* Weidmannshe Buchhandlung.
[8] H. Daudin (1926), *Les classes zoologiques et l'idée de série animale en France à l'époque de Lamarck et de Cuvier (1790-1830),* Alcan.
[9] Sir Alister Hardy (1965), *The living Stream,* Collins.
[10] A. Danchin (1979), *Thèmes de la Biologie,* I. Théories instructives ; II. Théories sélectives, « Revue des questions scientifiques », *150*, 151, 323.
[11] T. Lyssenko (1953), *Agrobiologie,* Editions de Moscou. I. Schmalhausen (1969), *Problemy darvinisma,* Nauka.
[12] F. Weiling (1968), in *Theoretical and Appllied Genetics, 38,* 144.
[13] M. Blanc, G. Chapouthier, A. Danchin (1980), *Les Fraudes scientifiques,* in « La Recherche », *133*, 858.
[14] P. Thuillier (1981), *Le Petit Savant illustré,* Le Seuil.
[15] B. Ephrussi (1937), *Rapport d'activité* de l'Institut de Biologie physico-chimique.

[16] A. Garrod (1902), *The incidence of alkaptonuria : a study in chemical individuality,* « Lancet » *2,* 1616.
[17] A. Danchin (1979), *Placage et Modèles totalitaires,* in « Elaboration et justification des modèles » (P. Delattre, M. Thellier, eds.), Maloine, p. 39.
[18] J. V. Neel (1949), *The inheritance of sickle cell anemia,* « Science », *110,* 64.
[19] L. Pauling, M. A. Itano, S. J. Singer, I. C. Wells (1949), *Sickle cell anemia, a molecular disease,* « Science », *110,* 64.
[20] O. T. Avery, C. M. Macleod, M. McCarty (1944), *Studies in the chemical nature of the substance inducing transformation of pneumococcal types,* « J. Exptl. Med. », *78,* 137.
[21] *Unités biologiques douées de continuité génétique,* Editions du CNRS (1949).
[22] S. E. Luria, M. Delbrück (1943), *Mutations of bacteria from virus sensitivity to virus resistance,* « Genetics », *28,* 491.
[23] *Origines de la Biologie Moléculaire* (1980) (A. Lwoff, A. Ullmann, eds.). Academic Press, Etudes vivantes.
[24] F. Jacob, J. Monod (1961), *Genetic regulatory mechanisms in the synthesis of proteins,* « J. Mol. Biol. », 3, 318.
[25] S. Brenner, F. Jacob, M. Meselson (1961), *An unstable intermediate carrying information from genes to ribosomes for protein synthesis,* « Nature », *190,* 576.
[26] L. Pauling, M. Delbrück (1940), *The nature of the intermolecular forces operative in biological processes,* « Science », *92,* 77.
[27] P. N. Campbell, T. S. Work (1953), *Biosynthesis of proteins,* « Nature », *171,* 997.
[28] A. L. Dounce (1952), *Duplicating mechanism for peptide chain and nucleic acid synthesis,* « Enzymologia », *15,* 251.
[29] C. E. Dalgliesh (1953), *The template theory and the role of transpeptidation in protein synthesis,* « Nature », *171,* 1027.
[30] Claude Bernard (1865), *Introduction à l'étude de la Médecine expérimentale.* Rééd. (1952) Flammarion.
[31] G. Gamow (1954), *Possible relation between desoxyribonucleic acid and protein structures,* « Nature », *173,* 318.
[32] A. Danchin (1978), *Ordre et dynamique du Vivant,* Le Seuil.
[33] J. A. Baross, J. W. Deming (1983), *Growth of « black*

smoker » bacteria at temperatures of at last 250°, « Nature », *303*, 423.

[34] F. H. C. Crick (1957), Discussion dans : *The structure of nucleic acids and their role in protein synthesis*, « Biochemical Society Symposium » *14*, 25, Cambridge University Press.

[35] L. Barnett, S. Brenner, F. H. C. Crick, R. G. Shulman, R. J. Watts-Tobin (1967), *Phase shift and other mutants in the first part of the rIIB cistron of bacteriophage T4*, « Phil. Trans. Roy. Soc. London Ser. B », *252*, 487.

[36] F. H. C. Crick (1966), *The genetic code — yesterday, to-day and to-morrow*, « Cold Spring Harbor Symp. Quant. Biol. », *31*, 3.

[37] S. H. Kim, F. L. Suddoth, G. J. Quigley, A. McPherson, J. L. Sussman, A. Wang, N. Seeman, A. Rich (1974), *Three dimensional tertiary structure of yeast phenylalanine transfer RNA*, « Science », *185*, 435.

[38] A. Klug, J. Ladner. J. D. Robertus (1974), *The structural geometry of coordinated base charnges in transfer RNA*, « J. Mol. Biol. », *89*, 511.

[39] D. Moras, M. B. Comarmond, J. Fischer, R. Weiss, J. C. Thierry, J. P. Ebel, R. Giégé (1981), *Crystal structure of yeast tRNA^{Asp}*, « Nature », *288*, 669.

[40] L. Gold, D. Pribnow, T. Schneider, S. Shinedling, B. S. Singer, G. Stormo (1981), « Ann. Rev. Microbiol. », *35*, 365.
G. D. Stormo, T. D. Schneider, L. Gold, A. Ehrenfeucht (1982), *Use of the 'perceptron' algorithm to distinguish translationel initiation sites in E. coli*, « Nucleic Acids Res. », *10*, 997.
A. Danchin, A. Ullmann (1980), *The coordinate expression of polycistronic operous in bacteria*, « Trends in Biochemical Sciences », *5*, 51.

[41] F. H. C. Crick (1966), *Codon-anticodon pairing : the wobble hypothesis*, « J. Mol. Biol. », *19*, 548-555.

[42] L. E. Orgel (1963), *The maintenance of the accuracy of protein synthesis and its relevance to aging*, « Proc. Natl. Acad. Sci. USA », *49*, 517.

[43] C. R. Woese (1967), *Genetic code : the molecular basis for genetic expression*, Harper and Row.

[44] J. J. Hopfield (1974), *Kinectic proofreading : a new mechanism for reducing errors in biosynthetic process requiring*

high specificity, « Proc. Natl. Acad. Sci. USA », *71*, 4135.

[45] J. Ninio (1975), *Kinetic amplification of enzyme discrimination*, « Biochimie », *57*, 587.

[46] J. Ninio (1979), *Approches moléculaires de l'évolution*, Masson, Paris.

[47] M. Guéron (1978), *Enhanced selectivity of enzymes by kinetic proofreading*, « American Scientist », *66*, 202.
T. A. Kunkel, L. A. Loeb (1981), *Fidelity of mammalian DNA polymerases* « Science », *213*, 765.
M. Radman, C. Dohet, M. F. Bourguignon, O. P. Doubleday, P. Lecomte (1981), *High fidelity devices in the reproduction of DNA*, « NATO Adv. Study Inst. Ser. », Ser. A, *40*, 431.
A. Danchin (1977), *La relecture du message génétique*, « La Recherche », *83*, 989.

[48] H. T. Wright (1980) *A new mechanism for the hydrolytic editing function of aminoacyl-tRNA synthetases. Kinetic specificity for the tRNA substrate*, « FEBS Letters », *118*, 165.

[49] R. Azencott, G. Ruget (1977), *Mélanges d'équations différenticiles et grands écarts à la loi des grands nombres*, « Z. Wahrscheinlichkeitstheorie Verw. Gebiete », *38*, 1.

[50] J. W. Bickham (1981), *Two-humdred-million-year-old chromosomes : deceleration of the rate of karyotypic evolution in turtles*, « Science », *212*, 1291.

[51] C. Patterson (1982), *Cladistics and classification*, « New Scientist » (29.IV.1982), 303.

[52] J. R. Powell (1978) *The founder-flush speciation theory : an experimental approach*, « Evolution », *32*, 465.

[53] B. J. Finlay, A. S. W. Span, J. M. P. Harman (1983), *Nitrate respiration in primitive eukaryotes*, « Nature », *301*, 334. L. M. Van Valen, V. C. Maiorana (1980), *The archaebacteria and eukaryotic origins*, « Nature », *287*, 248. G. Ourisson, P. Albrecht, M. Rohmer (1982), *Predictive microbial biochemistry — from molecular fossile to procaryotic membranes*, « Trends in Biochem. Sci. », 7, 236.

[54] A. V. Finkelstein (1977) *Did the primitive ribosomal RNA code primitive ribosomal protein ?* « FEBS Letters », *82*, 169.

[55] A. J. Zang, P. J. Grabowski, T. R. Cech (1983), *Autocatalytic cyclization of an excised intervening sequence RNA is a cleavage ligation reaction*, « Nature », *302*, 578.

[56] E. Vigne (1982), *Décadence et biologie : comment colorier les concepts,* « Scarabée international », *3-4,* 123.

[57] I. Prigogine (1976), *Order through fluctuation : self organization and social system in* « Evolution and Consciousness Human system in transition » (E. Jantsch, C. H. Waddington, eds), Addison-Wesley, p. 93.

[58] C. Tanford (1978), *The hydrophobic effect and the organization of living matter,* « Science », *200,* 1012.

[59] H. C. Longuet Higgins (1977), *Thermodynamicism,* « Biosystems », *8,* 237.

[60] M. Eigen (1971), *Self organization of matter and the evolution of biological macromolecules,* « Naturwissenschaften », *58,* 465.

[61] F. H. C. Crick, S. Brenner, A. Klug, G. Pieczenik (1976), *A speculation on the origin of protein synthesis,* « Origins of life », *7,* 389.

[62] L. B. Hendry, E. D. Bransome Jr., M. S. Hutson, L. K. Campbell (1981), *First approximation of a stereochemical rationale for the genetic code based on the topography and physico-chemical properties of « cavities » constructed from models of DNA,* « Proc. Natl. Acad. Sci. USA », *78,* 7440.

[63] A. Tremolières (1980), *Nucleotidic cofactors and the origin of the genetic code,* « Biochimie », *62,* 493-496.

[64] Xie Weigin (1981), *A l'aube de la vie, la naissance du code génétique,* « La Recherche », *125,* 1000.

[65] J. Hopfield (1978), *Origins of the genetic code : a testable hypothesis based on tRNA structure, séquence, and kinetic proof reading,* « Proc. Natl. Acad. Sci. USA », *75,* 4334.

[66] A. Danchin (1979), *L'origine du code génétique : la nécessité l'emporte-t-elle sur le hasard ?* « La Recherche », *97,* 186.

[67] A. G. Bruce, O. C. Uhlenbeck (1982), *Specific interaction of anticodon loop residues with yeast phenylalanyl-tRNA synthetase,* « Biochemistry », *21,* 3921.

[68] D. Hofstadter (1979) *Gödel Escher Bach. An Eternal Golden Braid,* Basic Books, New-York.

[69] S. Ohno (1980), *Origin of intervening sequences within mammalian genes and the universal signal for their removal,* « Differentiation », *17,* 1.

[70] J. Abelson (1979), *RNA processing and the intervening sequence problem,* « Ann. Rev. Biochem. », *48,* 1035.

[71] F. H. C. Crick (1979), *Split genes and RNA splicing*, « Science », *204*, 264.
[72] W. F Doolittle, C. Sapienza (1980), *Selfish genes, the phenotype paradigm and genome evolution*, « Nature », *284*, 601.
[73] L. E. Orgel, F. H. C. Crick (1980), *Selfish DNA : the ultimate parasite*, « Nature », *284*, 604.
[74] S. Ohno (1970), *Evolution by gene duplication*, Springer.
[75] A. Danchin (1974), *Règles de réécriture en biologie moléculaire*, « Change », *19*, 10.
[76] A. Danchin (1979), *The generation of immune diversity, a general selective model*, « Mol. Immunol. », *16*, 515.
[77] E. L. Cooper (1979), *L'évolution de l'immunité*, « La Recherche », *103*, 824.
[78] M. Saier (1977), *Bacterial phosphoenol pyruvate : Sugar phosphotransferase Systems : structural, functional and evolutionary interrelationships*, « Bacteriological Reviews », *41*, 856.
[79] P. P. Slonimski (1980), *Eléments hypothétiques de l'expression des gènes morcelés : protéines messagères de la membrane nucléaire*, « Comptes-rendus Acad. Sci. Paris, Série D », *290*, 331.
[80] A. Danchin (1979), *Note critique sur l'emploi du terme phénocopie*, in « Théories du langage, théories de l'apprentissage, le Débat Chomsky-Piaget », Le Seuil, p. 109.
[81] J. Piaget (1967), *Biologie et Connaissance*, Gallimard.
[82] M. Cohn, K. Horibata (1959), *Inhibition by glucose of the induced synthesis of the β-galactoside enzyme system of Escherichia coli. Analysis of maintenance*, « J. Bacteriol. », *78*, 601. M. Cohn, K. Horibata (1959), *Analysis of the differentiation and of the heterogenity within a population of Escherichia Coli undergoing induced β-galactosidase synthesis*, « J. Bacteriol. », *78*, 613.
[83] A. Danchin, P. P. Slonimski (1981), *Generation of immune specificity : a working hypothesis*, « Biosystems », *13*, 259 ; A. Danchin (1980), *Règles de réécriture en biologie moléculaire*, in « Le Débat », *3*, 111 ; A. Danchin (1982), *From mitochondria to nuclei : regulation of split genes expression*, « Proc. FEBS Meeting on Cell Functional Differentiation », Alan Liss, p. 375 ; A. Danchin, P. P. Slonimski (1984), *Intron encoded proteins in the nucleus : facts and speculation*, « Cur. Top. Cell Reg. » (en préparation).

[84] S. J. Gould (1979), *Ontogeny and Phylogeny,* Harvard University Belknap Press.
[85] R. Thom (1981), *Modèles mathématiques de la morphogenèse,* Ch. Bourgeois.
[86] *Neural coding* (D. H. Perkel, T. H Bullock, eds.) (1968) in « Neurosciences Research Program Bulletins », 6, 221-348.
[87] Malebranche, *De la Recherche de la vérité, où l'on traite de la nature de l'esprit de l'homme et de l'usage qu'il en doit faire pour éviter l'erreur dans les sciences. De la Mémoire* (II, V-III) in *Œuvres complètes,* Vrin (1958-1970).
S. Freud (1895), *Esquisse d'une psychologie scientifique,* in « Aus den Anfängen der Psychoanalyse (Entwurf einer Psychologie (1895) », Standard editions.
A. Danchin (1974), *L'inné et l'acquis : une théorie sélective de l'apprentissage,* « La Recherche », 5, 184.
S. Ramon y Cajal, *Histologie du système nerveux de l'homme et des vertébrés,* Consejo superior de Investigacionas Cientificas (1952-1955).
D. Hebb (1949), *The organization of behaviour,* Wiley.
M. Jacobson (1969), *Development of specific neuronal connections,* « Science », *163,* 543.
[88] G. Ungar (1970), « International Review of Neurobiology », *13,* 223. *Macromolecules and Behaviour* (G. B. Ansell and P. Bradley eds), Macmillan and co. Voir aussi S. Rose (1973), *The conscious brain,* Weidenfeld and Nicolson.
[89] J. P. Changeux, P. Courrège, A. Danchin (1973), *A theory of the epigenesis of neuronal netwoks by selective stabilization of synapses,* « Proc. Natl. Acad. Sci. USA », *70,* 2974.
J. P. Changeux, A. Danchin (1976), *Selective stabilization of developing synapses as a mechanism for the specification of neuronal networks,* « Nature », *264,* 705.
A. Danchin (1980) *Comment peut-on parler de l'automate cérébral aujourd'hui ?* « Revue philosophique », *3,* 287.
J. P. Changeux (1983), *L'homme neuronal,* Fayard.
[90] M. J. Serazin (1982), *La surdi-mutité en Afrique au sud du Sahara, essai comparé avec la surdité en Occident,* Doctorat de 3e cycle, Paris.

TABLE